云南省重大科技专项"地理标志农产品关键技术研究与应用"资助项目
(项目编号：202102AE090051)

云南狝猴桃

陈 霞　陈大明　刘家迅　杨永超◎主编

中国农业出版社

北 京

　　猕猴桃作为 20 世纪野生果树人工驯化栽培最为成功的果树之一，因其果实口感酸甜，营养丰富，含多种保健功效成分，具有较高的食用价值和保健价值，深受消费者喜爱，被誉为"维生素 C 之王"，并在全球范围内广泛种植。近 10 年来，我国猕猴桃栽培面积及产量呈稳定上升趋势，种植基地主要分布在陕西、四川、贵州、河南、湖北、湖南、江西、云南、广西等地区。据西北农林科技大学发布的《中国猕猴桃产业发展报告（2020）》显示，近 10 年来，全球猕猴桃栽培面积和产量的增长速率分别为 71.25% 和 55.58%，猕猴桃已经跻身于世界主流消费水果之列；截至 2019 年底，中国猕猴桃栽培面积为 29.07 万 hm²，总产量达 300 万 t，挂果面积和产量仍然稳居世界第一，在国内，陕西猕猴桃产业规模约占全国的 40%，居全国第一。中国拥有 52 种猕猴桃种质资源，约占全球种质资源种类的 69.33%。云南有 45 种猕猴桃种质资源，是中国猕猴桃种质资源第一大省。

　　云南猕猴桃种植时间较早，但产业发展较晚，"十三五"期间快速发展，成为继蓝莓、草莓之后新兴的具有发展潜力的高原特色水果之一。近年来，得益于云南强力推进"高原特色现代农业发展"，实施"三张牌"战略及打造"云果"品牌等众多举措，云南猕猴桃产业快速发展，云南 17 个市（州）129 个县（市、区）中有 14 个市（州）约 60 个县（市、区）种植猕猴桃，形成了滇南片区和乌蒙山区 2 个猕猴桃主产区，约 10 个重点生产县（市、区）。如今，云南已经成为中国重要的猕猴桃新兴产区。据统计，2021 年云南猕猴桃种植面积达到 1.60 万 hm²，较 2015 年增长了约 11 倍，是国内猕猴桃种植面积增长较快的省份之一。滇东南地区的红河、文山及滇南的玉溪，充分利用气候优势，大力发展红肉早熟猕猴桃，截至 2020 年底，优质红阳猕猴桃和东红猕猴桃种植面积约 0.47 万 hm²，滇南、滇东南地区有望成为中国早熟红肉猕猴桃优势产区。云南猕猴桃产业的快速发展，在农村产业结构优化及乡村振兴等方面起到了积极的作用。

　　云南猕猴桃产业快速发展的背后是科技力量的支撑，既离不开省外科研单位、专家、科技人员付出的心血和努力，也离不开云南本土科研单位和猕猴桃种植企业的共同参与以及科研工作者与猕猴桃从业者的良性互动。云南省农业科学院、西南林业大学、红河学院等科研单位在猕猴桃种质资源研究、品种选育、品种引进、栽培技术研究和推广、绿色有机食品认证、地理标志商标申请等方面积极行动，多次组织开展交流会、技术培训会和讲座，为云南猕猴桃产业健康发展积极贡献力量；陕西省农村科技开发中心雷玉山、中国农业科学院郑州果树研究所方金豹和齐秀娟、中国科学院武汉植物园钟彩虹、华中农业大学曾流云、贵州大学龙友华、广西壮族自治区中国科学院广西植物研究所叶开玉、四川省农业科学院涂美艳等知名专家给予了关注和大力支持。

《云南猕猴桃》总结了云南本土科研单位、种植企业及外省专家近年来在云南猕猴桃科技创新、产业技术服务、产业链发展等方面的工作成果，回顾了云南猕猴桃产业发展历程，荟萃了云南猕猴桃栽培管理最新技术及学术成果；同时，总结了云南低纬高原独特气候类型下猕猴桃栽培管理的特点和关键技术，也吸收了省外猕猴桃栽培管理先进经验和新技术，特别是四川、贵州和广西的经验和教训。本书可作为猕猴桃科研工作者研究云南猕猴桃产业发展的参考资料，也可作为猕猴桃种植者的技术工具书。

全书共9章，包括云南猕猴桃资源、云南猕猴桃主栽品种、云南猕猴桃绿色高效生产关键技术、云南猕猴桃提质增效栽培关键技术、云南猕猴桃科学研究情况、云南猕猴桃地理标志产品及区域品牌建设、云南猕猴桃产业标准化建设、云南猕猴桃品牌建设及销售、云南猕猴桃产业发展状况及展望。

前言由陈大明、杨永超撰写，第一章由云南省农业科学院园艺作物研究所李坤明、王连润、丁仁展、陈瑶等编写，第二章、第三章第四至第六节、第四章、第八章、第九章第二节由云南省农业科学院热区生态农业研究所陈大明、王永平、方东海、杨玉皎、李玉林等编写，第三章第一、第二节由云南省绿色食品发展中心董莉、李永平编写，第五章由西南林业大学张汉尧编写，第六章由云南省农业科学院园艺作物研究所刘家迅、陈霞、梁明泰编写，第七章由云南省农业科学院园艺作物研究所陈霞编写。全书由陈霞、陈大明统稿和定稿。

本书在筹划及成书过程中得到了同仁的大力支持。云南源盘果业有限公司、楚雄绿巨人生物科技有限公司、建水县良丰农业科技有限公司、文山浩弘农业开发有限公司、四川希旺猕园农业有限公司等猕猴桃种植企业提供了大量照片及数据资料。在本书编写过程中，雷玉山、齐秀娟、龙友华、张刚提供部分研究成果和资料，广西壮族自治区中国科学院广西植物研究所叶开玉、王发明指导了部分章节的编写工作，雷玉山研究员为本书编写提供了指导意见，在此一并表示感谢。

本书由云南省重大科技专项"地理标志农产品关键技术研究与应用"（项目编号：202102AE090051）提供经费资助，并得到云南省院士专家工作站"云南省雷玉山专家工作站"项目（项目编号：202305AF150192）支持。

借本书出版之际，谨向所有为本书策划和编写提供帮助的单位和个人致以最诚挚的谢意！

由于编者水平有限，书中难免存在错误和不足之处，敬请读者批评和指正。

编　者
2024 年 3 月 31 日

CONTENTS

目 录

第一章 云南猕猴桃资源

第一节 概　　述

猕猴桃是猕猴桃科 Actinidiaceae、猕猴桃属 Actinidia 多年生落叶木质藤本植物，又名羊桃、阳桃、藤梨。猕猴桃属植物中，除日本的山梨猕猴桃 Actinidia rufa（Sieb. et Zucc）Planch ex Miq. 及白背叶猕猴桃 Actinidia hypoleuca Nakai.，越南的沙巴猕猴桃 Actinidia petelottii Diels.，尼泊尔的尼泊尔猕猴桃 Actinidia strigosa Hook. f. &. Thoms. 4 个物种外，其他品种在中国均有分布。中国约有猕猴桃属植物 52 种，其中 44 种为中国特有种。云南气候类型多样，为不同种、变种、变型的猕猴桃提供了不同的生态环境和生存条件，据统计，云南共有 45 个种或变种，其中有 10 个是云南特有种，种类之多，占全国之首。可以说，云南是中国猕猴桃属植物资源最为丰富的地区。

第二节 云南猕猴桃的自然分布

云南野生猕猴桃分布较广，全省范围内均有分布。其集中分布区主要为滇东北的昭通、滇东南的文山、滇南的红河，而在滇中地区的昆明、玉溪、楚雄及滇南的普洱思茅、西双版纳分布相对较少。云南野生猕猴桃的垂直分布广，从昭通永善的桧溪镇（海拔 740m）到香格里拉空心树雪山（海拔 3 480m）均有分布，垂直分布范围差距达 2 740m。

第三节 云南野生猕猴桃资源介绍

云南巨大的海拔差对光、热、水等气候要素起着巨大的再分配作用，造就了十分复杂的生态环境，深刻影响着云南野生猕猴桃资源的种类及分布。云南猕猴桃种质资源极其丰富，存在丰富的遗传多样性，云南是中国猕猴桃属植物资源最为丰富的地区，拥有 45 个种或变种。云南分布的野生猕猴桃种类介绍如下。

1. 软枣猕猴桃 *Actinidia arguta* (Sieb. and Zucc.) Planchon ex Miquel

【分布范围】主要分布在滇西北的迪庆维西，怒江兰坪、贡山，大理云龙及滇西南的德宏盈江，滇中的昆明等地区海拔 1 900～2 550m 的森林边缘、箐沟、谷地。

【形态特征】大型落叶藤本。老蔓光滑无毛，浅灰褐色或黑褐色；一年生枝灰色、淡灰色或红褐色，无毛，间或疏生白色柔毛；皮孔长形至短条形，色浅；髓白色至淡褐色，片层状。叶纸质，卵形、长圆形、阔卵形至近圆形，长 8～12cm，宽 5～10cm，顶端急短尖，基部圆形至浅心形，等侧或稍不等侧；边缘锯齿密，贴生；叶面深绿色，无毛，背面绿色；侧脉腋上有髯毛或连中脉和侧脉下段的两侧沿生少量卷曲柔毛，个别完全着生卷曲柔毛，横脉和网状小脉细，不发达，可见或不可见，侧脉稀疏，6～7 对，分叉或不分叉；叶柄长 3～10cm，无毛或略被微弱的卷曲柔毛。花序腋生，聚生花序，为 1～2 回分支，有花 1～3 朵，花梗长 7～15mm；花绿白色或黄绿色，芳香，直径 1.2～2cm；萼片 4～6 片，卵圆形至长圆形，长 3.5～5mm，边缘较薄，有不甚显著的缘毛，两面薄被粉末状短茸毛或外面毛较少或近无毛；花瓣 4～6 片，卵形至长圆形，长 7～10mm，宽 4～7mm；花丝白色，约 44 枚；花药暗紫色，长圆形箭头状，长 1.5～2mm；子房瓶状，长 3.5～4mm，洁净无毛；花柱通常 18～22 枚，长 3.5～4mm。果圆球形至长圆柱形，果面光滑无斑点，果实长约 4cm，直径约 2.5cm，平均单果重 5～7.5g；果顶圆，有喙或喙不显著，不具宿存萼片；果实于 8 月底成熟，成熟时果皮绿黄色或紫红色，果肉绿色或翠绿色，味甜略酸，汁多；种子纵径约 2.5mm。

【利用价值】果实维生素 C 含量高，适合生食，也可用于制果酱、蜜饯、罐头或酿酒等。目前，作为新兴水果在生产上发展迅速，另外，还可作为观赏树种利用。

2. 陕西猕猴桃 *Actinidia arguta* var. *giraldii* (Diels) Voroshilov

是软枣猕猴桃的一个变种。

【别名】紫果猕猴桃、小杨桃。

【分布范围】主要分布在迪庆维西、德钦，大理云龙，昭通镇雄、威信、大关，曲靖会泽，昆明禄劝等地区海拔 2 200～2 650m 的针阔叶混交林边缘。

【形态特征】大型落叶藤本。枝蔓灰褐色至黑色，嫩枝浅绿色，密被浅黄绿色柔毛；髓白色至淡褐色，片层状。叶纸质，阔椭圆形或卵圆形，不规则，长 6～16cm，宽 6～11cm，顶端短突尖且多扭曲，基部圆形或阔楔形、截平形至微心形，两侧常不对称；叶缘锯齿呈波状，贴生；叶面绿色，无毛，较光滑，中下部多卷曲柔毛；叶脉上柔毛更多，叶脉处有白色簇毛；叶背绿色，被卷曲柔毛，与叶面相似；叶柄绿色或淡红色，长 4.5～7cm。花序腋生或腋外生，雌花为聚伞花序，有花 1～3 朵，花序柄长 6～8mm，花柄长 7～12mm，苞片线形，长 1～4mm；花黄白色，芳香，直径 1.5～2cm；萼片 4～6 片，卵圆形至长圆形；花瓣 4～6 片，倒卵形或瓢状倒阔卵形，长 6～8mm；花丝丝状，长 1.5～2mm；花药紫色，长圆形箭头状；子房瓶状，长 6～8mm，洁净无毛；花柱长 3～5mm；雄花多为伞状花序，每花序有花 3～14 朵，花白色，直径 1.5cm 左右。果实长卵形或柱状卵圆形，长约 3cm，直径约 1.7cm，平均单果重 1.8～3g，最大 4.5g；果面光滑无毛，果皮厚，成熟时紫红色，果顶具不明显的喙，果蒂平，萼片早落；果肉紫红色，质地脆软、细，果心中大，汁液中等，无香味；种子卵形，深褐色，纵径约 2.5mm。果实成熟期为 8 月底至 9 月初。

【利用价值】果实可鲜食，也可用于榨汁或酿酒等。

3. 硬齿猕猴桃 *Actinidia callosa* Lindley

【别名】山羊桃、牛奶果藤、牛奶果。

【分布范围】主要分布于文山西畴，昭通彝良、镇雄、威信、绥江，德宏盈江，大理云龙，保山龙陵，临沧凤庆，保山腾冲等地区海拔 1 400～2 400m 的杂木林或针阔混交林中。

【形态特征】落叶木质藤本。老枝浅褐色，无毛，皮孔稀，椭圆形或线形，黄褐色，髓片层状，褐色，较小；一年生枝褐色，光滑，无毛，皮孔明显，密，较大，黄白色。叶片厚纸质至半革质，较硬，矩圆形或近椭圆形，长 5～10cm，宽 2.5～6cm，两侧略不对称，基部耳状心形、阔圆形或近平截，先端小尖突；叶面绿色，有光泽，无毛，主、侧脉绿色，无毛；叶缘锯齿密，贴生，基部几全缘；叶背浅绿色，无毛；叶柄较细，紫红色，无毛，长 1.8～2.7cm。雌花为单花，白色，直径约 2.2cm；花瓣 5 片，椭圆形，长约 9mm，宽约 4mm，瓢状，花瓣上有较为明显的纵向浅红色放射线，直到顶端；花丝白色，约 27 枚，长约 3mm；花药黄色，箭镞状；花柱约 24 枚，乳白色，细，长约 4mm，柱头稍膨大；子房圆球形，直径约 3mm，密被浅紫红色柔毛；花梗甚细，白绿色，无毛，长 1.5～2cm。雄花为聚伞花序，每序 1～3 朵花，黄色，直径约 1.9cm；花瓣 5 片，倒卵形，基部较窄；花丝白色，约 18 枚，细；花药黄色，箭镞状，较小；子房退化。果实近球状至圆柱状，平均单果重约 8.7g；果皮绿色，无毛，果点密，小，黄棕色；果顶较窄，平截；果肩宽，浑圆、近平截；萼片宿存或脱落，无毛；果梗浅褐色，较细；果肉翠绿色，美观，汁多，味酸甜适度。

【利用价值】果实可生食或用于酿酒。

4. 尖叶猕猴桃 *Actinidia callosa* var. *acuminata* C. F. Liang

为硬齿猕猴桃的一个变种。

【分布范围】主要分布在滇东南的文山西畴、麻栗坡等地区海拔 1 400～1 600m 的山间或阔叶林中。

【形态特征】落叶木质藤本。老枝灰白色至黑褐色，无毛或被短茸毛，皮孔黄白色，茎髓片层状，白绿色或褐绿色；当年生枝蔓基部具长而黄的硬毛，中上部具白色和浅褐色的长硬毛，间或被柔毛，以后脱落；新梢先端白绿色，皮孔黄绿色。叶纸质，长椭圆形或阔披针形，长 10～14cm，宽 4.5～7.5cm，叶基平截、浅心形、心形，先端渐尖；叶缘呈浅波浪状，锯齿尖内勾，红褐色，密生；叶面浅绿色至深褐色；主、侧脉被白色柔毛，侧脉每边 9～11 条，网结状。花为二歧聚伞花序，有花 1～5 朵，花序被长褐色的茸毛，总花梗长 5～18mm，小花梗长约 2mm，花白色，直径约 2cm；花瓣 5 片，长椭圆形，长约 6mm，宽约 3.5mm，先端钝圆；子房瓶状，上位；雄蕊多数，花丝长 4～5mm。果实近长圆柱形，多为单生；果肩较宽；果皮，较厚，深绿色，具大小相同的白色果点，果点密；果实小，单果重 1～1.5g；果柄长 1.5～2.2cm，中粗，被稀疏黄色茸毛；萼片宿存，反卷，小；花柱残存或脱落；果肉绿色，质细致，汁多，味甜酸。花期 5 月，果实成熟期 10—11 月。

【利用价值】果实可食，也可用于酿酒等。

5. 异色猕猴桃 *Actinidia callosa* var. *discolor* C. F. Liang

是硬齿猕猴桃的一个变种。

【别名】扁担扎。

【分布范围】主要分布于昭通绥江、彝良、大关，文山麻栗坡，保山腾冲，大理云龙，德宏盈江，怒江贡山等地区海拔 1 400～2 580m 的坡地和针阔叶混交林的边缘。

【形态特征】大型落叶藤本。一年生枝褐色，无毛；皮孔明显，密，小，白色；二年生枝红褐色，无毛，细，皮孔明显，椭圆形，稀，小；髓片层状，褐色。叶纸质，椭圆形，长 6～12cm，宽

3.5～6.0cm，先端突尖或渐尖，基部楔形，多对称；叶缘有芒刺状小齿或普通斜锯齿乃至粗大的重锯齿，齿尖通常硬化；叶面深绿色，完全无毛；背面绿色，完全无毛；叶脉比较发达，在叶面上下陷，在背面隆起，呈圆线形，侧脉 6～8 对，横脉不甚显著，网状小脉不易见；叶柄水红色，长 2.5～8.5cm，洁净无毛。雌花为聚伞花序，多具花 3 朵，白色，花冠直径约 2cm；花瓣 5 片，近长椭圆形，长约 9mm，宽约 5mm，基部窄，略带淡红色；花丝白色，约 27 枚，长约 3mm；花药黄色，较大，椭圆形；花柱白色，约 20 枚，长约 4mm，较粗，柱头稍膨大；子房近球形，密被浅紫红色柔毛，直径约 3mm。雄花单生，直径约 2.2cm；花瓣 5 片，白色，基部略带浅粉红色，长椭圆形，长约 1.4cm，宽约 0.6cm；花丝 27 枚，细，白色至浅紫红色，长约 4mm；花药黄色，椭圆形；雌蕊退化。果实卵圆形，大小不一，平均单果重 1.8g；果皮墨绿色，果点黄棕色，密，大，圆形或椭圆形；果顶圆，较宽，具喙，喙小且短；果肩窄，近无毛；萼片宿存；果肉翠绿色，汁多，味酸涩；果心小，种子多，种子椭圆形，紫红色，光滑。

【利用价值】果实可生食，也可用于酿酒等。

6. 京梨猕猴桃 *Actinidia callosa* var. *henryi* Maxim.

是硬齿猕猴桃的一个变种。

【别名】牛奶子、野杨桃、血藤、羊奶果等。

【分布范围】主要分布于保山腾冲、龙陵，大理云龙，德宏盈江，昭通绥江、大关，文山西畴，红河屏边等地区海拔 1 400～2 600m 的杂木林和针阔叶混交林中。

【形态特征】落叶木质藤本。老枝褐色，无毛；皮孔不显，稀，椭圆形；髓较大，片层状，白色。二年生枝甚细，硬，褐色，无毛，光滑；皮孔明显，小而密；髓片层状，白色。一年生枝细，绿色，无毛；皮孔明显，较稀，小。叶纸质至厚纸质，阔披针形，长 8～11cm，宽 4～5.5cm，基部楔形，两侧多对称，先端短突尖；叶面绿色，无毛，略有光泽，主、侧脉绿色，稀被浅紫红色短茸毛；叶缘锯齿甚密、小，小尖刺紫红色，基部几全缘；叶背浅绿色，稀被白色茸毛；主、侧脉白绿色，稀被白色长茸毛；叶柄中粗，长 2.5～5cm。雌花为聚伞花序，每花序多有花 3 朵，间或单花；花梗细，浅紫红色，密被浅紫红色茸毛，长约 6mm；花白色，直径约 2cm，花瓣 5 片，间或 6 片，近椭圆形，基部窄，带红色；花丝约 30 枚，白色，基部浅紫红色，长约 4.5mm；花药黄色，肾脏形，长约 2mm，宽约 0.5mm；花柱乳白色，约 24 枚，长约 3mm，柱头稍膨大，白色微带淡红色；子房椭圆形，密被紫红色柔毛，纵径约 4mm，横径约 3mm。果实长圆柱形，也有椭圆形或卵圆形，平均单果重 5.1～5.7g，果实两端钝尖；果皮绿色或深绿色，密布不规则、较大的黄褐色块状斑点；萼片宿存；果肉绿色或深绿色，果心大，汁多，味酸涩，多果胶；种子扁椭圆形，黄褐色。果实成熟期 9—10 月。

【利用价值】果可食，但味差，可用于提取果胶。

7. 毛叶硬齿猕猴桃 *Actinidia callosa* var. *strgillosa* C. F. Liang

为硬齿猕猴桃的一个变种。

【分布范围】主要分布于昭通彝良、镇雄、威信、大关，文山西畴等地区海拔 1 500～1 900m 的杂木林及阔叶林边缘。

【形态特征】落叶木质藤本。一年生枝黄褐色，无毛，皮孔突出，灰黄色或黄棕色，椭圆形或线形；二年生枝紫褐色，无毛，皮孔突出，黄棕色，椭圆形；髓片层状，绿色。叶厚纸质至半革质，长卵形或近椭圆形，长 10～12.5cm，宽 6.5～8.5cm，基部钝圆，多对称，先端渐尖；叶面绿色，被稀疏糙毛，主、侧脉浅绿色，无毛，稍凹陷；叶缘锯齿小刺状，绿色，贴生；叶背浅绿色，无毛，主、侧脉绿白色，主脉基部紫红色，凸起；叶柄紫红色，稀被紫红色茸毛，叶柄长 2.5～5cm。雄花多单生，少数为聚伞花序，每花序有花 2 朵，花白色，花冠直径 3～3.5cm；花瓣卵圆形，6 片，有重叠，长 1.4～1.7cm，宽 1.1～1.3cm，有纵条纹；花丝白色，54 枚，较细，长约 0.9cm；花药黄色，箭头形；子房退化；花萼 6 片，白绿色，椭圆形，无毛，长约 6mm，宽约 5mm；花梗绿色，无毛，长约 5mm；总花梗绿色，无毛，长约 8mm。果实椭圆形至近球形，较小，平均单果重 4.8g，最大单果重 6.4g；果皮绿色，无毛，具浅而密、大的圆形果点；果顶平，花蕊残存，中部呈环形，无毛；果肩浑圆，两侧高低相等或不等；萼片大，深褐色，椭圆形，无毛；果梗红褐色，无毛，长约 2.4cm；果皮、果肉绿色，果肉口感细致、略脆，汁少，味略酸涩，麻味重，品质差；果心白色，椭圆形，中大；种子多，小，紫红色，椭圆形或近圆形。

【利用价值】果实可酿酒，也可作为抗性育种材料。

8. 中华猕猴桃 *Actinidia chinensis* Planchon

【别名】米羊桃、藤梨、阳桃等。

【分布范围】主要分布于滇东、滇东北的曲靖会泽、师宗、罗平，昭通彝良、威信、大关、盐津等地区海拔 1 900～2 200m 的山坡、灌木林或森林边缘。

【形态特征】落叶木质藤本。老蔓黑褐色；二年生枝深褐色，无毛，皮孔突起，黄褐色，圆形或椭圆形，髓片层状，绿色；一年生枝灰绿褐色，无毛，稀被易脱落的白粉，皮孔大，突起，圆形或椭圆形，浅黄褐色。叶厚纸质，扁圆形、近圆形，间或扇形，长 10～11cm，宽 11～14cm，两侧对称，基部心形，叶尖圆形、微钝尖或浅凹；叶面暗绿色，无毛，主、侧脉绿色，无毛；叶缘基部无锯齿，中上部有尖刺状小锯齿；叶背灰绿色，密被白色星状毛，主、侧脉白绿色，密被白色极短柔毛；叶柄浅紫红色，无毛，长约 8～9cm。雌花多为单花，少数为聚伞花序，有花 2～3 朵，较大，直径约 4cm，花白色，开放后逐渐变为黄色；花瓣 5～7 片，近圆形，长约 2cm；花丝白色至浅绿色，细，长约 8mm，约 155 枚；花药黄色，多为箭镞状；花柱白色，约 30 枚，白色，长 6mm，柱头稍膨大；子房扁圆球形，密被白色柔毛。雄花为聚伞花序，每花序有花 2～3 朵，直径约 2.3cm，初开时白色，1d 后变为黄色；花瓣 4～6 片，阔倒卵形；花丝 40～47 枚，长短不一；花药黄色，"丁"字形着生；子房退化，被褐色柔毛。果实近圆形至长椭圆形，较大，平均单果重 22g，最大果重 100g 以上；果皮褐色，被褐色短茸毛，成熟时基本无毛；果梗圆形，顶端较窄，具喙；果皮薄，果肉绿色、黄色或具红色放射状线；果心白色，小，圆形；汁多，味酸甜。果实成熟期为 8 月中下旬。

【利用价值】本种经济价值高，果实可鲜食，也可用于榨汁、酿酒等，是生产上利用最成功的种类之一。已培育出众多新品种在生产上推广。

9. 美味猕猴桃 *Actinidia chinensis* var. *deliciosa* A. Chevalier

是中华猕猴桃的一个变种。

【别名】毛阳桃、毛桃子、野羊桃等。

【分布范围】主要分布于滇东北、滇东的昭通绥江、彝良、威信、大关、镇雄，曲靖会泽、罗平等地区海拔 1 350～2 150m 的山坡、杂木林中及森林边缘。

【形态特征】落叶木质藤本。一年生枝绿色，被短灰褐色糙毛，新梢先端部分密被紫红色长糙毛；二年生枝红褐色，无毛，皮孔点状或椭圆形，稀，白色；髓片层状，褐色。叶纸质至厚纸质，常为阔卵形或倒阔卵形，长 8～12cm，宽 5～12.5cm，两端对称，叶尖圆形，微钝尖或浅凹；叶缘近全缘，小尖刺外伸；叶面深绿色，无毛；主脉和侧脉黄绿色，主脉被黄褐色短茸毛；叶背浅绿色，密被浅黄色星状毛和茸毛；叶柄绿色，稀被褐色短茸毛。雌花为单花，大，直径约 5.5cm；花瓣 6～7 片，以 6 片为多，初开时白色，开后 1d 变为黄色至杏黄色，花甚香，花瓣倒卵形，长约 2.5cm，宽约 2cm；花丝白色，细，约 142 枚，长约 8mm；花药黄色，箭头形；花柱白色，约 37 枚，长约 5mm，柱头稍膨大，白色；子房短圆柱形，直径约 6mm，被白色或浅褐色茸毛。雄花为聚伞花序，每花序有花 2～3 朵，花开时白色，后变为黄色，花直径约 4cm；花瓣多为 6 片，倒卵圆形；花丝白色、细，约 202 枚，长约 9mm；花药黄色，箭头状；子房退化，被浅褐色茸毛。果实近圆形至长圆柱形，被长而密的黄褐色糙毛，不易脱落；果实大，平均单果重 34.6g，大的超过 100g；果皮绿色，果点淡褐绿色，中多；果顶凸起，近圆形；萼片宿存；果梗长 3.4cm；果肉绿色；果心小，圆形，白色；汁多、味酸甜。果实成熟期为 8 月底至 9 月初。

【利用价值】本变种经济价值高，果实可鲜食，也可用于榨汁、酿酒等，也是生产上利用最成功的种类之一。已培育出众多新品种在生产上推广。

10. 金花猕猴桃 *Actinidia chrysantha* C. F. Liang

【分布范围】主要分布于滇南和滇东南的红河屏边、河口、金平，文山西畴、马关、富宁等地区海拔 1 300～1 500m 的山谷、阔叶林边缘。

【形态特征】落叶木质藤本。一年生枝灰褐色，略被稀薄茶褐色粉末状短毛；二年生枝红褐色，无毛，皮孔明显；髓片层状，褐色。叶软纸质，近圆形或卵圆形，小，长 2.4～3cm，宽 2～2.5cm，顶端急短尖或渐尖，基部为略下延的浅心形或平截形，或为阔楔形，两侧基本对称；边缘有比较明显的圆锯齿；叶面草绿色或绿色，洁净无毛，背面粉绿色，无毛或有仅在放大镜下方可见的少量星散的颗粒状短茸毛；叶脉不发达，侧脉 7～8 对，横脉和网脉不易见；叶柄浅红色，长 2.5～5cm，洁净无毛。雌花为聚伞花序，有花 1～3 朵，但多为 1 朵，被茶褐色短茸毛，花序柄长 6～9mm，花柄长约 7mm；苞片小，卵形，长约 1mm；花金黄色，直径 1.5～1.8cm；萼片 5 片，卵形或长圆形，长 4～5mm，两面均被有一些茶褐色粉末状茸毛；花瓣 5 片，瓢状倒卵形，长约 1.5cm，宽约 1.2cm；花丝约 34 枚，长 3～4mm；花药黄色，长约 1.5mm；子房柱状圆球形，密被茶褐色茸毛。果实短圆柱形、卵圆形或长圆形；平均单果重 10～30g；果顶凸出或微凸，萼片宿存；果皮栗褐色或褐绿色，无毛，果点密生，中等大小，圆形或块状；果肉绿色或淡绿色，质细嫩，果心中等大小，汁多，味酸甜，有香气。花期为 5 月中旬，10 月下旬果实成熟。

【利用价值】果实可鲜食，也可用于榨汁，酿酒等。由于耐湿热，可以作为抗性育种材料利用。

11. 毛花猕猴桃 *Actinidia eriantha* Bentham

【别名】白毛猕猴桃、毛冬瓜等。

【分布范围】主要分布于红河蒙自、屏边，昭通巧家，保山龙陵及昆明等地区海拔 1 900～2 300m 的灌木丛中或森林边缘。

【形态特征】落叶木质藤本。一年生枝黄棕色，厚被黄色短茸毛，皮孔不明显；二年生枝褐色，硬，粗，薄被白粉，皮孔不显；髓片层状，白色。叶厚纸质，椭圆形，间或锥形，长 8～16cm，宽 6～11cm，基部圆形，稍不对称，叶尖钝尖或渐尖；叶缘锯齿不明显，但有向外伸展的小尖刺；叶面深绿色，无毛，有光泽，主、侧脉绿色，无毛；叶背浅灰白绿色，密被白色星状毛或茸毛，主、侧脉白绿色，密被白色长茸毛；叶柄粗，黄棕色，被浅黄色茸毛，长 2.5～3.5cm。雌花为聚伞花序，每花序 1～3 朵花，花直径 3.8～4cm，粉红色；花瓣 5～7 片，近倒卵形，长约 1.5cm；花丝粉红色，115～131 枚，长 5～7mm；花药黄色，多为箭头状；花柱白色，通常 37～39 枚，柱头稍膨大；子房近球形或椭圆形，密被白色柔毛，直径约 7mm。雄花为聚伞花序，每花序具花 1～3 朵；花序梗长 8～10mm，顶花梗长 13mm，侧花梗长 0.5～1mm；花直径约 4cm；花瓣 6～7 片，长椭圆形，粉红色；花丝粉红色，约 158 枚；花药黄色，长椭圆形；子房退化，被白色茸毛。果实圆柱形，密被白色长茸毛；果较大，平均重 30～50g，大的重 100g 以上；果皮绿色，果点金黄色，密，小；果顶近平截，果肩近截形或圆形，萼片宿存；果肉翠绿色，肉质细，果心小，汁多，味甜酸；种子少，褐色，扁椭圆形。花期为 5 月上旬，8 月下旬果实成熟。

【利用价值】本种果实的维生素 C 含量高，可鲜食，也可用于榨汁、酿酒等，目前生产上已经开始利用。

12. 黄毛猕猴桃 *Actinidia fulvicoma* Hance

【分布范围】主要分布于滇南的红河河口，滇东南的文山麻栗坡、马关等地区海拔 900～1 600m 的灌木丛或阔叶林中。

【形态特征】半常绿木质藤本。一年生枝黄色，先端被黄红色茸毛，下部密被灰黄色茸毛；二年生枝黑褐色，被短灰黄色茸毛；皮孔小，椭圆形或线形，灰白色；髓实心，浅绿色。叶厚纸质，阔卵形，间或椭圆形，长 7～9cm，宽 4.5～6.5cm，基部钝楔形，间或圆形，两边多对称，先端急尖；叶缘近全缘，具极稀、极小的锯齿；叶面绿色，有光泽，主、侧脉被稀疏柔毛，侧脉明显，浅绿色；叶背灰白色，主、侧脉突出，明显，被较密的黄色茸毛；叶柄长 2.3～3cm，灰黄色，嫩叶叶柄红色，被灰黄色柔毛或黄红色柔毛。雌花为多歧聚伞花序，每花序有花 6～10 朵；花序梗长约 3.1cm，较粗；花梗长 1.7～2.9cm，密被黄褐色茸毛；花冠直径约 1.7cm，花色多样，白色、黄色或红色，有浓香；花瓣 6～10 片，呈两轮重叠，花瓣长倒卵形，边缘波浪状，反卷；花丝淡黄白色，细，60～71 枚；花药黄色，近长圆形，顶端稍尖，浅绿白色，密被白色柔毛。雄花为三歧聚伞花序，花冠直径约 1.9cm，杏黄色，甚香；花瓣倒卵形，长约 9mm，宽约 4mm，5 片；花丝细，长约 6mm，约 54 枚；花药黄色，近长椭圆形，长约 1mm；子房退化。果实近圆柱形，绿色或黄绿色，小，单果重 3～4g；果顶柱头残存，微凹陷；果肩平，微凹陷，幼果被黄色长茸毛，毛脱后，可见不规则的黄色果点；果肉绿色，质细脆，汁中等，味酸；10—11 月果实成熟。

【利用价值】果实可鲜食，也可用于榨汁、酿酒等。

13. 糙毛猕猴桃 *Actinidia fulvicoma* var. *hirsuta* Fin. and Gagn.

为黄毛猕猴桃的一个变种。

【分布范围】主要分布于昭通威信、镇雄、彝良，曲靖会泽等地区海拔 1 400～2 100m 的山坡灌木丛或杂木林中。

【形态特征】落叶木质藤本。一年生枝绿色，基部稍被白粉，易脱落，被浅褐色硬毛；皮孔不明显，褐色，椭圆形；髓实心，绿色。二年生枝红褐色，稀被褐色短刚毛；皮孔密，白色和黄褐色，圆形或椭圆形；髓片层状，褐色。叶纸质，多扁圆形，间或近圆形，长 6～8cm，宽 5.5～9cm，基部浅心形，对称，先端多凹陷并具短的小突尖；叶缘密生绿色尖刺，明显；叶面绿色，无毛，主、侧脉黄绿色，密被白色或浅褐色茸毛；叶背白绿色，稀被白色茸毛或星状毛，叶脉浅黄色，被浅褐色和白色茸毛；叶柄长 4～6cm，阳面红色，背面绿色，被黄色和白色短茸毛。雄花为聚伞花序，有花 1～3 朵，花白色，直径 2～2.5cm；花瓣 5 片，阔倒卵形，长 0.7～1.2cm；萼片 5 裂，多背卷，椭圆形，褐色，外被褐色茸毛，内被黄褐色茸毛，长约 8mm，宽约 6mm；雄蕊 50～70 枚，花丝长 0.7～1.4mm；花药黄色，椭圆形，长约 1mm。果实圆柱形或椭圆形，密被黄褐色长茸毛，成熟后脱尽；果实较小，单果重 2.3～3.6g；果皮较薄，暗绿色；果顶稍圆，花柱残存，果肩与中部等宽；果肉绿色，味酸涩，略有麻感；种子白色，椭圆形。果实成熟期为 9 月。

【利用价值】耐湿热，可作为抗性育种材料利用。

14. 蒙自猕猴桃 *Actinidia henryi* Dunn

【分布范围】主要分布于红河蒙自、屏边、河口等地区海拔 1 500～2 100m 的山坡、灌丛或阔叶林中。

【形态特征】一年生枝浅绿色，密被褐紫色糙毛；二年生枝浅褐色，密被褐色长糙毛；皮孔多为长椭圆形，浅棕黄色，稍稀疏；髓片层状，白色。叶厚纸质至革质，长椭圆形，长 10～14cm，宽 3～6.5cm，基部浅心形，有的叶基部较宽，两端稍对称，先端突尖，尾尖较长，歪斜，渐尖的叶尖较短；叶缘锯齿多，小，稍向外倾斜；叶面绿色，无毛，不光滑，主脉黑褐色，基部稀被黑褐色短茸毛，不甚明显；叶背浅绿色，侧脉间常呈现浅银绿色，无毛，侧脉每边 9～10 条；叶柄短粗，暗褐色，被深褐色短糙毛，长 2.5～3cm。雌花为聚伞花序，每花序有花 2～3 朵，花冠直径约 1.3cm；花瓣 5 片，白色，瓢状，倒卵圆形，长约 7mm，宽约 6mm，边缘平展，花瓣上有平行的纵条纹；花丝白色，长约 3mm，约 29 枚；花药黄色，箭镞形；柱头白色，稍膨大；子房黄绿色，被白色柔毛，短圆柱形。雄花为聚伞花序，每花序有花 3～4 朵，白色，直径约 1.7cm；花瓣 5～6 片，5 片居多，瓢状，边缘波浪形，长约 7mm，宽约 6mm；花丝乳白色，约 38 枚；花药金黄色，箭镞形；子房退化，呈小锥体状，被黄褐色柔毛。果实近圆柱形或长圆锥形，较小，平均单果重 3～4g；果皮绿色，果点大，形状不规则，明显，密，无毛，黄棕色；果顶较窄，具喙，果肩较宽；果梗甚粗，褐色，被褐色茸毛；果肉绿色，果心浅绿色，酸味淡，略麻口，不涩，口感差；种子多，黄色，光滑，椭圆形。花期 5 月初，9 月上旬果实成熟。

【利用价值】果实可食。可作为种质创新的材料。

15. 粉叶猕猴桃 *Actinidia glaucocallosa* C. Y. Wu

【别名】马奶果藤。

【分布范围】主要分布于滇西的保山龙陵、腾冲，大理云龙，德宏盈江等地区海拔 1 600～2 400m 的针阔叶混交林、杂木林和灌木丛中。

【形态特征】落叶木质藤本。一年生枝绿色，光滑无毛，皮孔黄色，椭圆形；二年生枝褐色，有光泽，较粗，无毛，皮孔突出，明显，较稀，黄褐色，圆形或椭圆形；髓较大，片层状，深褐色。叶厚纸质，长椭圆形或阔披针形，叶形整齐，长 7～12cm，宽 2.9～3.2cm，基部阔楔形至近圆形，两侧多对称，间或不对称，先端渐尖；叶缘锯齿稀、小、微呈波浪状，尖刺短，浅紫红色，向外生长；叶面深绿色，无毛，有光泽，主、侧脉绿色，无毛；叶背粉白绿色，无毛，主脉白绿色，无毛，凸起，侧脉浅白绿色，无毛；叶柄中粗，白绿色至淡紫红色，长 1.7～2.5cm。雌花为多岐聚伞花序，花冠直径约 1.6cm；花瓣 5 片，黄绿色或白色，阔椭圆形，长约 8mm，宽约 5mm；花丝白色，约 25 枚，长 2.5～8mm；花药黄色，箭镞形；花柱乳白色，约 14 枚，长约 4mm，柱头稍膨大，白色；子房近球形，密被浅紫红色茸毛。雄花为多岐聚伞花序，每花序有花 5～8 朵，花冠直径约 1cm，花瓣 5 片，黄绿色或白色，椭圆形，长约 5mm，宽约 2mm；花丝白色，约 15 枚，长约 3mm；花药黄色，较小，箭镞状；子房退化，呈圆点状，密被浅紫红色柔毛。果实椭圆形至扁圆形，中大，平均单果重 11～16g，最大可达 20g；果皮绿色或红褐色，无毛，果点明显，较密，黄褐色，圆形或长形，果面具白粉；梗洼稍凹陷，萼片宿存；果肉绿色，果心中大，白色，汁少，味甜酸，无麻味；种子椭圆形，深褐色。花期 6 月，10 月果实成熟。

【利用价值】果实可鲜食，也可用于酿酒等。

16. 中越猕猴桃 *Actinidia indochinensis* Merr.

【别名】越南猕猴桃、羊桃、羊奶果等。

【分布范围】主要分布于滇南、滇东南的红河河口、屏边，文山西畴、麻栗坡等地区海拔 850～1 400m 的山地密林中。

【形态特征】落叶木质藤本。一年生枝黄色，密被土黄色茸毛，髓实心，浅绿色；二年生枝红褐色，无毛，皮孔白色，长形，稀，髓空心，浅褐色。叶纸质、厚纸质或革质，长椭圆形或长圆形，长

4～10cm，宽 3.5～5cm，基部楔形或宽楔形，先端渐尖或突尖，尾状，多歪斜；叶缘下部全缘，上部有极稀的小锯齿，齿尖褐色；叶面绿色，无毛，较光滑，叶脉褐色，无毛；叶背浅褐色，无毛，主、侧脉浅褐色，嫩叶叶背的叶脉基部被黑褐色颗粒状物，老叶上较少，侧脉每边 6～7 条；叶柄较细，褐色，长 2.5～4cm，嫩叶叶柄被褐色茸毛。雌花常为单花，白色，直径 1.5～1.8cm；花瓣 5～6 片，倒卵形，长约 1cm；子房椭圆形，密被褐色茸毛，长 3～4mm；花柱长 7～8mm。雄花为聚伞花序，每花序有花 2～11 朵，直径约 1.7cm，白色，花瓣 5 片，倒卵形，长约 1cm，宽约 0.6cm；花丝 28～36 枚，细，长约 7mm；花药黄色，椭圆形；子房退化，呈小锥体状，被浅褐色茸毛。果实短椭圆形或近球形，小，平均单果重 6～8g；果皮黄绿色，成熟后褐色，果点明显，黄色，密；萼片脱落；果肉绿色，质细，多汁，果心中等，种子多，味酸甜。花期 5 月，9 月底果实成熟。

【利用价值】果实可鲜食，也可用于酿酒、榨汁。

17. 狗枣猕猴桃 *Actinidia kolomikta* (Maxim. & Rupr.) Maxim.

【别名】深山木天蓼、狗枣子等。

【分布范围】主要分布于滇东北的昭通大关、永善、水富海拔 1 900～2 100m 地区的针阔叶混交林、杂木林中。

【形态特征】落叶木质藤本。一年生枝灰褐色，无毛；二年生枝黄褐色或黑褐色，无毛，皮孔明显，圆形，白色；髓片层状，黄褐色。叶膜质或薄纸质，阔卵形、长方卵形至长方倒卵形，长 6～15cm，宽 5～10cm，顶端急尖至短渐尖，基部心形，少数圆形至截形，两侧不对称；叶缘有单锯齿或重锯齿；两面近同色，上部往往变为白色，后渐变为紫红色，两面近洁净或沿中脉及侧脉略被一些尘埃状柔毛，腹面散生软弱的小刺毛，背面侧脉腋上髯毛有或无，叶脉不发达，近扁平状，侧脉 6～8 对；叶柄长 2.5～5cm，初时略被少量尘埃状柔毛，后秃净。聚伞花序，雄花序有花 3 朵，雌花序通常 1 朵花单生，花序柄和花柄纤弱，或多或少地被黄褐色微茸毛，花序柄长 8～12mm，花柄长 4～8mm，苞片小，钻形，不及 1mm；花白色或粉红色，芳香，直径 1.5～2cm；萼片 5 片，长方卵形，长 4～6mm，两面被有极微弱的短茸毛，边缘有睫状毛；花瓣 4～7 片，白色，倒卵形，长 6～10mm；花丝丝状，长 5～6mm；花药黄色，长方箭头状，长约 2mm；子房圆柱状，长约 3mm，无毛；花柱长 3～5mm。果实柱状长圆形、卵形或球形，有时为扁体长圆形，平均单果重 2～5g；果皮绿色或黄绿色，洁净无毛，无斑点，并有深色的纵纹；果顶具喙；果肉深绿色，质细，果心小，汁多，味甜酸，有香味；种子近圆形，浅褐色，长约 2mm。花期 5 月，9—10 月果实成熟。

【利用价值】果实可鲜食，也可用于榨汁、酿酒等。

18. 阔叶猕猴桃 *Actinidia latifolia* (Gardn. & Champ.) Merr.

【别名】多花猕猴桃、跳皮羊桃等。

【分布范围】主要分布于滇南及滇东南地区的玉溪新平，普洱墨江，红河河口、屏边，文山麻栗坡、马关等地区海拔 850～1 500m 的阔叶林及杂木林边缘。

【形态特征】一年生枝灰绿色，密被白色茸毛；二年生枝红褐色，无毛，皮孔明显，长圆形，白色。叶纸质，大，长椭圆形，长 15～22cm，宽 10～13cm，基部圆形，两端不对称，先端多短突尖，间或钝尖；叶缘锯齿小，不明显，小尖刺外举，绿色；叶面深绿色，无光泽，稀被白色柔毛，叶脉浅绿色，侧脉颜色近似叶面，稍凸出；叶背浅绿白色，密被白色星状毛及茸毛，主、侧及网状脉明显，凸出，侧脉每边 6～8 条；叶柄长 3.1～4.8cm，密被白色和褐色茸毛。雌花和雄花均为二歧聚伞花序，每花序有花 8～70 朵，一般雌花序为 14 朵左右，雄花序为 40～50 朵。雌花直径约 1.4cm，黄色或玉白色，花瓣向后卷，5 片，近似纺锤形，两端圆形，花瓣厚；花丝浅白绿色；多数花药浅黄色，近圆形，一端微尖；花柱浅绿色，细，27～33 枚，向四周散开，长约 3mm，柱头稍膨大，近圆形，子房近椭圆形，密被白色短柔毛。雄花直径约1.5cm，白色，花瓣5片，长椭圆形，开后反卷；花丝浅绿色，33～51枚，长约3mm；花药黄色，短椭圆形；子房退化。果实圆柱形，小，平均单果重1.6～3.9g；果皮褐绿色，无光泽，果点明显，甚密；果肉翠绿色，果心较小，浅绿色，汁较多；种子较大，长椭圆形，褐色。花期5月，10月初果实成熟。

【利用价值】本种维生素C含量高，果实可鲜食，也可加工成果汁、果酒等。

19. **长绒猕猴桃** *Actinidia latifolia* var. *mollis* (Dunn) Hand.-Mazz.

是阔叶猕猴桃的一个变种。

【别名】厚毛猕猴桃。

【分布范围】主要分布于滇东南的文山麻栗坡、西畴、马关、文山等地区海拔1 450～1 600m的灌木丛、阔叶林中。

【形态特征】木质藤本。一年生枝浅绿色，密被发光的红黄色柔毛，髓片层状，白色；二年生枝褐色，向阳面密被簇状褐色糙毛，间或有茸毛分布，皮孔稀，卵形或线形；老枝褐色，被褐色糙毛，皮孔明显，白色，椭圆形或圆形；髓片层状，浅白绿色。叶厚纸质，似绒布状，近心形，长12～15cm，宽9～11cm，基部耳状心形，凹陷深约1.8cm，耳部被茸毛，先端突尖；叶缘近全缘，有直立向外的小突刺；叶面浓绿色，密被白色茸毛，直立，叶肉上具鲜绿色小颗粒状物，密集，主脉绿色，密被棕红色较长的茸毛，侧脉较明显，密被淡褐红色茸毛；叶背灰绿色，密被白色星状毛及白色茸毛，有些星状毛重叠生长，看似细绒布，主、侧脉及二次分枝脉凸出，明显，主脉及侧脉黄色偏红，密被柔毛；叶柄浅绿色，长3.7～4.6cm，粗约2mm，密被较长的茸毛。每花序结果2～3个，果实多为短椭圆形，较小，平均单果重4～5g；果皮黄褐色，具黄色的短茸毛；果柄一端较大，果顶一端较窄；萼片5片，宿存，具黄色长茸毛，密，花柱残存；果肉绿色，质细，汁中等，味酸；种子小、多。花期5—6月，10—11月果实成熟。

【利用价值】果实鲜食味差，主要用于酿酒、榨汁等。

20. **梅叶猕猴桃** *Actinidia macrosperma* var. *mumoides* C. F. Liang

【分布范围】主要分布于红河河口、屏边，文山马关、麻栗坡等地区海拔950～170m的灌木丛中或阔叶林边缘。

【形态特征】小型落叶藤本或灌木状藤本。一年生枝淡绿色，无毛或下部薄被锈褐色小腺毛，皮孔不明显或稍明显；二年生枝深红褐色，较硬，光滑无毛，皮孔长形，浅灰黄色。叶纸质，长椭圆形，间或阔披针形，长5.7～11.8cm，宽3.1～4.9cm，基部楔形，先端渐尖，间或歪斜；叶缘近基部1/3部多全缘，先端2/3的叶缘锯齿明显，小，有淡绿色或浅褐色的小尖，贴伏生长；叶面光滑，主、侧脉浅绿色，主脉稀被褐色柔毛；叶背浅绿色，光滑无毛，叶脉凸起，网脉平行，较明显；叶柄浅绿色，长1.7～1.9cm，稀被浅褐色短茸毛。雌花单生，白色，有香气，直径约1.3cm；花瓣5～6片，以5片居多，花瓣倒卵形，基部截形，浅黄绿色，花瓣上有纵条纹，呈放射状；花丝浅黄绿色，约31枚，长约3mm，细；花药黄色，长椭圆形，长约1mm；花柱浅黄绿色，约27枚，长约4mm，细，稍膨大；子房近球形，扁，白色，密被柔毛。雄花为聚伞花序，每花序有花1～3朵，多腋生，花白色，直径约1.3cm，有微香；花瓣4～6片，阔倒卵形，瓢状，长约9mm，宽约6mm；花丝26～29枚，绿白色，长约4mm；花药黄色，椭圆形，直径1mm；雌蕊退化。果实近圆形，较小，平均单果重约11.5g；果皮浅褐色，无毛，果点圆形，小，密，黄棕色；果顶平，果肩平，萼片脱落；果梗长约1.8cm，褐色，无毛，具稀疏的黄棕色斑点；果肉绿色，果心白色，圆形，甚小，汁多，味酸、不涩、不麻；种子少、大，椭圆形，浅黄色。花期4月，9月果实成熟。

【利用价值】果实可鲜食。花香气浓，可作为观赏植物利用。

21. 黑蕊猕猴桃 *Actinidia malanandra* Franch.

【分布范围】主要分布于迪庆维西，大理云龙，怒江兰坪，普洱景东，昭通昭阳、鲁甸、大关等地区海拔 2 000～2 600m 的山坡灌木林、针阔混交林中。

【形态特征】落叶木质藤本。新梢中下部深绿色，具白粉，先端部分淡红色；一年生枝灰褐色，皮孔明显，椭圆形，白色或绿色；二年生枝灰褐色，皮孔突起，椭圆形，灰褐色，髓片层状，绿褐色。叶纸质，卵圆形至长卵圆形，长 7～11cm，宽 3.5～4.5cm，基部楔形，先端急尖至渐尖；叶缘基部锯齿少，中上部较多；叶面深绿色，无毛；叶背浅绿色，有白粉，无毛；侧脉每边 6～7 条，网结状；叶柄淡红色，长 3～6cm。雌花和雄花均为聚伞花序，每花序有花 1～3 朵。雌花白色，直径 2.2cm，花瓣 5 片，长椭圆形，长约 1.3cm，宽约 7mm，基部窄，稍厚；萼片 5 片，较长、大，长约 7mm，宽约 3mm，长椭圆形，绿色，内面稀被浅紫红色长柔毛，外面无毛；花丝甚多，约 63 枚，较粗短，长约 3mm；花药黑色，较大，长椭圆形，长约 2mm；花柱白色，约 14 枚，较粗短，长约 2.5mm，柱头稍膨大，微显淡红色；子房瓶状，先端白色，无毛，直径约 3mm，无毛。雄花白色，直径 1.8～2.2cm，花瓣 5 片，阔卵圆形，上面有雪白色或灰白色的条纹，瓢状；雄蕊约 37 枚，花丝长 3～3.5mm，花药黑色，具白色花纹；子房退化，甚小，绿色。果实圆柱形或卵圆形，平均单果重约 15g；果皮光滑，无毛，无果点，成熟前绿色，成熟时褐色，具较长的喙，近锥状；果肩对称，有梗洼，萼片脱落，果梗甚细，长约 2.6cm；果肉绿色，肉质细，汁多；果心小，椭圆形，白色；种子少，大，紫红色，椭圆形。花期 6 月初，9—10 月果实成熟。

【利用价值】果实可鲜食，也可用于加工果汁、酿酒等。

22. 倒卵叶猕猴桃 *Actinidia obovata* Chnn ex C. F. Liang

【分布范围】主要分布于昭通绥江、镇雄、威信、大关、盐津等地区海拔 1 200～1 450m 的山坡杂木林、阔叶林等的边缘。

【形态特征】落叶木质藤本。一年生枝绿色，被白色或浅褐色茸毛，皮孔不明显，淡褐色；二年生枝褐色，稀被褐色短糙毛，皮孔明显，黄褐色，椭圆形、圆形，髓片层状，白色。叶纸质，倒团扇形，长 9.5～13cm，宽 8～10cm，两边对称或不对称，基部圆形、浅心形、宽楔形，先端小突尖或平截；叶缘上部锯齿尖刺状，向外生长；叶面绿色，无毛，主、侧脉浅绿色，被浅褐色茸毛；叶背浅绿色，密被白色茸毛，主、侧脉绿色，被白色和浅褐色茸毛，侧脉每边 7～8 条；叶柄紫红色，被浅红色茸毛，长 4.5～7cm。雌花为单花，黄色或杏黄色，花较大，直径约 4.7cm；花瓣 5 片，近圆形或倒卵圆形，具纵条纹，长约 2cm，宽约 1.8cm；花丝白色，较细，约 126 枚，长约 1cm；花药黄色，椭圆形或箭头形；花柱白色，约 31 枚，长约 5mm，柱头稍膨大；子房短圆柱形，密被白色和浅褐色茸毛，直径约 8mm。雄花为聚伞花序或单花，每花序具花 3 朵，花初开时为白色，1d 后变为杏黄色，直径约 4cm，花瓣多为 5 片，倒卵圆形，具纵条纹，长约 2cm，宽约 1.7cm；花丝约 120 枚，白色；花药黄色，箭头形；子房退化，呈小锥体状，被白色或浅褐色茸毛。果实倒卵形，长 2.7～4.5cm，直径 2.3～4.5cm，平均单果重 8～23g；果实幼时密被棕色茸毛，后逐渐脱落，成熟时无毛；果皮暗黄色，果顶圆形或平截，具喙，花蕊残存，果梗端果肩圆形，萼片宿存；果梗长 1.7～3.4cm，绿色，无毛；果肉浅绿色，质细，味酸、麻、多汁，品质差。花期 6 月初，9 月底至 10 月果实成熟。

【利用价值】可作为嫁接砧木或育种材料利用。

23. 贡山猕猴桃 *Actinidia pilosula* (Fin. & Gagn.) Stapf ex Hand. -Mazz.

【分布范围】主要分布于怒江贡山、泸水，昭通绥江、威信、镇雄，大理云龙等地区海拔 1 350～2 600m 的杂木林及针阔混交林中。

【形态特征】落叶木质藤本。一年生枝棕绿色，稀被浅紫红色短茸毛，皮孔稀疏，不甚明显，线形，黄色；二年生枝红褐色，无毛，皮孔小而密，椭圆形，灰白色；髓片层状，白色。叶厚纸质，长椭圆形，长7.5～15cm，宽4.5～6.8cm，两侧多不对称，基部宽楔形，近平截，先端短突尖或长渐尖；叶缘锯齿密，较大，较长，中上部锯齿大小相同，大锯齿间有1～3个小锯齿，尖刺紫红色，多贴伏生长；叶面油绿色，有光泽，无毛，主、侧脉绿色，凹陷，稀被浅紫红色短茸毛；叶背浅绿色，主、侧脉白绿色，凸起，明显，侧脉每边7～11条，边缘网结；叶柄紫红色，稀被紫红色和白色茸毛，长2.6～3.5cm。雌花为二歧聚伞花序，每花序有花3～7朵，花直径约3.3cm；花瓣6片，淡黄白色，阔椭圆形，长约1.5cm，宽约0.9cm，基部宽，微内凹；花丝细，白色，约35枚，长约4mm；花药黄色，箭头形或椭圆形，长约2mm；花柱乳白色，约26枚，长约5mm，柱头稍膨大，带有淡红色；子房近球形，密被紫红色和白色长茸毛。雄花为聚伞花序，每花序有花5～7朵，直径约2cm；花瓣5片，黄白色至黄色，倒卵形；花丝白色，细，约28枚；花药黄色，椭圆形；子房退化，呈小锥体状，密被紫红色茸毛。果实近球形至圆柱形，平均单果重5.3～7g，果皮绿褐色，果面无毛，果点褐色，圆形；萼片和花柱残存；果肉绿色，汁多，味酸。花期5月底，9—10月果实成熟。

【利用价值】果实可鲜食，种子和根皮可入药，治疗跌打疮肿。

24. 葛枣猕猴桃 Actinidia polygama (Sieb. & Zucc.) Maxim.

【别名】木天蓼、牛奶奶等。

【分布范围】主要分布于昭通大关、永善、盐津等地区海拔1 900～2 200m的山坡杂木林、针阔混交林中。

【形态特征】落叶木质藤本。一年生枝细，硬，褐色，光滑无毛，皮孔较密，圆形、椭圆形或线形，白色或黄白色；二年生枝深褐色，光滑无毛，细而硬，皮孔密，小，圆形、椭圆形或长形，灰白色；髓实心，白色。叶膜质至纸质，近卵形，长7.1～10.7cm，宽4.6～8.9cm，基部平截，对称，先端渐尖，尾尖短；叶缘锯齿小刺状，不明显，浅紫红色，外伸或内勾；叶面绿色，无毛，主、侧脉色较叶色浅，不甚明显，无毛；叶背浅绿色，无毛，有光泽，主、侧脉浅绿色，无毛，侧脉每边5～6条，边缘网结；叶柄绿色，光滑无毛，长2.5～3cm。雌花单生于叶腋，偶有2～3朵簇生，花白色或黄色，有香味，直径1.8～2.5cm；花瓣5～6片，倒卵圆形，长0.8～1.3cm；花萼5裂，偶有4或6裂，绿色，近圆形，宿存；雄蕊约20枚，花丝白色，花药黄色；花柱白色，18～20条，呈放射状排列，长4～5mm；子房瓶状或近圆形，黄绿色，无毛；花梗长5～15mm；萼片与花梗连接处略被短茸毛。雄花多为单花，间或呈聚伞花序，花白色，直径2～2.5cm；花瓣5～6片，倒卵圆形；花丝白色，20～24枚，花药黄色；子房退化。果实长扁椭圆形或扁锥体形，果实纵径约3.4cm，横径约2.1cm，平均单果重约7g；果皮绿色、黄绿色或金黄色，被白粉，光滑无毛，无果点；果顶尖圆，具喙，较长；果肩近平截或圆形；萼片宿存，5裂，大于果肩；果梗绿色，光滑无毛，长约1.8cm；果肉杏黄色，多汁；果心大，黄色；种子较少，椭圆形，褐色。花期4月中旬，果期7月。

【利用价值】果实可食。有虫瘿的果实可入药，治疗腰痛。

25. 红茎猕猴桃 Actinidia rubricaulis Dunn

【分布范围】主要分布于文山麻栗坡、西畴、文山、广南、富宁，红河屏边、绿春、蒙自，保山龙陵等地区海拔1 000～2 300m的坡地灌木林、阔叶林地的边缘。

【形态特征】落叶木质藤本。新梢褐绿色至灰绿色，被白色茸毛，枝老熟后脱落，皮孔白色，形状不规则；一年生枝细小，深红色，有细密的小皮孔；髓部实心，绿色。老枝棕褐色，具淡绿色、棕褐色相间条纹；髓小，实心或片层状，绿色。叶厚纸质，长卵形、近椭圆形或披针形，长9～13cm，宽 4～6cm，基部心形或浑圆，先端渐尖，间或急尖；叶缘锯齿小，密，尖刺贴伏生长，紫红色；叶面绿色，主脉基部红紫色或浅绿色，上被稀疏的白刺毛；叶背浅绿色，被白色茸毛，主、侧脉浅绿色，被白色或紫红色茸毛，侧脉每边 6～7 条；叶柄紫红色，被紫红色茸毛，长 3～3.5cm。雌花白色，直径 1.8～2.2cm，花瓣 5 片，长卵圆形，长约 7.5mm，宽约 4.5mm，先端浑圆；花丝多数，长约 3.5mm；花药黄色，长约 1.5mm；花柱多数；子房长卵形，横径约 1mm，纵径约 2.5mm，被柔毛；萼片 5 片，长圆形，长约 4mm，宽约 3mm，先端钝至圆形；花梗无毛，长约 1.5cm。果实单生或 2～3 个簇生，长圆形或长圆柱形，小，平均单果重 0.8～1g；果皮绿色至深绿色，果点大小相同，褐色，形状不规则；萼片 5 片，阔卵形至长披针形，棕褐色，宿存或脱落；果肩平或圆形，果顶圆形；果柄细，白绿色，长 2.5～3cm；果皮薄，果肉深绿色，肉质细，汁多，味酸；果心中大，圆形，黄白色；种子小，椭圆形，棕红色。花期 5 月初，9—10 月果实成熟。

【利用价值】果实可鲜食。

26. 革叶猕猴桃 *Actinidia rubricaulis* var. *coriacea* (Fin. & Gagn.) C. F. Liang

是红茎猕猴桃的一个变种。

【分布范围】主要分布于文山麻栗坡，保山龙陵，大理云龙，德宏盈江，昭通盐津彝良等地区海拔 700～2 500m 的石灰岩灌木丛中，沟边或林中。

【形态特征】一年生枝绿色，细，光滑无毛，皮孔明显，甚密，黄色，多为线形；嫩枝被有紫褐色长茸毛；二年生枝较细，硬，褐色，无毛，粗糙，皮孔凸起，密，灰白色，多呈线形；髓片层状，褐色。叶革质，长椭圆形至阔披针形，长 5.7～8.1cm，宽 3.3～5cm，基部宽楔形，两端对称，先端渐尖或短突尖；叶缘锯齿密，短，呈波浪状，小尖刺紫红色或褐色，贴伏生长；叶面油绿色，光滑有光泽，无毛，主、侧脉绿色，无毛；叶背浅黄绿色，有光泽，无毛，主脉浅绿色，无毛，侧脉浅绿色，无毛，侧脉每边 5～7 条；叶柄紫红色，无毛，中粗，长 1.9～3cm。雌花直径约 2cm，花瓣 5 片，基部带有红色，花瓣倒卵形至近椭圆形，长约 1cm，宽约 6mm，边缘微内卷，基部窄，有浅红色放射状纵条纹；雄蕊约 23 枚，细，长约 6mm，由白色逐渐变为紫红色，花药黄色，肾形或椭圆形，长约 2mm，宽约 1mm；花柱白色，约 24 枚，较细，长约 6mm，柱头稍膨大，带有紫红色；子房近球形，纵、横径约为 3.5mm，密被浅紫红色柔毛。雄花为三歧聚伞花序，每花序平均有花 22 朵，花粉红色，直径 1.8～2cm；花瓣 5 片，倒圆形；花丝 25～35 枚，长约 5mm；花药黄色，尖端呈黑黄色；雌蕊退化，花柱长约 2mm，呈乳头状突起。果实卵形或近球形，小，平均单果重约 1.8g；果皮绿褐色，无毛，果点明显；果肉绿色，味酸甜，有香气。花期 5 月初，11 月果实成熟。

【利用价值】果实可鲜食，也可用于榨汁或酿酒。

27. 昭通猕猴桃 *Actinidia rubus* H. Léveillé

【分布范围】主要分布于昭通彝良、绥江、盐津、威信、镇雄等地区海拔 1 350～1 600m 的灌木丛中、森林的边缘。

【形态特征】落叶木质藤本。一年生枝绿色，皮孔白色，圆形或椭圆形；二年生枝暗紫褐色，被黑色糙毛，皮孔灰白色，椭圆形；髓片层状，白色。叶厚纸质，长方阔卵形或倒长方阔卵形，长 8.5～13.5cm，宽 6.5～13.5cm，基部平截或浅心形，对称，先端突尖；叶缘具有芒状的锯齿；叶面绿色，无毛，主、侧脉浅绿色，主脉基部紫红色，无毛；叶背浅绿色，无毛，叶脉浅绿色，侧脉每边 8～9 条；叶柄浅紫红色，稀被浅紫红色茸毛，长 2.5～7cm。雌花为单生，花梗绿色，无毛，长约 2.5cm；花萼 5 片，浅绿色，椭圆形，长约 7mm，宽约 5mm；花冠直径约 3cm，花白色，花瓣 5 片，倒卵形，长约 1.5cm，宽约 1cm；花丝白色，约 52 枚，长约 6mm；花药黄色，箭头状；花柱白色，约 36 枚，长约 5mm，柱头稍膨大，白色；子房扁圆柱形，被白色柔毛，直径约 4mm。果实近球形，较小，纵、横径均约为 2.1cm，平均单果重约 7.1g；果皮深绿色，果点明显，密，棕色，果面无毛；果顶平或微圆，有的果肩两侧高低不平；萼片宿存或脱落；果柄细，长约 2.3cm，黄棕色；果肉翠绿色，质较软，汁较少，味淡，无涩味；果心中大，白色；种子甚多，小，紫红色，表面光滑。花期 5 月初，9 月果实成熟。

【利用价值】果实可鲜食。

28. 糙叶猕猴桃 *Actinidia rudis* Dunn

【别名】沙巴猕猴桃。

【分布范围】主要分布于红河屏边、河口、金平，怒江贡山，文山西畴等地区海拔 1 400～2 100m 的山地疏林中或沟边湿润处。

【形态特征】大型攀缘灌木。一年生枝浅绿色，密被紫红色的长糙毛；二年生枝绿褐色，密被褐色糙毛，皮孔稀，近椭圆形，浅黄灰色，髓白色，片状。叶坚纸质，卵形至长圆状卵形，长 9.5～13.5cm，宽 5.5～7.5cm，先端急尖至渐尖，通常基部浅心形，稀浑圆，近平截至楔形，少偏斜；叶缘具细锯齿；两面具稀至密的糙伏毛，叶背沿主脉及侧脉密被糙伏毛，侧脉每边 7～11 条；叶柄长 1～5cm。雌花为聚伞花序，每花序多为 3 朵花，直径约 1.5cm，白色；花瓣 5 片，长约 8mm，宽约 6mm，边缘平滑，有平行的纵条纹；花丝白色，约 26 枚，长约 2mm；花药黄色，箭镞形；花柱白色，约 25 枚，长约 4mm，柱头稍膨大，白色；子房绿色，近球形，被白色柔毛，纵径约 2mm，横径约 2.5mm。雄花为聚伞花序，每花序有花 2～3 朵，直径 1.5cm，白色；花瓣 5 片，瓢状，倒卵圆形，长约 7mm，宽约 5mm；花丝白色，约 27 枚，长约 3mm；花药黄色，箭镞形；子房退化，长圆柱形，黄绿色，被白色茸毛。果实圆柱形至长圆形，小，平均单果重约 1g；果皮绿色，无毛，果点小，浅黄棕色；果顶具喙，果肩圆；萼片宿存；果肉绿色，质脆，味酸，无涩味，汁甚少；果心小，圆，淡绿色；种子较多，椭圆形，淡黄色。花期 5—6 月，10 月果实成熟。

【利用价值】果实可鲜食。可作为猕猴桃区系研究的材料。

29. 红毛猕猴桃 *Actinidia rufotricha* C. Y. Wu

【分布范围】主要分布于文山麻栗坡、西畴、马关及红河屏边等地区海拔 1 500～1 700m 的阔叶林边缘及山地疏林中。

【形态特征】半常绿木质藤本。一年生枝密被黄红色的长茸毛；二年生枝绿褐色，被直立、较长的褐色糙毛，皮孔大，稀，长椭圆形；髓片层状，白绿色。叶半革质或厚纸质，长圆状披针形，长 14.2～17.8cm，宽 5.7～7.2cm，基部圆形或阔楔形，多对称，先端渐尖，尾尖稍歪斜；叶缘呈浅波浪状，锯齿稀，少有红色小钝刺露出；叶面浓绿色，光滑，无毛，主、侧脉浅绿色，明显，凹入叶肉内，主脉上偶有刺毛；叶背浅绿色，无毛，主、侧脉凸起，被黄褐色茸毛，网脉较明显，侧脉每边 9～11 条；叶柄绿色，被棕色糙毛，较粗，长 3.2～4.6cm。雌花常单生，花冠红色，直径 1.5～1.7cm；花瓣 5 片，阔卵形，长 0.7～1cm；花萼 4 片，倒卵形，长 4～5mm，外面密被茸毛；子房球形，长 3～4mm，密被短茸毛，花柱长 5～7mm；花柄长 4～10mm。雄花为聚伞花序，着生于一年生枝基部的 1～5 节，花粉红色，直径 1～1.3cm；花瓣 5 片，倒卵形，长约 5mm，顶部圆形；花萼 4 片，长约 4mm，远端具锈色茸毛；花丝纤细，长 3～4mm；花药黄色，卵形；子房扁圆形，直径约 1.5mm，密被茸毛；雌蕊退化。果实卵圆形至圆柱形，小，平均单果重 3.6～4.2g，纵径 2～2.3cm，横径约 1cm。果皮绿色，光滑无毛，果点明显，密，小，灰白色；果顶平，花蕊残存；果柄长 1～1.3cm；果肉绿色，质细，脆，汁少，味酸；果心中大，白色；种子多，小。花期 4 月中下旬，11 月中旬果实成熟。

【利用价值】果实可鲜食。

30. 密花猕猴桃 *Actinidia rufotricha* var. *glomerata* C. F. Liang

为红毛猕猴桃的一个变种。

【分布范围】主要分布于昭通彝良、盐津、大关、鲁甸、威信、镇雄等地区海拔 1 700～2 100m 的沟谷杂木林、针阔叶混交林边缘。

【形态特征】落叶木质藤本。一年生枝红褐色，皮孔明显，白色，椭圆形或线形；二年生枝红褐色，皮孔明显，凸出，椭圆形，灰白色，无毛；髓片层状，褐色。叶片纸质，近椭圆形，长 8.5～11.5cm，宽 5.0～8.2cm，基部圆形，多对称，先端小尖突；叶缘锯齿小，密，尖刺贴伏生长，绿色；叶面深绿色，光滑无毛，主、侧脉黄棕色，无毛；叶背浅绿色，稀被白色短茸毛，主、侧脉黄绿色，被白色或黄棕色茸毛，侧脉每边 9～10 条；叶柄紫红色，无毛，长 4～5cm。雌花常单生，花冠红色，小，半开张，直径 6～8mm；花瓣 5～6 片，倒卵形，长 5～7mm；花萼 4 片，倒卵形，长 3～4mm，外面密被茸毛；子房柱状球形，长 2～3mm，密被茶褐色短茸毛，花柱长 3～4mm，比子房稍长；花柄长 0.6～1cm。果实近圆柱形，小，纵径约 2cm，横径约 1.2cm，平均单果重约 1.8g；果皮绿色，光滑无毛，果点明显，小，密，圆形或椭圆形，黄棕色；果顶近平截，萼片脱落；果梗细，长约 8mm，绿色，被黄色茸毛；果肉浅绿色，质细、脆，汁多，味酸，甜味淡；果心小，圆形，白色；种子少且小，紫红色，椭圆形，光滑。花期 5 月初，9 月中旬果实成熟。

【利用价值】本种果实维生素 C 含量较高，可鲜食，也可用于榨汁或酿酒。

31. 花楸猕猴桃 *Actinidia sorbifolia* C. F. Liang

【分布范围】主要分布于昭通绥江、永善、盐津、彝良，曲靖会泽等地区海拔 1 000～2 500m 的山地灌木林中和针阔叶混交林边缘。

【形态特征】落叶木质藤本。一年生枝绿色，略带紫红色，无毛，皮孔明显，稀疏，椭圆形或圆形，浅黄白色；二年生枝紫褐色，无毛，皮孔明显，稀疏，圆形，灰白色；髓片层状，褐色。叶薄革质，倒卵形，长 9.5～14cm，宽 5.5～9.5cm，两侧对称，基部心形或近圆形，尖端圆形或突尖；叶缘锯齿小刺状，绿色，向外伸展；叶面绿色，无毛，主、侧脉浅绿色，主脉基部稀被白色茸毛；叶背浅绿色，幼时或多或少被星状茸毛，后逐渐脱落，主、侧脉绿白色，被白色茸毛；叶柄紫红色，稀被白色茸毛，长 2.5～3cm。雄花为聚伞花序，有花 1～3 朵，少数为 2 花或 1 花；花柄绿色，被浅褐色茸毛，长约 7mm；总花序梗绿色，被白色和浅褐色茸毛，长 5mm；花萼 5 片，绿色，被褐色短茸毛，椭圆形或卵圆形，长约 5mm，宽约 4mm。雌花白色，直径约 2.5cm；花瓣 5～6 片，以 5 片居多，花瓣有的重叠，倒卵圆形，具纵条纹，长约 1.4cm，宽约 0.9cm；花丝白色，细，约 56 枚，长约 8mm；花药黄色，箭头状；子房退化，呈小锥体状，密被浅褐色柔毛。果实长圆形或球形，小，长约 3cm，直径约 2.8cm，平均单果重约 13.2g；果皮褐色，幼果时密被褐色茸毛及明显果点，成熟时毛脱落；果实两端近平；果肉绿色，质细、脆，汁少，味酸甜；种子少，小，椭圆形，褐色，光滑。花期 6 月初，10 月果实成熟。

【利用价值】果实可鲜食。根可入药，有清热利水、散瘀止血的功效。

32. 栓叶猕猴桃 *Actinidia suberifolia* C. Y. Wu

【分布范围】主要分布于红河河口、屏边、蒙自、金平等地区海拔 850～1 100m 的灌木林或阔叶林中。

【形态特征】落叶木质藤本。幼叶浅紫红色。一年生枝黄褐色，密被棕色茸毛，髓中空，绿色；二年生枝褐色，无毛，皮孔不明显，髓实心，淡褐色。叶厚纸质，阔椭圆形，长 10～14cm，宽 8～10cm，基部阔楔形或近圆形，先端有的较窄，有小尖突；叶缘下半部全缘，前半部具小而稀的锯齿，绿色；叶面绿色，光滑，稍有光泽，有稀疏的褐色倒伏毛，叶脉褐色，密被褐色茸毛；叶背浅绿色，有的叶片似有白粉，有白色星状毛，叶脉浅灰褐色，明显凸出，主脉密被灰褐色茸毛，侧脉每边6～7条；叶柄粗，长1.8～2.7cm，灰褐色，被灰褐色茸毛。雌花为聚伞花序，每花序有花2～5朵；花梗长约1cm，密被黄褐色茸毛；花萼5片，椭圆形，长约6mm，宽约3mm，被黄褐色茸毛；花冠直径约1.3cm，杏黄色；花瓣5片，长倒卵形，长约7mm，宽约4mm；花丝约61枚，长约3mm；花药黄色，椭圆形；花柱约27枚，黄色，长约3mm，柱头稍膨大；子房圆球形，密被浅黄色茸毛。果实近球形，较小，直径2.5～3cm，平均单果重4.1～5.2g；幼果时密被茶褐色的茸毛，以后逐渐脱落，成熟时无毛；果皮褐色，有明显细小而密的果点；果梗处较平，萼片宿存，有的反卷，果顶处圆形；果肉绿黄色，质细、脆，汁多，味酸甜；果心较小，圆形或呈放射状，乳白色；种子小，椭圆形，棕红色。花期3—4月，9—10月果实成熟。

【利用价值】果实可鲜食，还可加工成果汁、果酱、果酒、糖水罐头、果干、果脯等。

33. 四萼猕猴桃 *Actinidia tetramera* Maxim.

【别名】水梨藤、小梨儿藤、小羊桃等。

【分布范围】主要分布于昭通大关、盐津、彝良、水富，大理云龙等地区海拔1 900～2 650m的杂木林和针阔混交林中。

【形态特征】落叶木质藤本。一年生枝棕绿色，稀被浅紫红色长茸毛，皮孔较大，稀疏，椭圆形或线形，白色；二年生枝灰褐色，无毛，皮孔小，稀疏，椭圆形，不明显；髓片层状，褐色。叶纸质，卵圆形，小，长4～8cm，宽2～4cm，基部圆形或近平截，先端短突尖；叶缘锯齿较大，较稀，尖刺褐色，贴伏生长，基部全缘；叶面深绿色，稀被白色倒伏毛，主脉绿色，密被白色和浅紫红色短茸毛，侧脉绿色，稀被白色茸毛；叶背浅绿色，稀被白色茸毛，主、侧脉白绿色，密被白色长茸毛，侧脉每边6～10条，边缘网结；叶柄紫红色，长4.3～6.5cm。雌花为三歧聚伞花序，每花序有花3～7朵，花直径约2cm，白色；花瓣4～5片，倒卵圆形或椭圆形，长约9mm，宽约5mm，具放射状条纹；花丝白色，39枚，长约3mm；花药黄色，较小，箭镞状；花柱约27枚，白色，较粗，长约3mm，柱头稍膨大，略有红色；子房柱状或稍微呈瓶状，无毛，直径约5mm。雄花为伞状花序，每花序有花1～3朵，花直径约1.2cm，白色；花瓣4片，椭圆形，瓢状；花丝40～47枚；花药黄色；子房退化，浅绿色，无毛。果实椭圆形或卵圆形，小，平均单果重0.8～3g；果皮绿色，成熟时浅黄色，无毛，无果点，无喙；果肉橙黄色，果心中等，味甜酸，汁多，有香气；种子多，光滑，黄褐色。花期6月初，8月果实成熟。

【利用价值】果实可鲜食，也可用于榨汁、酿酒和制作果脯等。

34. 伞花猕猴桃 *Actinidia umbelloides* C. F. Liang

【分布范围】主要分布于保山腾冲，德宏盈江、梁河，怒江贡山，大理云龙，普洱景东等地区海拔1 800～2 400m的山地混交林中。

【形态特征】落叶木质藤本。一年生枝绿色，光滑无毛，皮孔较细，黄白色，椭圆形；二年生枝红褐色，细，光滑无毛，皮孔稀，椭圆形，褐色；髓片层状或实心，较小，白色；老枝红褐色，背阴面色较浅，无毛。叶纸质，近椭圆形，长6～14cm，宽4～8cm，基部宽楔形，两侧对称，有的稍凹陷，先端渐尖或钝尖；叶缘锯齿甚密，小，不明显，尖刺短，褐色，贴生，有的叶缘下部全缘；叶面绿色，有光泽，无毛，主、侧脉凹陷，绿色，无毛；叶背粉绿色，无毛，主、侧脉凸起，浅绿色，仅叶脉处微被白色颗粒粉状物，侧脉每边8～10条，边缘网结；叶柄长2.5～3.8cm，紫红色，无毛。雌花伞形花序，每花序有花3～5朵；花梗浅紫红色，稀被浅紫红色柔毛，长约1cm，短，粗；花瓣5片，阔椭圆形，长约7mm，宽约4mm，基部宽，有放射状条纹，在花瓣先端处分叉，较为明显；

花丝白色，约 24 枚，长约 3mm；花药黄色，箭镞状，较小，纵裂沟不甚明显；花柱约 20 枚，乳白色，长约 4mm，柱头稍膨大；子房球形，长约 3.5mm，宽约 3mm，密被紫红色柔毛。果实卵圆形、短椭圆形至近圆柱形，小，平均单果重 2.1～3g；果皮绿色，有明显的铁锈色果点，果点边缘白黄色，较密，稍凸起，果面稀被白色茸毛；果顶和果肩平，萼片宿存；果肉绿色，汁少，味酸；种子小，紫红色。花期 5 月初，11 月果实成熟。

【利用价值】 果实可鲜食，也可用于酿酒等。

35. 显脉猕猴桃 *Actinidia venosa* Rehd.

【别名】 脉叶猕猴桃、酸枣子藤。

【分布范围】 主要分布于昭通镇雄、威信，昆明，宜良，大理云龙，迪庆维西，保山腾冲，德宏盈江等地区海拔 1 600～2 500m 山地树林之中。

【形态特征】 落叶木质藤本。一年生枝绿色，稀被白色长倒伏状毛，中下部局部覆白粉，皮孔不显；二年生枝红褐色，无毛，光滑，有光泽，皮孔较大，密，椭圆形，黄褐色，髓片层状，白绿色。叶纸质，长椭圆形或椭圆形，长 5～15cm，宽 3～8cm，基部近圆形或宽楔形，先端突尖，间或渐尖；叶缘锯齿小，尖刺状，紫红色，贴伏生长；叶面绿色，无毛，主、次脉浅绿色，无毛；叶背粉绿色，无毛，主、次脉明显，浅绿色，仅在主次脉基部交叉处微被浅褐色茸毛，侧脉每边 7～8 条；叶柄紫红色，无毛，长 2～3cm。雌花为单花，冠径约 2cm，花紫红色；花瓣 5 片，长椭圆形，长约 1cm，宽约 0.5cm，瓢状；花丝白色，约 25 枚，长约 2mm；花药黄色，椭圆形；花柱白色，约 17 枚，长约 3mm，柱头稍膨大，白色；子房短圆柱形，绿色，直径约 3mm，无毛。雄花黄白色，冠径约 2.2cm；花瓣 5 片，倒卵形，长约 1cm，宽约 0.4cm，基部红色，有放射状红色纵条纹；花丝白色，约 21 枚，细，长约 5mm；花药黄色，箭头状；子房退化，呈小锥体状，密被紫红色茸毛。果实近卵圆形或短圆柱形，小，长 2cm，直径约 1.8cm，平均单果重 4.5～5.2g；果皮暗绿色，稀被浅褐色短茸毛，薄被白粉，易擦掉；果顶平截，中部稍凹陷，花蕊残存；果肩浑圆，两侧多对称；萼片宿存；果梗绿褐色，长约 7mm；果肉绿色，肉质较软，味甚酸、微麻，汁较少；果心浅黄色；种子中多，较大，椭圆形，紫红色。花期 6 月初，9 月果实成熟。

【利用价值】 果实味差，很少鲜食；可用于酿酒。

36. 葡萄叶猕猴桃 *Actinidia vitifolia* C. Y. Wu

【分布范围】 主要分布于昭通绥江、水富、永善、大关、盐津等地区海拔 1 350～1 450m 的灌木丛和杂木林中。

【形态特征】 落叶木质藤本。一年生枝灰绿褐色，稀被褐色糙毛，皮孔明显，白色或浅棕色，椭圆形或线形；二年生枝紫褐色，无毛，皮孔明显，凸起，褐色，椭圆形或线形；髓片层状，褐色。叶厚纸质，枝蔓基部的叶倒卵形，长 5～14cm，宽 4.5～9.5cm，基部平截或凹陷，多对称，先端小突尖或平截。叶缘锯齿波浪状，粗大，密，大小相间，大锯齿之间有 1～2 个小锯齿，排列不规则；小锯齿的尖刺浅紫红色，大锯齿的尖端褐色，均贴伏生长；枝蔓基部的叶片下部全缘，中上部叶片的基部锯齿稀、小或近全缘。叶面绿色，密被白色长倒伏状毛；主、侧脉浅紫红色，主脉密被浅紫红色茸毛，侧脉密被浅紫红色短茸毛和白色长倒伏状毛。叶背绿色，无毛；平行网脉凸起，明显，无毛；主、侧脉浅绿色，明显凸起，均稀被浅紫红色短茸毛；侧脉每边 5～7 条，边缘网结。叶柄白绿色，粗，长 1.5～2.7cm，密被白色和浅紫红色短茸毛。雌花白色，冠径约 3cm，花瓣 4～6 片，匙状倒卵形，长 1.3～1.7cm；花丝长 6～8mm；花药黄色，箭头形；花柱白色，长 7～8mm；子房近球形，直径约 5mm，密被黄褐色柔毛；花柄长约 3cm。果实球形或短圆柱形，纵径 3～4cm，横径 2.8～3.8cm，平均单果重 21～36g；幼果时被短棕色茸毛，成熟后无毛；果顶平截或比中部窄；果肩浑圆；

萼片宿存，背生或平贴；果柄绿色，无毛，长约 1.5cm；果肉浅绿色，果心较大，白色，汁少，味酸，有麻味；种子较少，椭圆形。花期 5 月初，10 月果实成熟。

【利用价值】 果味差，很少食用。根皮可入药，用于治疗慢性肝炎、风湿关节痛等。

37. 簇花猕猴桃 *Actinidia fasciculoides* C. F. Liang in Addenda.

【分布范围】 主要分布于文山西畴、麻栗坡、富宁，曲靖罗平等地区海拔 1 350～1 450m 的灌木丛和杂木林中。

【形态特征】 大型落叶木质藤本。花枝纤细，一般长 12～20cm，完全洁净无毛，皮孔极明显，髓淡褐色，实心；二年生枝直径约 1cm。叶薄革质，矩圆状近圆形或菱状椭圆形，长 7～11cm，宽 4～8cm，顶端突尖至短渐尖，基部圆形至楔形；叶缘中上部具发达的锯齿；腹面深绿色，背面绿色，两面洁净无毛，叶脉发达，特别是叶背的叶脉隆起呈圆线形，侧脉 6～7 对，上段分叉或不分叉，横脉明显可见，网状小脉浓密；叶柄长 3～5cm，无毛。果序繁多，着生于果枝每一叶腋上，果序柄很短，每个果序簇生 2～6 个果实；果柄长 1cm 左右，被短茸毛，但随着果实的发育，毛会脱落渐趋秃净；果皮暗绿色，秃净无毛，有明显的淡褐色圆形斑点；果实卵圆形或柱状长圆形，长 1～2cm；种子小，淡褐色。

【利用价值】 果味差，很少食用。根皮可入药，用于治疗风湿关节痛等。

38. 楔叶猕猴桃 *Actinidia fasciculoides* C. F. Liang var. *cuneata* C. F. Liang in Addenda.

【分布范围】 主要分布于文山麻栗坡、西畴、富宁，曲靖罗平等地区海拔 800m 左右的石灰岩石山上的疏林中。

【形态特征】 中型落叶木质藤本。一年生枝绿色，稀被紫红色和白色极短茸毛，皮孔白色，椭圆形；二年生枝红褐色，无毛，皮孔白色，较稀，椭圆形；节间长 9～22cm；老枝灰褐色，皮孔不明显；髓片层状，褐色，无毛。叶薄纸质，倒卵形，长 7.0～9.0cm，宽 4.0～5.0cm；叶柄绿色，稀被紫红色短茸毛，长 2.0～2.5cm；叶片先端短尖，嫩叶渐尖；叶基部楔形或阔楔形，多对称。枝梢先端嫩叶带紫红色，无毛，主、侧脉浅绿色，侧脉无毛。叶片上半部边缘锯齿极小，具短而稀的小尖刺，贴生，绿色，下段全缘；叶面绿色；侧脉每边 6～7 条，侧脉不分叉；主、侧脉绿色，基部被白色或紫红色短茸毛。果序柄长约 2mm，果圆卵形，长约 1.5cm。果实成熟期 11 月底。

【利用价值】 果小，味差，很少食用。民间将根皮、叶入药，有消肿解毒之效。可用于育种。

39. 大花猕猴桃 *Actinidia grandiflora* C. F. Liang in Addenda.

【分布范围】 主要分布于保山龙陵，德宏陇川、梁河，怒江贡山等地区海拔 1 800m 以上森林中。

【形态特征】 落叶藤本。枝条较纤细，一般小花枝长 10cm 左右，径粗 2～3mm，被稀疏长茸毛；二年生枝径粗 3～4mm，皮孔较明显，髓褐色，片层状。叶纸质，倒卵形，长 9～12 cm，宽 6～8cm，先端急尖或短突尖，基部钝圆形或狭圆小心形；叶缘有针芒尖状小齿；叶面浓绿色，大小叶脉上有极少量屑状毛或极短小凸起状小刺毛；叶背浅绿色，薄被淡黄色的不分支或分支的近星状柔毛，叶脉发达，在叶背隆起呈圆线形，侧脉 7～8 对，上段分叉或不分叉，横脉显著，横脉间小脉明显隆起；叶柄长 3～4cm，薄被短茸毛。每花序有花 3 朵，花序柄长 4～6mm，花柄长 7～11mm；雄花芳香，淡黄色，直径 2cm 左右；萼片卵形至长卵形，长 5～6mm，外被短茸毛；花瓣 6 片，瓢状倒卵形，长 10～13mm；花丝丝状，长 4～5mm；花药长圆形箭头状，长约 2mm；退化子房圆球形，直径 3mm。花期 6 月上旬，果熟期 10 月下旬。

【利用价值】 果味差，很少食用。根皮可入药。

40. **长叶猕猴桃** *Actinidia hemsleyana* Dunn in Journ. Linn. （*Actinidia subglaucifolia* Metc. in Lingn. Sci. Journ）

【分布范围】产于浙江和福建两省，向内陆分布可到达江西的武夷山。

【形态特征】大型落叶藤本。小花枝长 5～15cm，径粗 3～4mm，被稀疏红褐色长硬毛；二年生枝直径 4mm 左右，强壮枝可粗达 1cm，无毛或留有少量残遗的黑褐色断损硬毛，皮孔较为明显；髓片层状，茶褐色。叶纸质，长椭圆形、长披针形至长倒披针形，两侧常不对称，大小悬殊，先端短尖至钝圆，基部楔形至圆形；叶缘具小锯齿，有的锯齿不甚明显，近于全缘，有的是圆齿，有的是波状粗齿；腹面绿色，无毛，背面淡绿色、绿白色至粉绿色，无毛或有毛，侧脉 8～9 对；叶柄长 1.5～5cm，一般 2cm，多数无毛或被稀疏软化长硬毛。伞形花序，每花序具花 1～3 朵，花序柄长 5～10mm，密被黄褐色茸毛，花柄长 12～19mm；苞片钻形，长 3mm，被短茸毛；花淡红色；萼片 5 片，卵形，长 5mm，密被黄褐色茸毛；花瓣 5 片，无毛，倒卵形，长约 10mm；雄蕊与花瓣近等长，子房扁球形，直径约 6mm，密被黄褐色茸毛，退化子房直径 2mm，被茸毛。果实卵状圆柱形，长约 3cm，直径约 1.8cm，幼时密被金黄色长茸毛，老时毛变黄褐色，并逐渐脱落；果皮上有无数的疣状斑点；宿存萼片反折；种子纵径 2mm。花期 5 月上旬至 6 月上旬，果期 10 月。

【利用价值】本种果实较大，可以引种驯化栽培，极具育种科研价值。

41. **全毛猕猴桃** *Actinidia holotricha* Fin. & Gagn. in Bull. Soc. Bot.

【分布范围】主要分布于曲靖会泽，昭通大关、绥江、永善、彝良、威信等地区海拔 1 400m 的山地疏林中。

【形态特征】大型落叶藤本。着花小枝纤细，薄被粗糙毛，皮孔多，凸起，较明显；隔年枝细长，近秃净，皮孔更明显，髓白色，片层状。叶膜质至薄纸质，近圆形至长卵形，长 8～16cm，宽 7～10cm，先端短渐尖至长渐尖，基部圆形、截形至浅心形；叶缘有大小相间的针芒状斜生小锯齿；幼叶两面被糙伏毛，很快脱落，老叶仅剩两面的中脉残留少量小刺毛，甚至两面基本无毛，叶脉在腹面不明显，在叶背凸起明显，侧脉 7～8 对；叶柄长 5～8cm，被稀疏粗糙长毛。聚伞花序，花序柄很短，每花序具花 2～3 朵；苞片卵形，被长硬毛，顶端短尖，边缘有睫状毛；雄花小，开展；花柄长与花直径约相等，1.5cm，被红褐色硬毛；萼片椭圆形，钝短尖，外面被小硬毛，内面无毛；花瓣 5 片，白色，倒卵形，钝圆，长为萼片的 1.5 倍；雄蕊花丝丝状，长度是花药的 3 倍，花药箭头状，内向，顶部黏合，基部叉开；子房近球形，被毛。花期 5 月下旬。

【利用价值】果味差，很少食用。根皮、叶均可入药，有消肿解毒之效。可用于育种。

42. **滑叶猕猴桃** *Actinidia laevissima* C. F. Liang in Addenda.

【分布范围】主要分布于昭通大关、绥江、永善、彝良、威信等地区海拔 850～1 980m 的山地灌丛中或疏林中。

【形态特征】中型落叶藤本。着花小枝长 2～6cm，直径 2～3mm，洁净无毛，皮孔很明显，芽体被紧密锈色茸毛；隔年枝直径 4～5mm，皮孔仍很明显，髓白色，片层状。叶膜质，卵形至长卵形或矩状卵形，长 6～10cm，宽 4～7cm，先端急短尖至渐尖，基部浅心形至钝形，两侧基本对称；叶缘有芒尖状斜举或开展的小锯齿；腹面绿色，无毛或偶见靠边部分有一些星散的短糙伏毛，背面粉绿色，洁净无毛，叶脉很不发达，侧脉 7～8 对，横脉几不可辨，网脉不易察见；叶柄水红色，长 3～5cm，洁净无毛。花单生，粉红色，直径 2cm 左右；花柄丝状，长 1～2cm，洁净无毛；萼片 4 枚，长圆形，长 4～5mm，外面靠边部分和内面薄被黄灰白色短茸毛；花瓣 5 枚，倒卵形，长 8～9mm；

花丝丝状，长 3～4mm；花药黄色，卵形，长约 1mm；子房柱状近球形，长约 3mm，薄被黄灰色短茸毛，花柱比子房稍长。果暗绿色，秃净，具黄褐色斑点，柱状长圆形，长 1.5cm 以上，直径 0.8cm 左右；种子细小。花期 5 月上旬至 6 月上旬。

【利用价值】果味差，很少食用。根、根皮、叶均可入药，有消肿解毒之效。可用于育种。

43. 无髯猕猴桃 *Actinidia melanandra* Franch. var. *glabrescens* C. F. Liang in Addenda.

【分布范围】主要分布于昭通永善、大关、盐津、绥江、彝良等地区海拔较高的山地灌丛或疏林中。

【形态特征】本变种特点是叶狭长、较窄，脉腋无髯毛。一年生枝红褐色，无毛，皮孔明显，椭圆形或线形，黄棕色；节间长 8～17mm；二年生枝深褐色，无毛，皮孔明显，椭圆形，褐；髓片层状，褐色。叶纸质，狭椭圆形，长 7～10cm，宽 2～3cm，叶基部阔楔形，先端急尖或渐尖；叶面绿色，无毛，主脉和侧脉黄绿色；叶缘锯齿小而密，绿色；叶背白绿色，无毛，主脉和侧脉浅绿色，无毛；叶柄紫红色，无毛，长 3～4cm。果实短圆柱状，果皮紫红色，无毛，无斑点，果顶有喙；果实长约 3cm，直径约 2cm，平均单果重约 8g；果肉淡绿色，风味浓，有特殊香味；种子小。在绥江，果实于 9—10 月成熟。

【利用价值】果味差，很少食用。民间有将根、根皮、叶入药，有抗癌、消肿解毒之效。可用于育种。

44. 光茎猕猴桃

【分布范围】主要分布于文山西畴、麻栗坡等地区高海拔的山地灌丛中或疏林中。

【形态特征】植株较弱小，小枝密被茶褐色长茸毛，一年生枝棕绿色，皮孔稀，较大，黄色，线形；二年生枝红色，光滑无毛，中粗，皮孔稀，黄白色，椭圆形或线形；髓较大，片层状，白色。叶纸质，长卵形，基部楔形或近圆形，两侧对称或不对称，先端渐尖或钝尖。叶面深绿色，稀被白色长倒伏毛；主脉凹陷，绿色，密被浅紫红色短茸毛和稀被白色长倒伏毛；侧脉绿色，稀被白色长倒伏毛；嫩叶时亦密被浅紫红色短茸毛，叶长大后，毛脱落。叶缘锯齿密，尖刺紫红色，贴伏生长，叶基部全缘。叶背绿色，无毛；主、侧脉白绿色，均稀被白色短茸毛；侧脉每边 7～8 条，边缘网结。叶柄无毛或偶有刚毛数条，紫红色，中粗，长 2.0～4cm，基部多扭生。

【利用价值】果可食用；根可入药，有生津、止渴、利水消肿、降血压等功效。可作为猕猴桃区系研究的材料。

45. 扇叶猕猴桃 *Actinidia umbelloides* C. F. Liang var. *flabellifolia* C. F. Liang in Addenda.

【分布范围】分布于西双版纳勐海，普洱澜沧，大理云龙漕涧镇等地区海拔 1 800m 以上山地灌木丛中或疏林中。

【形态特征】云南特有种。植株长势较弱小。一年生枝绿色，光滑，无毛，皮孔较稀，黄白色，椭圆形；二年生小枝细，红褐色，光滑，无毛，皮孔稀，椭圆形，褐色；髓较小，白色，片层状或实心；老枝向阳面红褐色，背阴面颜色较浅，无毛。叶纸质，近椭圆形，基部阔楔形，有的略凹陷，两侧对称，先端渐尖或钝尖；叶面绿色，有光泽，无毛，主、侧脉凹陷，绿色，无毛；叶缘锯齿较密，小，不明显，尖刺短，褐色，贴生，有的在叶基部全缘；叶背无毛，主、侧脉凸起，白绿色；叶柄紫红色，无毛，长 3～4cm。果实长 1～2cm，横径 0.8cm 左右，卵圆形或短椭圆形；果面绿色，有铁锈色果点，较密，稍凸起，被白色茸毛；萼片宿存，密被褐色短茸毛；果柄长 1～2cm。果实 11 月成熟。

【利用价值】果可食。根可入药，有生津、止渴、利水消肿、降血压等功效。可用于育种。

第四节　云南猕猴桃种质资源研究及利用

云南猕猴桃产业发展中使用的栽培品种主要从外地引入，云南猕猴桃资源丰富的优势尚未得以充分发挥。因此，对云南丰富的猕猴桃资源进行深入鉴定和评价研究，进一步挖掘及创新利用野生种质资源，选育适宜云南生态条件的新品种，是云南猕猴桃产业可持续发展的重要工作。云南猕猴桃资源在生产中的地位及重要性日益凸显，资源鉴定评价研究也由以前的单一表型鉴定向多性状评价研究深入，提升了资源鉴定的准确性和鉴定效率，开创了云南猕猴桃资源创新利用的新局面。

一、品种创制

（一）野生选优

1978 年，云南省农业科学院园艺作物研究所参与了全国猕猴桃资源调查收集工作，1984 年，获批建立了"国家果树种质云南特有果树及砧木资源圃"。建圃以来，资源圃几代科技工作者对云南猕猴桃种质资源开展了调查收集工作。"十一五"期间，参与了科学技术部"云南及周边地区民族农业生物资源调查"及云南科技强省计划"云南农业生物资源调查与共享平台建设"项目。2019 年，承担了国家自然科学基金项目"云南野生猕猴桃种质资源遗传多样性研究"。通过以上项目的实施，对分布在昭通、红河、文山等地的野生猕猴桃资源进行了广泛的调查收集及鉴定评价研究，获得了一些品质优良的野生单株，目前正对优良株系进行遗传评价等研究。2005 年，云南省农业科学院园艺作物研究所与师宗县邓猴高原特色生物科技有限公司合作，利用云南本地野生猕猴桃优良单株开展品种选育研究，2019 年"师宗 1 号美味猕猴桃优良无性系"猕猴桃品种通过云南省林木品种审定委员会认定，并在曲靖师宗、富源，昆明石林等多地推广种植。

猕猴桃是雌雄异株植物，生产中经常出现花期不遇、花粉萌发率低等现象，从而影响雌株坐果。优良雄株对品种的产量、果实品质等起着决定性作用。梁艳萍等（2022）通过花粉直感效应研究，从 5 个云南本地美味猕猴桃野生雄株中选出可作为"师宗 1 号美味猕猴桃优良无性系"的适配授粉雄株。

（二）实生选种

收集猕猴桃资源种子进行播种，或者直接在野外原生境条件下进行实生苗选育，是猕猴桃品种改良的重要途径。典型的世界范围主栽猕猴桃品种"海沃德"、当前备受市场青睐的红心猕猴桃品种"红阳"等，均是通过实生选育产生的。云南省农业科学院园艺作物研究所以国家果树种质云南特有果树及砧木圃收集保存的 28 个云南野生中华猕猴桃种质资源为材料，测定了 8 个种质的果实品质性状并进行变异分析、相关性分析、主成分分析以及综合评价，获得了种质创新和育种利用的候选资源，一些优良单株的实生后代正处于生物学性状观察中，有望从优良单株实生后代中选育出适宜云南栽培的猕猴桃品种，为云南猕猴桃产业的发展注入活力。

二、品种引进筛选研究及利用

自 20 世纪 80 年代末以来，云南省农业科学院园艺作物研究所等科研单位及一些企业单位开展了品种（优良株系）引进筛选研究工作，先后引进秦美、红阳、庐山香、魁蜜、金艳、东红、徐香、翠玉、翠香等品种，选育出会泽 8 号、寻猴 196 等地方猕猴桃品种及中猕 2 号等良种。大量优良猕猴桃品种的引进及地方品种、良种的选育，极大地丰富了云南猕猴桃品种资源，促进了云南猕猴桃产业的快速发展。截至 2020 年，云南猕猴桃种植面积约 9 995.5hm²（数据来源：云南省农业农村厅），主要分布在昭通、昆明、曲靖等地区。

三、形态学鉴定评价研究及利用

为系统评价云南野生猕猴桃资源在形态学性状方面的遗传多样性，进一步发掘利用和保护野生种质资源，王连润等（2022a）对滇东北、滇东、滇东南、滇南和滇西北 5 个野生猕猴桃资源主要分布区域开展了实地调查和收集，对果实开展了形态学鉴定评价分析。研究结果表明，所采集资源中，果实外观能够用肉眼明显区分的占 98％ 以上，其中一些类型具有较高开发利用潜力；云南野外分布有中华猕猴桃、美味猕猴桃、京梨猕猴桃、贡山猕猴桃等多种猕猴桃属植物，表型性状丰富多样，其中滇东北昭通地区的野生资源类型分布最为丰富、广泛。通过鉴定评价研究，筛选出部分具有较高开发利用价值的资源。目前，筛选出的资源，在嫁接保存或实生繁育后，正处于进一步观察中，为重要的品种选育材料来源，通过进一步研究，有望能应用于产业发展中。

马玉杰等（2019）观测了中华猕猴桃、美味猕猴桃、黄毛猕猴桃等 5 种野生猕猴桃果实种子形态，对 4 种野生猕猴桃果实进行了营养成分分析，综合营养品质评价结果为美味猕猴桃＞绵毛猕猴桃＞黄毛猕猴桃＞中华猕猴桃。王连润等（2021a）以大果、无毛或少毛、优质为目标，确定选优标准，通过感官和形态指标评价，筛选出了 3 个优良单株，对优异资源的主要形态性状进行了比较分析，为云南野生猕猴桃优异种质资源的开发利用提供了依据。

王连润等（2022b）对 76 份云南猕猴桃资源的 12 个果实性状进行了变异度分析等多元统计分析，通过系统聚类分析，可把 76 份资源划分为三大类，可选择第三大类的材料进行鲜食新品种选育，76 份资源的果实性状表现存在显著的遗传差异，遗传多样性比较丰富，为加快云南猕猴桃属资源的研究与利用提供了参考。

李坤明等（2006）对昭通地区野生猕猴桃植物资源的利用进行了评价研究，认为云南野生猕猴桃资源可作如下几方面的用途。

第一，作为选育新品种的原始材料。昭通地区丰富的野生猕猴桃种质资源中不乏具有优异特殊性状的种类，具有潜在的利用价值，如红肉猕猴桃、紫果猕猴桃等，为选育新品种、新类型提供了丰富的原始材料。云南猕猴桃中，多数种类的实生苗均可作为砧木利用，常用的砧木种类有中华猕猴桃、毛花猕猴桃、阔叶猕猴桃、葛枣猕猴桃等。另外，野生猕猴桃属资源中一些具有矮化、抗病虫、抗逆性强等特殊性状的种类，也可尝试作为特殊砧木加以利用，如待鉴定和定名的矮化猕猴桃等。

第二，作为中药材利用。猕猴桃的果实、叶、根和根皮、藤、种子自古以来就作为中药用以治病。早在两千多年前的《尔雅》一书已有记载，在此后历代本草中也多有叙述，其功效可靠，为传统中药使用中的正品（如消化不良，可用猕猴桃根 15～20 g，水煎服治疗）。

第三，作为食品加工的原料。由于猕猴桃果实中含有葡萄糖、柠檬酸、蛋白质及钾、钙、磷、铁、镁等矿物质营养元素和维生素 C 等多种维生素，因此猕猴桃果实除鲜食外，还可作为食品加工的原料（如猕猴桃果脯、猕猴桃果汁、猕猴桃饼干、猕猴桃蜜饯等）。研究表明，昭通地区野生猕猴桃资源丰富，蕴藏的野生猕猴桃产量巨大，可为猕猴桃制品的生产提供大量的加工原料。

四、生化品质鉴定评价研究及利用

近年来，为进一步发掘利用云南猕猴桃资源，除对资源开展形态学鉴定评价研究外，云南猕猴桃资源糖、酸含量鉴定研究方面也有一些报道，这些研究为云南猕猴桃资源的利用提供了理论依据。马玉杰等（2019）对中华猕猴桃等 4 种云南野生猕猴桃资源的果实进行了营养成分分析，综合营养品质评价结果为美味猕猴桃＞绵毛猕猴桃＞黄毛猕猴桃＞中华猕猴桃。王连润等（2022a）对 66 份云南猕猴桃资源的总糖含量及 45 份资源的总酸含量进行了研究分析，结果表明，所考察野生资源的果实总糖、总酸含量存在明显差异和多样性，筛选出部分风味方面表现极甜的资源，为猕猴桃风味改良育种积累了材料。王连润等（2021a）综合比较分析了 3 种野生猕猴桃优异资源的主要营养成分含量及营养品质综合评价指数，为云南野生猕猴桃优异种质资源的开发利用提供了依据。

猕猴桃被誉为"维 C 之王"，果实中维生素 C 含量是其营养价值的重要体现。至今发现的维生素 C 含量极高的阔叶猕猴桃（939 .8～2 140 mg/100 g）、河口猕猴桃（1 350～1 636.8 mg/100 g）、毛花猕猴桃（568.9～1 137 mg/100 g），在云南均有分布。王连润等（2022a）对 61 份云南猕猴桃资源果实的维生素 C 含量进行了测定分析，结果表明，维生素 C 含量为 4.74～523 mg/100 g，不同品种猕猴桃资源之间的维生素 C 含量存在明显差异和多样性，通过研究，筛选出了维生素 C 含量较高的材料。今后，可通过杂交或其他生物技术手段将维生素 C 含量较高种类的优良基因转移到栽培品种中，完成栽培品种维生素 C 含量的改良。

对于云南猕猴桃资源的矿物质营养成分含量方面的研究分析比较少见。王连润等（2021b）对筛选出的 4 个猕猴桃优良单株开展了矿物质元素含量比较分析，结果表明，优良单株 DSG－2 果实的磷、锌、铁、镁、钙、铜、钠含量均最高；XSD－1 果实的磷、镁、钙、铜、钠、钾含量均最低；4 个优良单株的钾、钙、磷、镁含量居前 4 位，锌、铁、锰、铜、钠含量均较低。

五、生物技术相关研究及利用

由于猕猴桃在 DNA 水平上具有较高多态性，因此分子标记技术在猕猴桃遗传多样性等研究中得到了广泛应用。为明确云南猕猴桃属种质资源的遗传背景，进一步发掘利用和保护野生种质资源，王连润等（2022a）利用 SSR 分子标记技术对调查收集保存的云南野生猕猴桃资源展开了遗传多样性研究，从 44 对引物中筛选出 10 对能将 211 份种质资源完全区分的标记引物，从 DNA 层面印证了云南猕猴桃属种质资源具有丰富的遗传多样性；同时，应用 SSR 分子标记研究了 10 个云南野生猕猴桃居群的遗传多样性及遗传演化关系。结果表明，不同地理居群间的遗传多样性水平差异不大，居群间的遗传一致度在 0.989 9～0.999 1，遗传分化系数（Gst）为 0.001 1～0.174 3；10 个居群可分为两大类群，从进化上看，类群Ⅰ内 4 个居群的遗传演化关系可分为 2 个进化层次，类群Ⅱ内的遗传演化关系可分为 5 个进化层次。对云南猕猴桃属种质资源的亲缘关系进行分析，结果表明，70 份资源在遗传相似系数 0.17 水平上可分为 4 个类群，其中，一些材料按种类、资源分布地及形态学性状特征形成明显有规律的聚类关系。生物技术的利用及相关研究，为加快云南猕猴桃资源在新品种选育中的创新利用提供了理论指导。

六、抗性资源研究及利用

云南猕猴桃产业发展面临着病害、涝害等问题。一些地区猕猴桃质量和产量受到影响，有的果园因土壤黏重而雨季涝害发生严重，甚至面临毁园绝产的局面。因此，充分利用云南丰富的猕猴桃资源，筛选并利用抗性砧木资源是云南猕猴桃产业可持续发展的重要保障。

猕猴桃细菌性溃疡病是当前猕猴桃生产中最严重的病害之一，自暴发以来，各相关单位在抗病品种选育及抗病资源鉴定方面开展了许多相关研究工作。贺占雪等（2023）以不同云南猕猴桃资源砧木、不同接穗、不同病原菌菌液浓度和不同接种方式 4 个因素进行正交试验设计，探讨不同因素对猕猴桃溃疡病病情指数的影响，结果表明，16 个组合呈现高抗、抗病、耐病、感病 4 个不同级别的抗性；4 个因素中，接种方式是影响猕猴桃溃疡病病情指数的主要因素，伤口是引起猕猴桃溃疡病发生的主要因素，菌液浓度、接穗、砧木对猕猴桃的抗病性产生不同程度的影响，砧木的抗性能够有效增强接穗的抗病性。该研究将为今后云南野生猕猴桃抗性资源的进一步发掘利用提供理论依据。今后，应以云南猕猴桃生产中面临的问题为导向，加大云南猕猴桃抗性资源发掘利用的力度，为云南猕猴桃产业的可持续健康发展提供科技支撑。

七、种苗繁育技术研究及利用

云南猕猴桃中多数种类的实生苗均可作为砧木利用，其中美味猕猴桃具有根系发达、亲和性强等特点，被广泛应用于生产。为了加速繁殖、利用云南猕猴桃资源，云南省农业科学院园艺作物研究所、师宗县邓猴高原特色生物科技有限公司等一些单位通过研究，建立了一系列组织培养、实生繁育及嫁接繁育技术措施，繁殖了大量的优良苗木，促进了云南猕猴桃产业的发展。此外，云南野生猕猴桃属资源中一些具有矮化、抗病虫、抗逆性强等特殊性状的种类，通过进一步研究鉴定后，也可作为特殊砧木加以利用。

八、云南猕猴桃种质资源研究及利用的工作建议

云南为我国猕猴桃属植物分布最为丰富的省份，丰富多样的猕猴桃种质资源为开展猕猴桃品种创新利用提供了重要的物质基础。通过前期研究筛选出的一些表现出耐旱、耐热、丰产特性的资源，进一步研究鉴定后，也可作为猕猴桃育种的特异性亲本材料，这些资源在很大程度上丰富了种质基因库，拓宽了猕猴桃育种的种质基础。对云南野生猕猴桃资源的深入利用研究，可为选育适宜本地生态条件的猕猴桃新品种，以及为猕猴桃产业的可持续发展奠定基础。近些年，在国家、省（部）级相关项目的资助下，各有关单位在云南猕猴桃种质资源调查、收集、保存、鉴定及新品种创制等方面取得了较大的进展。从本地野生资源中选育的品种，如"师宗美味1号优良无性系"在生产中产生了显著的经济、社会、生态效益。云南猕猴桃产业在调整农村产业结构、推动区域经济发展、促进脱贫攻坚及乡村振兴中发挥了重要作用。但云南猕猴桃产业起步较晚，资源研究利用总体水平还比较低，与柑橘、苹果等大宗水果相比还存在较大差距。随着产业的进一步发展，云南猕猴桃资源保存、研究和利用也将迎来新的挑战。

（一）进一步加大云南猕猴桃种质资源的收集、保存力度

种质资源是选育新品种的物质基础，猕猴桃育种工作离不开优异亲本材料，重要基因资源的发掘和保护对品种选育和改良工作具有重要意义。种质资源也是物种多样性的载体，云南猕猴桃属资源分布范围非常广，全省范围内均有分布，主要集中分布于滇东北的昭通、滇东南的文山及滇南的红河。不同地理居群间存在一定差异，形成了一个天然的基因库。但是当前生产上应用的从云南野生猕猴桃种质资源中选育的品种稀少，大量野生种或变种资源还没有经选育应用于生产。因此，应充分利用云南猕猴桃种质资源优势，进一步加大种质资源的收集和保存力度，尤其应加强对一些濒危及云南特有种类资源的收集和保存。鉴于云南野生猕猴桃资源原生境日趋恶化的情况，今后有必要持续开展更广地域的野生猕猴桃资源调查和抢救性收集保存工作，最大限度地避免一些宝贵资源的丧失。在综合考察的基础上，广泛收集各类型猕猴桃优异种质，建立云南猕猴桃种质资源核心种质库及数据库，同时，加强资源保存方式和保存机制研究，建立一套完善的保存技术体系，提高资源保存及研究利用效率。

（二）深入开展云南猕猴桃种质资源的系统评价及筛选研究

开展资源鉴定评价是利用资源的基础。云南猕猴桃资源类型丰富多样，不同资源类型可能含有不同的优良基因。随着云南猕猴桃资源收集保存数量的不断增加，应加大种质资源评价筛选的力度，依据《猕猴桃种质资源描述规范和数据标准》，对不同类型种质资源在生物学、形态学等水平上进行全面、系统分析，结合现代分子生物学技术，以解决产业中存在的问题为导向，对资源开展抗旱、抗病、耐热等特异性状的精准鉴定评价，进一步发掘具有重要经济价值的资源。在表型鉴定评价基础上，进一步开展相关分子鉴定研究，筛选具有优异性状的育种材料及砧木资源，为加快云南猕猴桃资

源的利用奠定材料基础，充分发挥云南猕猴桃资源优势。

（三）加强种质资源的创新与利用

目前，对云南猕猴桃种质资源的研究利用还处于发展阶段，一些薄弱环节有待进一步突破，如抗性、品质改良、性别机理研究等。应立足云南猕猴桃种质资源丰富的优势，以市场及产业需求为导向，进一步深入开展种质资源创新利用研究；通过种间杂交、细胞融合等手段，将野生资源的优异性状聚合、转移到栽培品种中，创新特异种质。利用分子生物学手段开发利用现有资源的遗传多样性，持续深入开展猕猴桃种质资源生理生化、遗传规律等基础研究，对发掘的优异资源的重要性状开展遗传学相关分析，在子代早期选择中应用分子标记辅助选择，为品种选育提供有效理论支撑。融合传统育种技术、现代分子育种技术及现代生物技术，运用基因编辑技术对目的性状基因进行编辑，改良目标性状，定向创制具有关键性状的亲本材料，从生产实际出发，培育优质丰产、高抗、少籽等特异性并拥有自主知识产权的猕猴桃新品种，建立与之配套的栽培管理技术体系。此外，通过加强不同领域之间的科技交流与合作，建立猕猴桃资源与信息共享平台，加速优异资源的创新利用，对不同类型猕猴桃资源可能蕴含的高维生素 C 含量、抗肿瘤等特性开展深入挖掘，培育专用型猕猴桃新品种并研发相关功能产品，进一步提升猕猴桃产业的附加值，延长产业链，推动云南猕猴桃产业的持续健康发展。

主要参考文献

崔致学，1993. 中国猕猴桃［M］. 济南：山东科技出版社，150－197.

贺占雪，朱太富，李欣，等，2023. 不同砧穗组合对猕猴桃溃疡病的抗性差异及机制分析［J］. 河南农业科学，52（1）：95－107.

黄宏文，龚俊杰，王圣梅，等，2000. 猕猴桃属（*Actinidia*）植物的遗传多样性［J］. 生物多样性，8（1）：1－12.

李佛莲，陈大明，孔维喜，等，2017. 云南猕猴桃产业发展现状、存在问题及建议［J］. 中国果业信息，34（9）：21－24，63.

李坤明，邓玉强，陈伟，等，2020."曲靖师宗 1 号美味猕猴桃优良无性系"新品种的选育［J］. 中国果树（5）：103－104，141.

李坤明，胡忠荣，陈伟，2006. 昭通地区野生猕猴桃资源及其利用评价［J］. 中国野生植物资源，25（2）：39－41.

梁艳萍，丁仁展，陈瑶，等，2022."曲靖师宗 1 号美味猕猴桃优良无性系"花粉直感效应研究［J］. 中国南方果树，51（5）：123－125，129.

梁艳萍，丁仁展，杨书宇，等，2023. 28 个云南野生中华猕猴桃单株果实品质分析及综合评价［J］. 中国南方果树，52（3）：116－121.

马玉杰，陈伟，王仕玉，等. 2019. 云南省 5 种野生猕猴桃的果实种子形态和营养成分分析［J］. 江苏农业科学，47（12）：193－196.

孙雷明，方金豹，2020. 我国猕猴桃种质资源的保存与研究利用［J］. 植物遗传资源学报，21（6）：1483－1493.

王连润，陶磊，陈霞，等. 2021a. 野生猕猴桃优异资源果实形态及营养成分分析［J］. 西南农业学报，34（7）：1515－1520.

王连润，万红，陶磊. 等. 2021b. 4 个野生猕猴桃优良单株果实矿质元素含量分析［J］. 中国农学通报，37（3）：112－115.

王连润，万红，陶磊，等，2022a. 云南野生猕猴桃资源调查及遗传多样性研究［J］. 植物遗传资源学报，23（6）：1670－1681.

王连润，万红，陶磊，等，2022b. 云南野生猕猴桃资源果实性状的多元统计分析［J］. 果树学报，39（11）：2019－2027.

杨海健，伊洪伟，韩国辉，等，2018. 重庆大巴山区野生猕猴桃资源调查和遗传多样性分析［J］. 植物遗传资源学报，19（2）：187－193.

詹永发，杨红，涂祥敏，等，2010. 辣椒品种资源的遗传多样性和聚类分析［J］. 贵州农业科学，38（11）：12－15.

第二章　云南猕猴桃主栽品种

第一节　本地选育的优良品种

云南本地选育的猕猴桃优良品种主要包括以下 2 种。

1. 师宗 1 号

【来源及分布】由云南省农业科学院园艺作物研究所和师宗县邓猴高原特色生物科技有限公司相关人员，在曲靖师宗的菌子山利用野生美味猕猴桃植株选育嫁接而来。2019 年，优株通过云南省林木品种审定委员会认定（良种编号：云 R‑SC‑AD‑053‑2019），命名为"师宗 1 号美味猕猴桃优良无性系"。尚未进行大面积推广。

【主要性状】3 月上旬萌芽，5 月上旬开花，9 月中下旬果实成熟，果实发育期 120～130d。植株长势旺盛，以中、长果枝 2～7 节结果为主，丰产、稳产。一年生枝棕褐色，皮孔中大，明显；嫩枝绿褐色，密被黄色柔毛。叶片大，倒卵形，绿色，有光泽；叶背叶脉明显凸起，密被灰绿色短茸毛；叶尖凸尖或微凹，叶基楔形。花单生或为三花聚伞花序，白色，花瓣多为 5 瓣，雄蕊退化。果实扁椭圆形，纵径 5.0～5.5 cm，横径 4.8～6.0cm，平均单果重 81.0g，最大果重 150g，果面密被褐色硬糙毛，梗洼平齐，果顶微凸，果皮棕褐色，易剥离。果肉黄绿色，肉质细嫩，汁液多，酸甜适口，微香，品质佳，可溶性固形物含量 14.52%，总糖含量 8.80%，可滴定酸含量 3.1%，维生素 C 含量3 350mg/kg。果实耐储运，果实后熟时间 15～20 d，在室温 12 ℃、湿度 75% 的条件下可储藏 36 d，在 1～3 ℃冷库中可储藏 5～6 个月。植株适应性、耐旱性及抗风性强，同地栽植的秦美、红阳、金艳叶片失绿，边缘卷曲，部分果实干缩，而师宗 1 号仍能正常生长，栽培地 6～7 级大风时，仍能保持约 80% 叶片完整。该品种早果性、丰产性较好。

【发展潜力】该品种在云南高海拔（1 800～2 100m）地区可以适度发展。

【适生区域】适宜海拔 2 100 m 以下、雨量充沛、年平均气温 13 ℃以上的地区栽植，选择向阳、避风、排水良好的微酸性土壤建园。

2. 恩宏 1 号

【来源及分布】由昭通市农业科学院利用从昭通地区（海拔 1 000～1 500m）100 余份野生猕猴桃资源中发现的优势单株驯化选育而来。2022 年，获得云南省种子管理站非主要农作物品种鉴定登记。

【主要性状】树势较旺盛。叶片阔倒卵形，叶片较肥厚，叶色浓绿，幼叶尖端渐尖，叶片基部楔形。花多为单花，花蕾 3～5 个；花柱浅绿色。果实椭圆形，喙端浅凹，果肉绿色，相对果心大；果皮被较长的灰褐色糙毛。可溶性固形物含量为 19.6%，每 100g 鲜果肉含总糖（以葡萄糖计）约 12.4mg、含总酸（以柠檬酸计）约 0.93mg、含维生素 C 约 148mg，平均单果重 68g。果实发育期约 140d，较当地主栽品种贵长提前 20d 上市。丰产性好，盛果期每亩*产量 2 400kg，较贵长增产 66.7%。果形、果色美观，田间长势清秀，自然软熟时间短（7～10d）。

【发展潜力】2023 年申报为云南省主推品种，可以适度发展。

【适生区域】适宜乌蒙山区海拔 1 000～1 500m 地区及相似区域种植。

第二节　引进品种

云南引进的猕猴桃主栽品种包括以下几种。

1. 红阳

【来源及分布】由四川省自然资源科学院从野生资源中实生选育而来，是首个在产业中利用的红心猕猴桃品种。1997 年通过四川省农作物品种审定委员会审定，并正式命名"红阳"。该品种主产区为四川广元、成都，贵州六盘水，云南滇东南等地区。由于红阳猕猴桃易感溃疡病，除贵州六盘水、云南滇东南、广西部分地区外，其他地区种植面积急剧减少。

【主要性状】平均单果重 70～80g，最大 120g；果实长圆柱形，下宽上窄，光滑无毛；果肉红、黄、绿相间，果心红色，非常美观；果肉细，汁液多，香气浓烈，滋味香甜，深受消费者喜爱。总糖含量 13.45%，总酸含量 0.49%，四川产果实可溶性固形物含量 14.1%～19.6%，云南产果实可溶性固形物含量可以达到 21%，维生素 C 含量约 80mg/100g（鲜重）。植株树势中等，成花容易，需冷量较低，但耐寒性差；萌芽率 80% 左右，坐果率 90% 以上；单花为主。挂果第三年可达盛果期，亩产 1 000kg。在四川成都蒲江境内果实于 8 月下旬成熟，在云南于 7 月底至 8 月初成熟，可以提早 30d 上市。常温下可储存 10～15d，在 0.5～1℃ 低温条件下可储存 1～3 个月。

【发展潜力】云南近 10 年的发展表明，云南将成为红阳猕猴桃新产区。由于云南冬春干旱，光照充分，紫外线强，因此溃疡病危害轻，在滇东南产区，多年来因为及时预防和处理溃疡病，未因此导致大规模减产或毁园。红阳猕猴桃在云南比四川提早 30d 上市，且可溶性固形物含量比四川产的高，芳香味更浓，具有差异化的市场竞争优势，2020—2023 年果园收购价格比四川的高 30% 以上。因此红阳猕猴桃在云南发展潜力大，可以成为云南猕猴桃的主栽品种和核心品种。

【适生区域】滇东南海拔 1 200～1 500m 地区、滇中海拔 1 500～1 700m 地区、金沙江干热河谷海拔 1 500～1 700m 地区、昭通海拔 400～600m 地区以及滇西保山腾冲和德宏陇川部分地区适合发展红阳猕猴桃。重点发展地区为滇东南地区，主要为文山丘北、砚山、文山、西畴、马关，红河屏

---

　　* 亩为非法定计量单位，1 亩≈666.67m²。——编者注

边、建水、石屏。

2. 东红

【来源及分布】中国科学院武汉植物园从红阳开放式授粉种子播种一代群体中选育而成的红心猕猴桃新品种。2011 年获得新品种权，品种权号 CNA20110624.9，2012 年通过国家林木品种审定委员会审定。在红阳猕猴桃分布区域，均有东红分布，主产区为四川成都。

【主要性状】平均单果重 65～75 g，最大可以超过 110g。果实长圆柱形，果形指数 1.3，果顶圆、平或微凸，果面绿褐色，被短茸毛，易脱落，整齐美观，果皮厚，果点稀少。果肉金黄色，果心四周红色鲜艳，色带略比红阳窄；肉质细嫩，汁中等多，风味浓甜，香气浓郁，可溶性固形物含量 15.0％～20.7％、干物质含量 17.8％～22.4％、总糖含量 10.8％～13.1％、可滴定酸含量（以枸橼酸计）1.1％～1.5％、维生素 C 含量 1 130～1 600 mg/kg。果实营养丰富，软熟果实的糖主要是果糖、葡萄糖和蔗糖，含量分别为 3.01％、3.47％和 2.94％；而有机酸主要是奎宁酸、枸橼酸，含量分别为 1.45％和 1.22％，其次是苹果酸，仅 0.26％。果实储藏性极佳，常温下果实后熟需要 20～30d，低温（1.5℃±0.5℃）条件下果实后熟时间为 60～70d。果实软熟后的货架期长，常温下 10～20d，低温下 2 个月左右。东红果实在低温下（1.5℃±0.5℃）可存 6～7 个月，气调低温储藏效果更佳，且果实微软即可食用，是目前耐储性极佳的中华猕猴桃品种。在储藏过程中果皮易失水起皱，需要注意保湿。树势中等偏旺，枝条粗壮，叶片大，叶色浓绿，成花容易，需冷量较低，耐寒性差；萌芽率 70％左右，坐果率 90％以上；单花、三花为主。嫁接苗定植第三年每亩产量超过 300 kg，第四年每亩产量超过 1 000 kg，最高每亩产量可达 1 800 kg，第五年以上成年园，亩产高者可达 2 000kg。在滇东南地区，2 月中旬树液开始流动，2 月下旬萌芽，3 月上中旬现蕾和开花，3 月下旬着果，4 月上旬至 5 月中旬为果实迅速膨大期，8 月中旬至下旬果实成熟（以果实采收时可溶性固形物含量 6.5％～7％为成熟指标）。

【发展潜力】在滇东南地区，东红综合性状超过红阳，成熟期比红阳晚 7～10d，是代替红阳的优良品种。

【适生区域】在云南适合发展红阳猕猴桃的地区均适合发展东红猕猴桃，可以大力发展。

3. 金艳

【来源及分布】由中国科学院武汉植物园选育的中华系黄肉猕猴桃新品种，为种间杂交品种，其母本是毛花猕猴桃，父本是中华猕猴桃。2006 年通过湖北省林木品种审定委员会审定，2010 年通过国家林木品种审定委员会审定。主要在四川发展，后扩散到全国，因为甜度不足，市场接受程度差，栽培面积不断减少。安徽、云南、江西栽培的果实含糖量比四川产的高，可溶性固形物含量能够由四川的 13％～14％提高到 16％～17％。

【主要性状】果实长圆柱形，平均单果重 100～120g，最大可以超过 200g；果顶微凹，果蒂平；果皮厚，黄褐色，密生短茸毛；果点细密，红褐色。果肉黄色，质细多汁，味香甜，可溶性固形物含量 14％～16％，维生素 C 含量约 100mg/100g（鲜重）。果实储藏性极佳，常温下果实后熟需要 40d 左右，低温（1.5℃±0.5℃）条件下果实后熟时间为 60～70d。果实软熟后的货架期长，常温下 15～20d，低温下 5～6 个月。金艳猕猴桃果实在低温下（1～2℃）可存 7～8 个月，气调低温储藏效果更佳，是目前耐储性极佳的品种。植株树势较旺，成花易，需冷量低，但耐寒性差，果实耐热性较差，适于冬暖夏凉地区种植。萌芽率约 60％，结果枝率 90％以上。叶片大，较薄，近圆形，纸质，具光泽；幼年树叶柄鲜红色，成年树叶柄黄褐色。花为聚伞花序，以 3～7 花为主，如果冬季留结果母枝过粗或修剪过重，主花易变为畸形花。坐果以长果枝为主，长果枝占总果枝数的 65％，每果枝坐果 4～8 个。丰产稳产，成年园亩产 2 000kg 左右，管理水平高的果园可达 3 000kg 以上。在滇东南地区，3月上旬萌芽，4月上旬开花，10月上旬果实成熟，果实生育期为150d左右。

【发展潜力】 该品种具有一定发展潜力，可以在观光园、采摘园等以电商销售为主的园区适当发展。在传统渠道销售相对困难，价格不高，不宜大规模发展。

【适生区域】 滇东南、滇中地区均适合金艳猕猴桃发展，发展区域海拔不宜超过1 800m，需要注意防控溃疡病。

4. 翠玉

【来源及分布】 由湖南省园艺研究所从湖南溆浦的野生猕猴桃资源中选育而成。2001年通过省级品种审定。主要在湖南地区发展，全国猕猴桃主产区均有引种试验，但发展面积较小。

【主要性状】 果实扁圆锥形，平均单果重90g，果皮绿褐色，成熟时果面无毛，果点平，中等密。果肉绿色，果心较大，种子较多，肉质致密，细嫩多汁，风味浓甜，约含可溶性固形物17%，最高可达20%。果实极耐储藏，室温下可储藏30 d以上，0～2℃低温下可储藏4～6个月，果实微软时可食用。但其在储藏过程中容易失水，果品皱缩，所以在储藏过程中需要做好保湿工作。植株树势中庸，萌芽率约80%，结果枝率约95%。嫩梢底色绿灰；叶片较小，肥厚，深绿色，蜡质多，有光泽。花多为单花，少数聚伞花序，以中、短果枝结果为主，丰产性良好。盛果期每亩产量超过2 000kg。该品种在滇东南地区3月中旬萌芽，4月中旬开花，10月上旬果实成熟。该品种抗性强、产量高、管理容易，高抗溃疡病，在四川、重庆溃疡病毁园改种翠玉，未大规模发生溃疡病，均获得成功，在云南发生溃疡病的园区，翠玉基本没有出现溃疡病。

【发展潜力】 翠玉猕猴桃在滇东南和滇中区域的引种试种已获得成功，但由于市场接受程度低，价格不高，果商不愿意收购，故发展潜力不大。

5. 贵长

【来源及分布】 贵州省果树科学研究所在调查贵州安顺紫云野生资源时发现的优良品系，现已成为贵州主栽品种之一，主要在贵阳发展种植。除贵州部分区域种植外，四川、云南，这些与贵州相邻区域也有少量发展。

【主要性状】 果实长圆柱形，略扁，平均单果重85g，果顶椭圆，微凸，果皮褐色，有较长的灰褐色糙毛。果肉绿色，肉质细脆，汁液较多，甜酸适度，清香可口，可溶性固形物含量约15%，维生素C含量约100mg/100g（鲜重），品质优，是鲜食与加工兼用品种。树势强旺，萌芽率约70%，结果枝率92%。叶片大，肥厚，叶色浓绿。花多为三花聚伞花序，以长果枝结果为主。丰产性较好，童期稍长。盛果期每亩产量可达1 500～2 000kg。在贵州贵阳修文，3月下旬萌芽，4月下旬至5月上旬开花，10月上旬果实成熟。

【发展潜力】 在云南昭通威信、永善、镇雄等地区均有种植，也存在感染溃疡病问题，且销售价格低，发展潜力不大。

【适生区域】 云南昭通海拔900m以下区域为发展种植最佳区域。云南其他地区未做引种试验。

6. 翠香

【来源及分布】 由原西安市猕猴桃研究所和周至县农业科学技术试验站从野生猕猴桃资源中选育而来，于2008年通过省级品种审定。主要在陕西发展种植，全国其他猕猴桃主产区长期均有引种试验，但发展面积较小。

【主要性状】 果实长纺锤形，略扁，果顶端较尖，整齐，平均单果重约90g，果皮较厚，黄褐色，难剥离，稀被黄褐色硬短茸毛，易脱落。果肉翠绿色，质细多汁，甜酸爽口，有芳香味，果心细柱状，约含可溶性固形物16%，维生素C含量约150mg/100g（鲜重）。果实耐储性中等，在室温条件下后熟期约 10d，1℃条件下可储藏 3～4 个月。生长势中庸，萌芽率约 60％，结果枝率 80％以上。幼芽枝叶紫红色，茸毛深红色，密而长。多年生枝褐色，有明显小而稀疏的椭圆形皮孔，无茸毛。花单生，一般每个结果枝有 3～6 朵花。以中果枝结果为主，童期稍长，丰产性较好，盛产期每亩产量可达 1 500kg。该品种适应性广，抗寒，较抗溃疡病，适宜于温度较低的偏北方区域种植。目前，该品种在陕西西安周至，3 月下旬萌芽，5 月上旬开花，9 月上旬果实成熟；在滇东南地区引种试验时的物候期比陕西提早 10d 左右。

【发展潜力】 在滇东南地区引种试验时，果实口感较好，但早期生长势弱，产量低，故未大面积发展。因此，在云南发展该品种需要慎重。

【适生区域】 滇东南地区海拔 1 600～1 700m 区域引种试验成功，其他地区未进行大面积引种试验。

7. 瑞玉

【来源及分布】 以秦美为母本，K56 为父本杂交选育出的美味系中熟绿肉猕猴桃新品种。2015 年 3 月，通过陕西省果树品种审定委员会审定，2017 年 5 月，取得国家植物新品种保护权。主要在陕西发展种植，四川、云南有引种试验。

【主要性状】 果实营养丰度高，香气浓郁，果肉翠绿多汁，风味甘甜可口，干物质含量 23％以上，维生素 C 含量为每 100g 果肉含 170mg，可食可溶性固形物含量 19％～21％。树势强健，早果丰产，高接换种第二年挂果、第三年丰产，大苗定植第三年挂果、第四年丰产；平均单果重 96g，最大单果重 136g，高水肥管理下亩产量超过 2 000kg。萌芽率高，成枝率高。在陕西秦岭北麓产区，3 月中旬萌芽，5 月上旬开花，萌芽率 86％，成枝率 92％，结果枝率 93％，节间较密，以长果枝结果为主，强壮枝结大果。货架期长，耐储、运、销。在陕西秦岭北麓及同类型气候区，果实 9 月下旬至 10 月上旬成熟，常温下（20℃）货架期 15～20d，冷藏条件下储藏期 150d。

【发展潜力】 由于丰产性好、抗溃疡病、果实含糖量高、味甜等特点，在云南乌蒙山区可以替代贵长猕猴桃发展；存在果实易感软腐病以及果实采收储藏后，气胀果比例高的情况，需要配套的栽培技术措施。

【适生区域】 滇东北乌蒙山区、滇中高原地区可以发展。

8. 中猕 2 号

【来源及分布】 由中国农业科学院郑州果树研究所历时 12 年自主培育的中熟绿肉猕猴桃新品种。云南楚雄有引种试验，获得成功，并于 2022 年 12 月经云南省林木品种审定委员会认定为引进的优良品种。

【主要性状】 果实椭圆形，果面具灰褐色硬毛，大小整齐，果肉翠绿色，口感香甜。树势强，丰产，抗逆性强。平均单果重 108g，最大 145g。可溶性固形物含量 23.8％，总酸含量 1.88％，总糖含量 12.4％，维生素 C 含量 71 mg/100g，总氨基酸含量 1.07％，干物质含量 21.05％。以中、短枝结果为主，盛果期每亩产量可达 3 000～4 000kg。在云南楚雄，4 月上旬开花，9 月中、下旬成熟。

【发展潜力】 在滇中地区表现出一定的优越性，可以适度发展。

【适生区域】 适宜于楚雄海拔 1 800～2 100m、年均温 13～16℃、年均降水量 800～1 100mm、≥10℃活动积温≥3 700℃地区及相似地区种植。

9. 璞玉

【来源及分布】 以华优为母本，K56 为父本杂交选育出的中华系黄肉新品种。2017 年 5 月，取得国家植物新品种保护权。

【**主要性状**】果实圆柱形，果个大，平均单果重108g，最大148g，果形美观、整齐一致，果皮灰褐色，皮孔凸出明显，喙端微钝。果肉金黄色，果心相对较小，口感细腻，风味酸甜，清香可口。可溶性固形物含量18%～20%，干物质含量19%～22%，总糖含量10.5%，总酸含量1.5%，维生素C含量172.38mg/100g。常温下后熟期20d，低温下储藏期4个月。在陕西秦岭北麓，3月下旬萌芽，5月上旬开花，10月上旬果实成熟，生育期150d。萌芽率76%，成枝率89%，结果枝率约90%。秋季不抽梢、不旺长，以中果枝结果为主，树势强健，综合抗性强，丰产性好，盛果期亩产2 000kg以上。

【**发展潜力**】云南缺少黄肉猕猴桃栽培优良品种，在滇中地区、滇东北地区可以作为黄肉猕猴桃优良品种适度发展，形成高品质黄肉猕猴桃产区。

【**适生区域**】云南滇中海拔1 700～2 200m地区，滇东北海拔800～1 800m地区可以发展种植。

10. 其他品种引种表现

新西兰品种Hort16A、G9在云南试验效果较好，适应性、丰产性、口感均佳，G3在海拔低于1 800m地区表现不好。伊顿1号和金红50在滇东南引种试验中表现较好，金红50易感溃疡病，伊顿1号溃疡病发生轻且丰产性较好。安徽选育的皖金、浙江选育的金丽、陕西主栽品种徐香在云南的引种试验均获得成功，徐香可溶性固形物含量超过20%，口感较好。湖北选育的黄肉猕猴桃新品种建香1号，正在云南进行引种试验，今后有可能成为云南昭通提质增效、更新换代的黄肉猕猴桃主推品种之一。

第三章　云南猕猴桃绿色高效生产关键技术

据云南省绿色食品发展中心数据显示，截至 2022 年，全省猕猴桃种植面积大约 1 万 hm²，产量 5.38 万 t。主要分布在昭通、红河、曲靖。其中，红河屏边及昭通绥江、威信、永善种植面积均超过 667hm²，屏边面积最大，达 1 580hm²，产量 0.41 万 t；绥江其次，面积 1 407hm²，产量 0.30 万 t；威信排名第三，面积 933hm²，产量 0.46 万 t；永善面积 860hm²，产量 0.8 万 t。

第一节　云南"十四五"高原特色现代农业发展规划（节选）

一、发展基础

"十三五"时期，云南省深入贯彻落实习近平总书记关于"三农"工作的重要论述和考察云南重要讲话精神，围绕高质量发展主题，积极推进农业供给侧结构性改革，云南高原特色农业发展取得明显成效，顺利完成了"十三五"确定的目标任务。

一是农业经济总量取得历史性突破。2020 年，全省第一产业增加值达 3 599 亿元，在全国的位次由 2015 年的第十四位提升至第九位，占全国第一产业增加值的比重由 2015 年的 3.56％上升到 4.63％。

二是农业产业结构不断优化。"绿色食品牌"重点产业产值占全省农林牧渔业总产值比重由 2015 年的 52.35％提高到 59.86％，畜牧业产值占农业总产值比重由 30.5％提高到 39.1％，粮经饲统筹发展更加协调。

三是粮食等重要农产品供给保障有力。2020 年全省粮食总产量达 1 896 万 t，创历史新高，居全国第十四位；全省猪牛羊禽肉总产量达 416 万 t，在全国位次由 2015 年的第十一位上升至第六位；蔗糖、茶叶产量稳居全国第二位。

四是科技装备水平不断提高。全省农业科技进步贡献率 60％，达全国平均水平；主要农作物耕种收综合机械化率达 50％，比 2015 年提升 5 个百分点。

五是新型经营主体不断壮大。全省家庭农场达 2.86 万家，全省农民合作社 5.8 万家、农业龙头企业 4 440 家，分别比 2015 年增长 35％、57％。

六是发展质量效益不断提升。主要农作物化肥、农药利用率均达 40％，达到全国平均水平；畜禽粪污资源化利用率达 80.7%，高于全国平均水平；全省主要农产品监测合格率连续稳定在 97%以上，农产品成为全省第一大出口商品。

七是农民生活水平显著提高。"十三五"期间，全省农村居民人均可支配收入年均增速达 9.3%，高于全国年均增幅 0.8 个百分点，2020 年达 12 842 元；城乡居民收入比由 2015 年的 3.2∶1 下降到 2.92∶1；农村居民人均消费支出年均增速达 10%，高于城镇居民消费增速 3.2 个百分点，2020 年为 11 069 元，农村消费旺盛。

二、发展形势

"十四五"期间，云南农业高质量发展外部环境更加复杂，内部矛盾不断凸显。一是农业发展基础支撑不够。全省高标准农田比重低于全国平均水平 14 个百分点，主要农作物综合机械化率比全国低 20 个百分点。二是农业产业链条短。农产品加工产值与农业总产值之比仅为 1.68∶1，低于全国 2.4∶1 的平均水平，农产品加工转化率低；农林牧渔服务业产值仅占农业总产值的 3%，低于全国 2 个百分点。三是品牌体系尚未形成。云南农产品品牌不少，却小、散、弱、乱，能够代表云南核桃、茶叶、咖啡、贡米、橡胶等特色优势产品的品牌还处于单点营销阶段，未形成品牌体系合力。四是龙头带动能力不强。全省有国家级农业龙头企业 39 个，占全国总数的 2.5%，销售收入仅占全国的 1.6%。五是外部风险挑战持续加大。国际经济形势复杂多变，新冠疫情对全球经济冲击仍在持续，农业外部发展环境不稳定性、不确定性因素增加。种粮比较效益不高，稳定粮食播种面积，确保粮食安全任务艰巨。非洲猪瘟、草地贪夜蛾等疫病疫情时有发生，农业生产风险因素仍然较多。

展望"十四五"，云南高原特色农业发展也面临着重大机遇。一是高原特色现代农业发展空间更加广阔。西部大开发、"一带一路"、长江经济带、"双循环"相互促进的新发展格局等国家战略（倡议）深入实施，云南省建设民族团结进步示范区、生态文明建设排头兵、面向南亚东南亚辐射中心战略任务不断推进，云南构建现代化产业体系工作不断落实落细，都将进一步拓展云南高原特色现代农业发展空间。二是乡村振兴战略全面实施。"十四五"时期，国家全面推进乡村振兴，国家财政持续加大对农业基础设施、特色农业发展、农业保险、农村民生工程等方面的投入，为云南高原特色农业加速发展提供了良好政策环境。三是农产品消费潜力巨大。"十四五"时期，云南省城镇化仍处于加速发展期，城乡居民收入快速增长，农产品需求将持续刚性增长；云南绿色、有机农产品基础好、潜力大，随着农产品消费需求向多样化、高端化、服务化转型升级，城乡居民对农产品品质和个性化追求与日俱增，为云南加快现代农业发展特别是抢占全国绿色农业发展制高点提供了机遇。四是农业科技创新推动更加有力。信息产业和生物产业发展已经至临界点，新一轮科技革命和产业革命蓄势待发，全面创新改革和"双创"战略深入实施，"互联网＋"与现代农业深度融合，新技术、新模式不断涌现，智慧农业等新业态方兴未艾，农业供给侧结构性改革不断推进，农业现代化发展内生动力持续增强。五是工商资本流入不断加快。一批国际国内行业一流企业先后落地云南，工商资本对农业的投入力度不断加大，有效带动现代生产要素进入农业，通过合理引导和强化监管，有利于提高农业规模化、标准化、绿色化、品牌化水平。

三、总体要求

"十四五"时期，云南高原特色现代农业发展要按照"保供固安全，振兴畅循环"的定位思路，把握好重点目标任务和支撑保障，着力推动农业从增产导向转向提质导向，实现高质量发展。

以习近平新时代中国特色社会主义思想为指导，全面贯彻党的十九大和十九届二中、三中、四中、五中、六中全会精神，把习近平总书记关于"三农"工作重要论述和考察云南重要讲话精神作为根本遵循，坚持新发展理念，深化农业供给侧结构性改革，加快构建现代农业产业体系、生产体系、经营体系，持续推进质量兴农、绿色兴农、品牌强农。以确保粮食安全和重要农产品有效供给为前提，以做特"绿色食品牌"为引领，全面提升农业规模化、科技化、市场化、国际化、信息化、标准化水平，增加优质绿色农产品供给，提高全产业链收益，走出一条产出高效、产品安全、资源节约、环境友好的云南高原特色农业现代化之路，促进农业现代化与工业化、信息化、城镇化同步发展，为全面推进云南现代化建设提供基础支撑。

以坚持农民主体，坚持绿色发展，坚持市场导向，坚持创新驱动，坚持融合发展为基本原则，在确保粮食等主要农产品有效供给基础上，以做特"绿色食品牌"为抓手，深入推进农业供给侧结构性改革，加快农业产业转型升级，不断提升农业现代化水平，促进农民收入持续稳定增长，实现一定水平的农业高质高效，农民富裕富足。

四、重点任务

（一）大力发展现代种业

把解决好种子问题作为保障国家粮食安全的要害来抓，加快推进关键核心技术攻关，支持企业做大做强，建设现代种业基地，提升知识产权保护及监管治理能力，加快构建现代种业体系，筑牢云南高原特色农业现代化的种业根基。开展农业种质资源调查收集、鉴定评价、保存保护、繁殖更新和创制利用，建设国家农作物种质资源保护与利用分中心。开展水稻、玉米、麦类、马铃薯等主要粮食作物及茶叶、花卉、蔬菜、水果、咖啡、中药材等经济作物绿色品种选育和应用技术研究。

（二）强化农业科技创新

以农业供给侧结构性改革为主线，把农业科技创新融入"三农"全过程全要素，大力推进良种培育、高效生产、食品安全、资源利用和装备制造等全面创新，加快实现农业发展由资源要素驱动向创新驱动转变，让农业插上科技创新的"金翅膀"，让越来越多的农民挑上农业现代化的"金扁担"。围绕高原特色现代农业发展需求，加强基础研究、应用研究、集智攻关和科技成果跨界转化，加快形成一批突破性、示范性、引领性重大科技创新成果。创建一批农业创新示范基地，以科技＋、互联网＋、标准化＋，全产业链融合打造花卉、蔬菜、茶叶、中药材、特色果品等一批优势主导产业，把农业科技创新落到产业上。

（三）提升机械化装备水平

围绕"绿色食品牌"重点产业，发展高效设施农业技术及装备。围绕农业绿色发展，加大对深翻整地、水肥一体化、秸秆还田离田、化肥农药精准施用、环保烘干等绿色机械化技术和复式作业机具的示范推广。稳定实施农机购置补贴政策。

（四）加快数字农业发展

围绕"绿色食品牌"重点产业，优先选择茶叶、花卉、蔬菜、水果、中药材和畜牧养殖业，中试和熟化一批农业物联网关键技术、智能装备，建设数字农业示范基地。

（五）着力优化农业产业结构

纵深推进特色产业发展。围绕粮食、茶叶、花卉、水果、蔬菜、坚果、咖啡、中药材、生猪、肉牛等"绿色食品牌"重点产业，深入实施一二三行动，打造"一县一业"，抓住种子和电商两端，推进设施化、有机化、数字化发展。

（六）加快发展农产品加工业

要以做大做强"绿色食品牌"重点产业加工业为重点，促进农产品加工企业集群不断壮大、科技和管理创新能力不断增强、农产品加工业规模效益和品牌价值不断提升。以打造"一村一品""一县一业"为基础，推进加工业向优势产区集中布局，形成生产与加工、科研与产业、企业与农户相衔接相配套的上下游产业融合格局。在优势产业集聚区，积极引进清洗、分级、包装、预冷等一体化的商品化生产线，建设一批采后商品化处理中心。抓好蔬菜、水果、茶叶、中药材、稻谷副产物等特色农产品及副产物深度加工，集中打造一批具有良好市场前景的高端产品。

（七）提升农产品质量安全水平

推进农业标准化生产。围绕"绿色食品牌"重点产业，综合考虑生产环境、生产过程、产品加工、收储运等各环节，逐步完善全链条全环节的农业产业标准体系。鼓励支持全省各县（市、区）主导产业主要产品全部制定生产标准及技术规程，新型生产经营主体全部实现按标生产。提升农产品质量安全监管能力。建立健全农产品质量安全监管体系，全面推进建立农产品质量安全工作责任制度，加强属地管理责任落实，深入开展国家级、省级农产品质量安全县（市）创建。加快国家农产品质量安全追溯管理信息平台推广应用，推动绿色食品"10大名品"企业、"三品一标"企业、省级以上农民专业合作社等规模化生产主体上线运用国家追溯平台；鼓励小农户自觉纳入追溯管理，逐步实现从"农田到餐桌"可追溯管理。完善农产品质量安全保障机制。不断完善农产品质量安全法规体系，构建法制保障机制和农产品质量安全风险评估机制。完善行业自律、问题约谈、信用体系等制度体系，构建农产品质量安全的社会共治机制。

（八）打造高原特色农产品品牌

提升品牌培育能力，打好"区域公用品牌＋产品品牌＋企业品牌"组合拳。做特"绿色食品牌"区域公用品牌，与全球、全国知名品牌策划机构合作，高起点做好"绿色食品牌"品牌策划、宣传、推广。创建一批具有文化底蕴、鲜明地域特征"小而美"的特色农产品品牌，推动"产品落在品牌上，品牌落在企业上，企业落在基地上"。持续组织好云南省"绿色食品牌"品牌目录征集和云南省"10大名品"评选表彰活动，推动"绿色食品牌"走出云南走向全国。加强品牌保护和管理，严厉打击冒用、盗用、滥用品牌行为，不断提升品牌影响力和市场认可度。持续巩固"云品"北上广深等重点一线城市高端市场以及港澳台市场，开拓中西部其他重点城市市场，全面提升"云品"国内市场份额。巩固和扩大东盟、中东、欧盟、北美及日本等传统市场，积极开拓西亚、非洲等新兴市场，不断拓展国际市场空间。推进与阿里巴巴、京东等国内知名电商平台以及"云品荟""一部手机游云南"等省内平台合作，扩大"云品"电商销售渠道和占有率。

（九）构建辐射内外的区域性国际农产品交易枢纽

加强农产品物流运输体系、农产品质量安全检验检测体系、销售网络信息体系等配套建设，吸引国内大型农产品贸易物流企业入驻。加强云南省农产品交易枢纽与国内、国际重要农产品集散中心联系，发挥辐射作用，逐步形成以云南省为中心，向内辐射我国西南省区、长江经济带，向外辐射南亚、东南亚国家的农产品贸易流通渠道，增强云南省在区域优势农产品及农用物资流通链中的话语权。扩大优势农产品出口。重点支持温带水果、蔬菜、咖啡、茶叶和花卉等优势农产品出口，提升云南农产品竞争力和知名度。

（十）培育农业开放合作主体

鼓励企业在粮食、茶叶、花卉、水果、蔬菜、坚果、咖啡、中药材、生猪、肉牛等产业领域，加强境外农业投资合作。积极培育区域型跨国农业集团，将省属国有企业作为农业对外开放的重点支持对象，鼓励扶持龙头企业在周边国家开拓重要农业资源，打造培育大型跨国农业企业。鼓励民营企业走出去，围绕云南农业对外开放产业链的相关环节，积极在周边国家投资，帮助企业做大做强，培育一批开放型农业领军企业。

第二节　云南农产品品牌建设

一、建设背景

"十三五"以来，党中央、国务院大力推动品牌强国战略，我国农业品牌建设力度空前，发展进程加速。2018年，农业农村部印发《关于加快推进品牌强农的意见》，明确了品牌强农的主攻方向、目标任务和政策措施。同年，云南省委、省政府作出了打造世界一流"绿色食品牌"的决策部署。按照"大产业＋新主体＋新平台"的总体发展思路，推出了"抓有机、创名牌、育龙头、占市场、建平台、解难题"六大工作举措。通过实施高位强力推动、健全机制联动、加大投入拉动、完善政策促动，以品牌为引领，推进六大工作举措逐一落实，全方位、多层次推动高原特色农业高质量发展。

2018年以来，连续开展云南"10大名品"和绿色食品"10强企业""20佳创新企业"的评选表彰和宣传推介工作，推出一批云南农产品金字招牌，推动云南农业品牌发展。为贯彻落实国家质量兴农战略，发挥品牌对农业高质量发展的引领作用，加快云南农业品牌建设，云南省农业农村厅在总结云南近年来"10大名品"评选工作经验的基础上，借鉴江苏、广东等省做法，建立云南"绿色食品牌"品牌目录制度，将云南安全优质的农产品品牌统一纳入省级目录管理。一是可以打造品牌集群，弥补"10大名品"数量较少、品类受限的不足，使"绿色食品牌"既有"10大名品"这颗"明珠"，也有品牌目录这个"皇冠"。二是可以为各级党委政府政策扶持提供精准靶向，将进入品牌目录作为享受有关政策和服务的前置条件，引导全省农业生产方式向绿色有机高质量发展转变。三是可以构建云南农业品牌管理体系，有利于全省统一宣传，提升世界一流"绿色食品牌"整体影响力。品牌目录征集范围为在云南省辖区内生产的农产品（包含植物、动物、微生物及其产品）品牌及其服务品牌，主要包括区域公用品牌、企业品牌和产品品牌三类。

区域公用品牌，是指在一个具有特定自然生态环境和历史人文因素区域内，由相关组织或机构所有，由若干农业生产经营者共同使用的农产品品牌。企业品牌是指农业生产经营主体独立所有，在主体生产的所有产品上统一使用的，用于区分其他相同和类似产品的品牌。产品品牌是指农业生产经营主体独立所有，在主体生产的某个类别或单一产品上使用的，用于区分其他相同和类似产品的品牌。

二、申报条件

（一）农产品区域公用品牌的申报条件

第一，主体条件。申报主体应为申报品牌持有者或授权实际运营者，在云南省内依法设立登记的法人或其他组织，依法依规生产经营。

第二，品牌条件。申报品牌已经取得至少一项合法有效的集体商标、证明商标注册、地理标志产品保护或农产品地理标志登记，拥有鲜明的品牌标识和规范的授权管理办法，连续使用 3 年以上。

第三，授权使用产品有较好的市场美誉度和较高的市场占有率。

（二）企业品牌和产品品牌的申报条件

第一，主体条件。在云南省内依法登记，具备独立法人资格，无生产经营违法违规行为，经营状况良好，重视品牌形象的塑造、推广和保护；3 年内未发生环境污染事件、食品安全问题和重大质量安全责任事故；诚实守信，无不良信用记录。

第二，品牌条件。申报品牌已经取得合法有效的商标注册，拥有鲜明的品牌形象标识，连续使用 3 年以上。

第三，产品条件。申报产品为食用农产品的，应当获得绿色食品、有机农产品、良好农业规范（GAP）认证之一且在有效期内，或获得不低于绿色食品质量认证要求的其他质量或管理体系认证；产品批量生产和销售满 3 年，实现质量安全追溯管理，近 3 年产品质量抽检合格。

三、品牌目录的推选和建立

申报主体对照申报条件，通过云南省"绿色食品牌"申报管理平台填报和提交申报材料；县级农业农村行政主管部门对申报材料进行审核，签署审核意见并加盖公章后，上传至申报管理平台；省农业农村厅委托第三方机构对各县区上报的申报材料进行复核，对申报主体进行资格审查和信用查询；审核完毕，省农业农村厅组织相关业务处室和专家，推选出符合条件的品牌目录建议名单；省农业农村厅对建议名单进行社会公示，公示无异议的，入选品牌目录并正式发布。

四、品牌目录的管理

实行动态管理，每年征集一次。已入选品牌目录的品牌无需重复申报，但应定期对申报管理平台内的信息进行更新。入选品牌经云南省绿色食品发展中心授权后许可使用云南省"绿色食品牌"统一形象标识。入选品牌应自觉接受监督，出现以下情形之一的，予以退出目录，由省农业农村厅向社会通告，3 年内不得再次申报：

第一，隐瞒真实情况、提供虚假申报材料的；近 3 年品牌产品出现抽检不合格，发生食品安全问题、重大生产安全事故、重大环境污染事件的；发生知识产权侵权行为、有不良信用记录的；有其他违反法律法规行为的；

第二，品牌产品停产 1 年以上的；

第三，违规使用云南省"绿色食品牌"形象标识的；

第四，消费者投诉较多，满意度明显下降，媒体曝光问题较多的；

第五，主体条件、品牌条件、产品条件发生变化，不再符合推选基本条件的。

各级农业农村部门要联合市场监管部门，加强对入选品牌及其产品的监管保护，严厉打击假冒伪劣和侵犯知识产权行为，积极营造公平竞争的市场环境。各级农业农村部门要加大品牌建设支持力度，积极协调有关部门在政策制定、项目建设、资金安排等方面，对入选品牌给予优先支持。

五、云南猕猴桃品牌建设情况

截至 2022 年，"晨滇滇"牌红阳猕猴桃获得 2019 年"10 大名果"称号；昆明晟瑞果蔬种植有限公司的"晟瑞"牌猕猴桃、永善县桧元种植专业合作社的"桦稿坪红心"牌猕猴桃、石屏县卓易农业科技开发有限公司的"滇猴王李刚"牌猕猴桃、云南源盘果业有限公司的"源盘"牌猕猴桃，入选 2021 年云南省"绿色食品牌"企业和产品品牌目录。全省获绿色食品认证水果企业 312 家，获证产品 688 个，获绿色食品认证猕猴桃企业 31 家，占全省获认证水果企业 10%，获证猕猴桃产品 54 个，占全省获认证水果产品总数的 7.8%。

第三节　猕猴桃病虫害绿色综合防控技术

一、猕猴桃主要病害及防治

（一）猕猴桃主要病害种类

枝干病害：溃疡病、膏药病、黑斑病。

果实病害：软腐病、黑斑病、灰霉病、菌核病。

花部病害：溃疡病、花腐病。

叶部病害：溃疡病、黑斑病、褐斑病、灰斑病、炭疽病、白粉病、病毒病。

根部病害：根腐病、立枯病、根癌病。

云南各产区主要发生病害不同：滇东南、滇中地区主要为溃疡病、褐斑病、炭疽病、白粉病、根腐病等；乌蒙山区片区主要为溃疡病、褐斑病、花腐病、灰霉病、根腐病等。需要特别注意褐斑病，云南褐斑病发生比较严重。

（二）主要病害及防治方法

1. 溃疡病

【病原菌】丁香假单胞菌猕猴桃致病变种。最适生长温度为 25～28℃，最高生长温度为 35℃，最低生长温度为 12℃，致死温度为 55℃（10min）。适宜生长 pH 为 6.0～8.5，最适 pH 为 7.0～7.4。低温、强光照、高湿条件适于该病菌的生长。

【危害情况】几乎全球所有产区都有发生。侵染中华猕猴桃、美味猕猴桃、软枣猕猴桃、葛枣猕猴桃及大多数雄花品种。可以危害主干、枝蔓、叶片、花蕾，病菌可以从伤口、自然孔口侵入。

【传播途径】通过风、雨、昆虫、病残体、污染土壤、农事活动等进行近距离传播，通过苗木、接穗、花粉等进行远距离传播。病原菌在已修剪的猕猴桃叶片、枝条及根中仍有侵染能力，落叶上存活 15 周，病枝上存活 11 周，根中存活 3 个月。

【发生特点】低温、高湿、多雨、气温突降遇冻后或先年超负荷挂果，树体抵抗力下降，利于病菌侵入。在陕西，秋冬季果树休眠期及 3 月芽膨大期，日均温低于 0℃的天数越多，降水越多，溃疡病发病率越高。在四川，4 月最高温度、冬季平均最低温度、10 月最低温度、5 月降水量，对病原菌的分布起到了关键作用。在霜冻条件下，病原菌在中华猕猴桃和美味猕猴桃中的致病力会增强，繁殖速度明显加快。

近几年我国猕猴桃溃疡病扩散严重的主要原因有以下几种。①种苗繁殖或提供不规范，园内雄株栽培较少，雌雄株比例不协调，主要依靠人工授粉，外来花粉携带病菌感染。②盲目选择品种，不清楚品种抗性，连片种植易感品种。③园主及农户缺少病害预防意识。冷冬、冻害或倒春寒、风害等异常的不良气候频发。

【防治措施】

科学选择园地和高标准建园。

冬季修剪时期宜早不宜迟，最好在 12 月中旬前全部完成。

减少越冬病原，加强栽培管理。冬季彻底清园，用波尔多液、石灰水涂抹树干；树干缠草或加保温套，基部培土，预防树体受冻。此外，应做好防霜冻准备工作，适时适当进行人工喷灌等。

加强果园管理。加强营养，合理负载，加强统防统治，加强果后至早春防控。

9—12月，施用3～4次铜制剂（氢氧化铜，如可杀得3000；碱式硫酸铜，如铜高尚）、叶枯唑等，均可杀死入侵、定殖在浅皮层的病菌，预防效果明显优于治疗效果。

冬季清园之后，全园（树体及地面）喷洒3～5波美度石硫合剂1次。萌芽前，喷施1次0.5～1.0波美度石硫合剂。

早春发病期，4～6d全园检查1次。若是枝条发生轻微症状，可将枝条剪除烧掉。对染病的主干、主蔓，未造成皮层环剥时，彻底刮除病斑，用高温喷枪对病斑处进行短时间灼烧（2～3s），以病斑为中心涂药防治。涂药范围应大到病斑范围的2～3倍，药剂有噻霉酮膏剂、四霉素、代森铵、氯溴异氰尿酸、腐烂净及叶枯唑。刮治应在阴天进行。若是主干发病较严重，可直接将主干剪至健康部位以下30cm左右，再涂上铜制剂进行防治，可用松脂酸铜、氢氧化铜等防治药剂。若整株发病较重，主干几乎无健康部位，需要将整株剪除烧掉、土壤消毒。刮去的病残体带离果园烧毁，并对工具进行消毒。

萌芽至开花期间喷施2次杀菌剂，展叶期和露瓣期各喷1次。各地根据具体情况选择用药品种和适宜浓度，参考药剂品种和浓度为80%乙蒜素乳油3 000倍液、1.5%噻霉酮600～800倍液、2%春雷霉素水剂500倍液、46%可杀得3000（氢氧化铜）水分散粒剂1 500倍液、0.15%四霉素800倍液及菌毒清500倍液等杀菌剂。另外，还可选用噻菌铜、加瑞农、苯菌灵等药剂。

采果前20～25d喷施1次杀菌剂。各地根据实际情况筛选药剂和适宜浓度，参考药剂和浓度为0.15%四霉素800倍液、1.5%噻霉酮600～800倍液、中生菌素600倍液或5%菌毒清水剂500倍液等。

采果后可以根据实际情况再喷施1次药剂，药剂根据各地情况选择，参考药剂品种为氧化亚铜、碱式硫酸铜或波尔多液等。

2. 褐斑病

【发病症状】 嫩叶刚展开即可受害，初期呈靶状褐色小斑点，逐渐扩大，主要在叶片背面形成不规则黄褐色至灰褐色病斑，病斑遇潮湿天气表面出现一层黄灰色霉层，中间散立许多小黑点，最后叶片随着多个病斑融合进而卷曲、破裂、干枯导致落叶，严重者叶片掉光，并在当年萌发新梢，严重影响当年的品质和次年产量。

【病原菌及发病规律】 致病菌为多主棒孢菌。病原菌在10～35℃均能生长，最适生长温度25～30℃，最适pH为6。寄主范围广，主要包括单子叶植物、双子叶植物、蕨类植物、苏铁植物，可侵染黄瓜、茄子、扁豆、甘薯、草莓等。

春季萌发新叶后，4—6月迅速传染，温度25℃以上、湿度85%以上进入发病期，7月初到8月底，病情加重，7月下旬至8月上旬盛发，11月后病害停止发展。温度、湿度达到病菌适发范围，病菌借助风雨多次侵染。

【防治措施】

冬季清园，彻底清除所有枯枝落叶，集中带出园区进行烧毁，降低翌年病原基数。同时，全园彻底喷施3～5波美度石硫合剂。

园区周边禁止种植猕猴桃褐斑病病原菌的寄主植物（黄瓜、菜豆、茄子、草莓等）。

监测褐斑病发生流行趋势，病害始发期开始化学防治。在高温、高湿期，做好防控措施，有条件区域可通过避雨栽培等措施控制田间温、湿度，控制褐斑病流行。化学防治药剂主要有25%嘧菌酯、42.4%唑醚·氟酰胺、40%甲硫·嘧菌环胺及80%戊唑醇。

平衡施肥，多施有机肥，重视中、微量元素的补充。合理修剪，特别重视夏季修剪，均匀分布枝蔓，通风透光。合理负载，增强树势。

3. 灰霉病

【发病症状】叶片发病一般从叶尖开始，沿叶脉呈 V 形向内扩展，叶片呈灰褐色且有霉层。果实发病多为幼果时受浸染，残留的柱头或花瓣先被浸染后沾到果面，从而侵染果实，病斑逐步扩大，果皮呈灰色并生有厚厚的灰霉层，呈水腐状。

【病原菌及发病规律】灰霉病由灰葡萄孢菌所致，是一种典型的气传病害，可随空气、雨水及田间作业传播。一般在 12 月至翌年 5 月、气温 18℃左右、湿度 90％以上易发病。以菌核在土壤中或以分生孢子在病残体上越冬或越夏，春季条件适宜时，产生分生孢子进行浸染。侵染后，花、果、叶、茎均可发病。

【防治措施】结合冬季修剪彻底清园，烧毁病残体。采果后清扫果园，剪除病虫枝、枯枝，并集中烧毁，减少病虫侵染源。早春进行化学防治，坐果后同软腐病一同防治，可以用 50％异菌脲、40％嘧霉胺、38％唑醚·啶酰菌胺、42.4％唑醚·氟酰胺。缺钙果园需要添加硝酸钙、螯合钙等钙肥。

4. 细菌性花腐病

【发病症状】此病发病初期，感病花蕾、萼片上出现褐色凹陷斑，斑块很快发展，当病菌入侵到芽内部时，花瓣变为橘黄色，开放时呈褐色并开始腐烂，花很快脱落。叶片症状为褐色斑点逐渐扩大，最终整叶腐烂，凋萎下垂。

【病原菌及发生规律】致病菌为假单胞杆菌。低温型细菌病害，一般在春季气温 15～28℃环境下发病，花期遇阴雨天气会感染加重。园地在山坳、背风、阴暗潮湿位置会增加病害的发生概率，往往溃疡病与细菌性花腐病伴生发病。

【防治措施】加强果园管理，提高树体抗病能力，秋季增施有机肥，保持土壤疏松透气，配合增施磷、钾肥及中、微量元素。及时将病花摘出果园，集中处理。冬季，用 5 波美度石硫合剂或 150 倍波尔多液彻底清园消毒。展叶期，喷施 0.3 波美度石硫合剂或农用抗生素；萌芽至花期，四霉素、春雷霉素、中生菌素、有机铜制剂等杀菌剂全树交替喷施。

5. 黑霉病

【发病症状】发病初期，叶背面出现灰色茸毛状小霉斑，后逐渐扩大，颜色加深，病斑融合扩大，至整叶枯萎、脱落。果实感染后，初期为灰色茸毛状小霉斑，后扩大，颜色变深，之后霉层脱落形成圆形凹斑。为害部果肉褐色、坏死，呈锥状硬块，后熟后最早变软发酸，不堪食用，以后整个果实腐烂。

【病原菌及发生规律】致病菌为猕猴桃假尾孢菌。低温高湿利于病害发展，春季为此病侵染期，此病于 5 月开始发病，6—7 月为害最为严重。借助风和雨水进行传播，病菌在病残体中越冬成为翌年的侵染源，修剪不合理或通风透光效果不好果园感病严重，排苗紧密的苗圃地感病严重。

【防治措施】冬季修剪后，将残枝落叶集中清出园外，并用 5 波美度石硫合剂彻底消毒园地。重视夏季修剪，5—6 月重点关注病害发生情况，及时发现初期病斑，及时剪除烧毁。可以选择 70％甲基托布津可湿性粉剂、世高、健达、嘧菌酯或拿敌稳在花芽膨大或终花期喷第一次，15～20d 再喷施 1 次，药剂交替使用，连续喷施 2～3 次。

6. 根腐病

【发病症状】如果是密环菌、假密环菌侵染，初期根部出现黄褐色斑块，皮层出现褐色斑块，后逐渐变黑、软腐，韧皮部易脱落，木质部变褐、腐烂，有酒糟味，后期出现白色菌丝，产生子实体。

如果是疫霉菌侵染，则根颈、根尖都可发病，严重时整个根系变黑、腐烂，病部流出许多棕色汁液，叶片枯萎脱落，树体整株萎蔫、死亡。

【病原菌及发病规律】本病为真菌性病害，病原菌通常为密环菌、假密环菌和疫霉菌。病菌在土壤中或病残体上越冬，成为翌年主要初侵染源，病菌从根茎部或根部伤口侵入，通过雨水或灌溉水传播和蔓延。在四川泸州叙永地区，大约在4月开始侵染，7—9月高温、高湿季节进入发病高峰期，病残体借助风雨多次侵染。果园地势低洼、排水不良、地下害虫猖獗的地块发病较重。

【防治措施】雨季排除积水，在多雨季节或低洼地起高垄栽培，并保证根颈部没有覆盖物。增施充分腐熟的有机肥，增加土壤通透性，对于初发病植株，刮除发病组织。根据具体情况使用药剂，可选择70%甲基托布津500倍液灌根，也可选用58%甲霜灵·锰锌可湿性粉剂500倍液灌根防治。严重者，将病株清出园区，销毁，土壤用生石灰消毒，最好换土补栽。选择对萼猕猴桃（水杨桃）砧木是防治根腐病的主要途径，应使用抗性砧木。建园时，避免选择低洼、潮湿、积水、地下水位高、排水不好、土壤黏重的园地。

7. 软腐病

【发病症状】受害果实表面出现椭圆形凹陷病斑，直径3～5cm，中心乳白色，周围黄绿色到淡褐色，外围有水渍状绿色晕圈；病斑上表皮不破裂，易与下面的果肉分离。病部果肉呈白色海绵状腐烂，向内呈锥体形延伸。

【病原菌及发生规律】研究表明，本病主要致病菌为葡萄座腔菌、拟茎点霉菌、盘多毛孢菌、层出镰刀菌，前两者感病较为严重。侵染始于花期和幼果期，侵染后不会立刻有明显症状，待果子快成熟时表现严重，快成熟期掉果的主要原因就是此病。若处理不当，在储藏期，由此病导致的坏果率超过40%，此病为储藏期主要病害。

【防治措施】冬季清园时，用5波美度石硫合剂彻底清洁果园，烧毁枯枝烂叶，以减少病源。开花前或坐果后喷0.3%四霉素水剂和32.5%苯甲·嘧菌酯悬乳剂对葡萄座腔菌防治效果较好，42.4%唑醚·氟酰胺悬浮剂对盘多毛孢菌防治效果较好，40%福硅唑乳油对层出镰刀菌防治效果较好，80%嘧菌酯水分散粒剂对拟茎点霉菌防治效果较好。抓住坐果后2周和采果前4周这两个防治关键时期。

二、猕猴桃主要虫害及防治

（一）害虫种类

食叶害虫：盗毒蛾、金毛虫、夜蛾科害虫、象甲、叶甲（东方小薪甲）、跳甲、金龟子。

刺吸为害芽、叶、枝干害虫：叶蝉、沫蝉、蚜虫、蚧壳虫（草履蚧、梨圆蚧、桑盾蚧）。

蛀秆害虫：天牛、透翅蛾、蝙蝠蛾、树皮小蠹。

地下害虫：金龟子（斑喙丽金龟、暗黑金龟、铜绿金龟）、金针虫。

为害果实害虫：吸果夜蛾、实蝇、果蝇、野蛞蝓、蜗牛。

为害花害虫：花蓟马。

为害根害虫：根结线虫。

云南常发生的害虫主要有夜蛾、金龟子、果实蝇、蓟马、根结线虫、天牛、透翅蛾、蝙蝠蛾、叶蝉、蚧壳虫等。

（二）主要害虫及防治方法

1. 根结线虫

【发病症状】在植株受害嫩根上产生细小肿胀或小瘤，数次感染则变成大瘤。瘤瘿初期乳白色，后变为浅褐色，再变为深褐色，最后变成黑褐色。

【发生规律】在土壤中或附着在种根上的幼虫及虫瘿成为翌年的初侵染源，以种苗、带病土、水源、农具、人为活动等方式传播蔓延，因为害根部产生伤口，易诱发病菌滋生侵染，加重危害，一般6—9月发生危害。

【防治措施】加强苗木检疫。对感病苗木进行处理，病轻的种苗可先剪去发病的根，然后用药水（异丙三唑硫磷、克线丹或克线磷等）浸泡根部1h。对疑有根结线虫的园地，定植前每亩用10％克线丹3～5kg进行沟施，然后翻入土中。在猕猴桃园中发现轻病株时，可在病树冠下5～10cm的土层撒施10％克线丹或克线磷、德朗（每亩撒入3～5kg）。施药后浇水，以提高防治效果。

2. 蚧壳虫

【种类】为害猕猴桃的蚧壳虫主要有桑白蚧（又称桑盾蚧）、长白蚧、红蜡蚧等，主要为害枝干和果实。

【为害特点】以成虫、若虫群集刺吸猕猴桃枝干和果实的汁液进行为害，发生严重时布满整个枝干，层层叠叠，使树体衰弱，甚至引起枝干干枯死亡，果实被害严重时失去商品价值。

【生活史与习性】一般1年繁殖3次，第一次于4月下旬开始产卵，5月上旬孵化，繁殖速度快，孵化量大，是全年防治关键时期，第二代孵化于9月上旬，第三代孵化于10月下旬，2～3代孵化有世代重叠现象，11月进入冬眠状态。冬季对树干进行处理，也是防治的关键。

【防治措施】冬季用硬塑料刷或细钢丝刷刷掉枝蔓上的虫体；剪掉群虫聚集的枝蔓，刮除树干基部的老皮，树干涂抹松尔膜＋噻嗪酮，彻底清园后喷施3～5波美度石硫合剂。在生长季喷施农药，参考药剂品种为噻嗪酮、蚧必治、陶氏益农、特福力（氟啶虫胺腈）、德郎（阿维·螺虫）等。应特别重视第一代孵化期的化学防治，云南地区重点加强6—8月的防控。

3. 金龟子

【种类】为害猕猴桃的金龟子主要有白星金龟、斑啄丽金龟、黑绿金龟、苹毛力金龟等。

【为害特点】金龟子食性很杂，成虫吃猕猴桃的叶、花、蕾、幼果及嫩梢，为害后的症状为不规则的缺孔。金龟子的幼虫主要啃食树皮，咬断幼根和根颈部，影响水分和养分的吸收，严重影响猕猴桃的生长发育和结果，甚至导致整株死亡。

【生活史与习性】成虫夜间取食，白天入土隐藏。生命周期多为1年1代，一般春末夏初出土为害地上部，随后交配，入土产卵，7—8月幼虫孵化，在地下为害猕猴桃根系；冬季来临前，以2～3龄若虫潜入深土层越冬。

【防治措施】①人工捕捉。利用其具有假死性的特点，于傍晚、黎明时分，捡拾处死。②灯光和诱饵诱杀。每20亩左右布置1盏蓝光灯诱杀；在集中为害期，于晚上在田间布置糖醋诱饵罐诱杀。③物理防治。冬季清园翻土，挖出越冬幼虫并处死。④化学防治。参考选择的农药为2.5％高效氯氟氰菊酯、50％辛硫磷乳油等。

4. 叶蝉

【种类】叶蝉是为害猕猴桃主要害虫之一，主要有大青叶蝉、小绿叶蝉等。

【发生规律】以成虫、若虫吸食猕猴桃叶、芽和枝梢的汁液进行为害，叶面受害初期，正面出现黄白色斑点，逐渐扩展成片，严重时整叶变白且有早落现象，造成树体衰弱、减产。

【生活史和习性】早春外界环境适宜时，越冬成虫开始活动，交尾后进行产卵，卵期7～10d，若虫期15～20d。4月中下旬，第一代成虫产卵，一般将卵产于叶背靠近主脉的叶肉内，随主脉呈条状，少量产于侧脉附近的叶肉内，6月中旬至7月中旬发生第二代成虫，成为发生高峰期，第三代成虫发生于 9 月，9 月下旬为产卵盛期，随后进入越冬状态。

【防治措施】①冬季清园。清除落叶及杂草，减少越冬虫源。②灯光诱杀。在成虫盛发期，利用杀虫灯光诱杀成虫。③药剂防治。抓好 3 个虫态的关键时期进行防治，发生期用 70％吡虫啉、吡蚜酮、菊酯类、吡丙·吡虫啉复配剂等杀虫剂防治。

5. 斜纹夜蛾

【为害特点】斜纹夜蛾繁殖速度较快，为害盛期，若虫口密度大，具有暴发性。幼虫主要咬食花蕾、花及果实。叶片受害后的症状为不规则的缺孔，严重时叶片全部被吃光只剩枝干，导致死树。

【发生规律】斜纹夜蛾是一种喜温并耐高温的暴发性、危害猖狂的害虫。各虫态的最适发育温度为 28～30℃（33～40℃高温条件下，仍能正常活动），为害盛发期为全年温度最高的 7—9 月。1 年可发生 4～9 代，世代交替。成虫昼伏夜出，并有长距离迁飞的能力。

【防治措施】①农业防治。清除杂草，翻耕晒垡，以破坏或恶化其化蛹场所，随手摘除卵块和群集为害的初孵幼虫，有助于减少虫源；利用成虫趋光性和趋化性的特点进行灯光和糖醋液诱杀。②化学防治。根据实际情况或在技术员指导下使用农药，参考品种及浓度为交替喷施 21％灭杀毙乳油 6 000～8 000 倍液，或 50％氰戊菊酯乳油 4 000～6 000 倍液，或 20％氰马或菊马乳油 2 000～3 000 倍液，或 2.5％功夫、2.5％天王星乳油 4 000～5 000 倍液，或甲维盐 1 000 倍，或 40％氯虫·噻虫嗪，隔 7～10d 喷施 1 次，连续喷施 2～3 次，喷匀，喷足。

6. 木蠹蛾

【为害特点】主要为害树干，是猕猴桃树干被害的重要虫害。幼虫在树干根颈部蛀食皮层，逐渐侵食边材，将皮下部成片食去，随后在韧皮部和木质部之间形成不规则的虫道。大龄幼虫蛀入木质部，并在其中完成幼虫发育阶段，树干内被蛀成自上而下的隧道，被害处有虫粪和木屑。受害树生长衰弱，叶片泛黄，严重时整枝或整株死亡。

【生活史与习性】以幼虫在蛀道内或土壤中越冬，第二年幼虫继续为害。老熟虫 5—6 月化蛹，蛹期为 2～6 周，成虫从 5 月中旬开始出现，6、7 月进入发生盛期，成虫昼伏夜出，产卵于树干基部或树皮缝隙内，卵期 1 周左右，8—9 月幼虫孵化后蛀入皮层为害。

【防治措施】发现结丝虫仓后，用钢丝插入虫孔，刺杀幼虫同时用棉球浸辛硫磷塞入蛀道内，用噻霉酮膏剂堵塞孔口；冬季清园翻土，挖除越冬蛹。成虫发生期，布置杀虫灯或每亩悬挂 30 张左右黄板进行诱杀或用菊酯类杀虫剂进行防治。

7. 蝽象

【种类】为害猕猴桃的蝽象以麻皮蝽和茶翅蝽为主，是主要的具有刺吸式口器的害虫。

【为害特点】主要以成虫或幼虫刺吸嫩枝、幼芽、花果、叶片组织的汁液进行为害，造成叶片失绿泛黄，严重时导致植株生长缓滞，枝叶萎缩，甚至导致落花落果现象。

【生活史及习性】初孵化若虫常群集于叶背，5—6 月产卵，每卵块有 20～30 粒卵聚集分布。若虫 6 月孵化，持续为害到 10 月。成虫白天活动取食，尤以早晨和下午常见，中午高温时活动减弱。

【防治措施】人工摘除卵块，在高温季节勤检查，一旦发现卵块和失绿泛黄状被害叶，立即摘除并销毁。冬季清园，清除落叶及杂草，减少越冬虫源。药剂防治的参考药剂为 48％乐斯本乳油、70％吡虫啉、啶虫脒、吡丙·吡虫啉复配剂等杀虫剂。

三、猕猴桃病虫害科学防控

（一）防控原则

云南猕猴桃病虫害没有陕西、四川等老产区严重，但也频频发生，一些园区还比较严重，因为选地不合理、生产管理不善，一些地方也出现毁园的现象。要坚持"预防为主，统防统治与局部重点防控相结合，科学监测，科学用药"的综合防治方针。要增施有机肥，补充大、中、微量元素，提高树体自身抗病抗虫能力。

由于云南各地病虫害发生及流行情况差异大，要按照当地病虫害发生特点，把好园地选址关和品种选择关，以农业防治措施为基础，结合采用生物、物理防治措施，适当施用低毒、低残留的各类农药进行化学防治。

（二）农业防控措施

选择最适合猕猴桃发展的园地；根据当地气候特点，选择抗性砧木和适宜的优良品种；外购苗木，须加强植物检疫；外购花粉，需进行溃疡病检测。改造好土壤环境，提倡全园深翻改土，增施有机肥，调整土壤 pH，聚土起垄栽植，建设好排灌设施。科学施肥，以有机肥为主，配施化学肥料，提倡测土测叶施肥，平衡施肥。合理负载，保持营养生长与生殖生长平衡，增强树势。科学修剪，重视整形，保持树形不乱，夏剪与冬剪结合，保持树冠通风，透光良好。综合防控杂草，提倡生草栽培，栽种有益草代替杂草，特别要控制恶性杂草。冬季及时清园，剪除并销毁病虫枝，清除枯枝落叶和杂草或将枝条粉碎后腐熟还田，并用石硫合剂等进行全园消杀。果实及时套袋，防止果实蝇、夜蛾等为害。在冬季或早春萌芽前，用硬毛刷子等抹擦密集在树干上或枝条上的越冬蚧壳虫。针对金龟子，搞好冬季清园消毒工作，挖除越冬虫茧，在生长季节利用假死性，在成虫发生期，于清晨或傍晚捕杀。

（三）物理防控措施

根据当地病虫种类、发生及流行规律，可以采用安置诱捕器、糖醋液、粘虫色板、太阳能杀虫灯、超声波驱虫器等方法诱杀害虫。色板需要在授粉后进行安装，避免影响蜜蜂等授粉昆虫活动。

（四）生物防控措施

保护和利用有益昆虫，如利用瓢虫、草蛉、捕食螨、赤眼蜂等害虫天敌。应用有益微生物及其代谢产物等生物制剂防治病虫害。在云南，苏云金杆菌、芽孢杆菌、白僵菌、荧光假单胞杆菌等的长期使用，能够有效减轻病虫害发生及危害。另外，也可以利用害虫性信息素诱杀或干扰成虫交配。

（五）化学防控措施

根据病虫害的预测预报，使用高效、低毒、低残留药剂防治病虫害，优先使用生物源农药、矿物源农药，禁止使用剧毒、高毒、高残留和致畸、致癌、致突变农药。选用农药优先顺序：微生物源农药，植物源农药，昆虫生长调节剂，矿物源农药，低毒、低残留化学农药。轮换使用不同作用机理农药，选用高效、先进的喷药器械。合理选择施药时间，合理选择施药方法，注意农药交替使用，注意农药、药肥混用。

四、猕猴桃病虫害防治主要药剂

（一）猕猴桃主要病害的防治用药

防治溃疡病的药剂：四霉素、石硫合剂、多硫化钡、DTM、A3 制剂、金纳海、硫酸链霉素、农用链霉素、春雷霉素、消菌灵、氯溴异氰尿酸、灭菌威、杀菌王、代森铵、博医等。

防治花腐病的药剂：石硫合剂、多硫化钡、金纳海、大生富、普德金、保加新、大丰、大生 M-45、安泰生、扑海因、易保、农用链霉素、纳米欣、鸽哈、甲基托布津、多菌灵、甲基硫菌灵、多抗霉素、宝丽安、二氰蒽醌、二噻农等。

防治灰霉病的药剂：喷富露、喷克、大生富、扑海因、鸽哈、乙烯菌核利、速克灵、施佳乐、农利灵、多抗霉素、宝丽安、多氧清、敌菌丹、过氧乙酸等。

防治疫霉病的药剂：金纳海、代森锌、普德金、保加新、代森锰锌、大生 M-45、猛杀生、喷富露、大生富、易保、甲霜灵、乙膦铝、克露、雷多米尔锰锌、霉多克、杀毒矾等。

防治蒂腐病的药剂：代森锌、普德金、保加新、代森锰锌、喷富露、大生富、大生 M-45、多菌灵、甲基硫菌灵、纳米欣、甲基托布津、特克多等。

防治褐斑病的药剂：金纳海、保加新、普德金、安泰生、大生 M-45、猛杀生、喷富露、大生富、异菌脲、扑海因、灭菌丹、退菌特、炭疽福美、敌菌灵、苯菌灵、多菌灵、金力士、施保功、克菌丹、鸽哈、甲基硫菌灵、纳米欣、使百克、甲基托布津、世高等。

防治炭疽病的药剂：金纳海、代森锌、保加新、普德金、安泰生、代森锰锌、大生 M-45、猛杀生、喷富露、大生富、异菌脲、扑海因、灭菌丹、退菌特、炭疽福美、多菌灵、敌菌灵、金力士、炭疽福美、施保功、克菌丹、苯菌灵、杀菌优、鸽哈、甲基硫菌灵、纳米欣、使百克、甲基托布津、世高等。

防治软腐病的药剂：金纳海、硫酸链霉素、农用链霉素、春雷霉素、消菌灵、氯溴异氰尿酸、灭菌威、杀菌王、代森铵、异菌脲、扑海因、鸽哈、甲基托布津、纳米欣、特克多等。

防治根结线虫病的药剂：克线磷、克线丹、力满库、安棉特、好年冬等。

防治根腐病的药剂：络氨铜、菌立灭、代森铵、菌毒清、金力士等。

防治干枯病的药剂：石硫合剂、多硫化钡、代森铵、阿巴姆、金力士、843 康复剂、果康宝等。

（二）猕猴桃主要虫害的防治用药

防治蚧壳虫（桑盾蚧、红蜡蚧、草履蚧、考氏白盾蚧、狭口炎盾蚧、椰圆蚧等）的药剂：石硫合剂、机油乳剂、融蚧、速扑杀、速蚧克、蚧霸、蚜虱净、吡虫啉、宝贵、康福多、艾美乐、盖达、啶虫脒、楠宝、莫比朗、好劳力、安民乐、乐斯本、优乐得、噻嗪酮等。

防治金龟子（苹毛丽金龟、铜绿丽金龟、黑绒金龟、小青花金龟、白星花金龟等）的药剂：地面处理用药有辛硫磷、二嗪农、好劳力、安民乐、乐斯本、农地乐等；树上用药有辛硫磷、马拉硫磷、阿耳发特、速灭杀丁、阿灭灵、氰戊菊酯、杀灭菊酯、安绿宝、绿百事、歼灭、兴棉宝、灭百可、功夫、保得等。

防治斑衣蜡蝉的药剂：辛硫磷、亚胺硫磷、杀螟硫磷、马拉硫磷、阿耳发特、速灭杀丁、阿灭灵、氰戊菊酯、杀灭菊酯、安绿宝、绿百事、歼灭、兴棉宝、灭百可、功夫、保得等。

防治蟓象（茶翅蟓、麻皮蟓等）的药剂：辛硫磷、马拉硫磷、阿托力、虫赛死、敌杀死、阿耳发特、阿灭灵、安绿宝、保得、功夫、氰戊菊酯、安绿宝、氯氰菊酯、保得、功夫、绿百事、歼灭、高效氯氰菊酯、速灭杀丁等。

防治小薪甲的药剂：溴氰菊酯、虫赛死、阿托力、敌杀死、阿灭灵、阿耳发特、功夫、安绿宝、百事达、歼灭、兴棉宝、灭百可等。

防治叶螨（山楂叶螨、二斑叶螨、全爪螨等）的药剂：石硫合剂、机油乳剂、尼索朗、螨涕、螨死净、哒螨灵、扫螨净、卡死克、浏阳霉素、苦参碱、阿维菌素、苯丁锡、三唑锡、三磷锡、丁硫脲、阿托力、天丁、螨即死等。

防治桃蛀螟的药剂：亚胺硫磷、杀螟硫磷、氟虫脲、杀铃脲、灭幼脲、除虫脲、氟铃脲、虫赛死、阿灭灵、阿耳发特、安绿宝、阿托力、阿耳发特、功夫、绿百事、高效氯氰菊酯、保得、百树菊酯、青虫菌、好劳力、安民乐、果隆、杀铃脲、除虫脲、灭幼脲三号等。

防治叶蝉（猩红小绿叶蝉、小绿叶蝉、桃一点叶蝉、电光叶蝉、黑尾大叶蝉等）的药剂：敌百虫、速扑杀、马拉硫磷、杀螟硫磷、喹硫磷、安棉特、好年冬、抗蚜威、速灭威、异丙威、叶蝉散、多来宝、溴氰菊酯、虫赛死、阿托力、敌杀死、阿灭灵、阿耳发特、吡虫啉、蚜虱净、宝贵、楠宝、功夫、安绿宝、百事达、安民乐、乐斯本、好劳力等。

防治蟋蟀的药剂：辛硫磷、虫赛死、阿托力、灭扫利、阿灭灵、阿耳发特、歼灭、兴棉宝、灭百可、功夫、安绿宝、百事达、安民乐、好劳力、乐斯本、农地乐等。

防治吸果夜蛾的药剂：甲氰菊酯、阿托力、灭扫利、保得、阿灭灵、安绿宝、阿耳发特、歼灭、兴棉宝、灭百可等。

防治蝙蝠蛾的药剂：溴氰菊酯、虫赛死、敌杀死、阿灭灵、阿耳发特、安民乐、好劳力、乐斯本等。

防治透翅蛾的药剂：辛硫磷、亚胺硫磷、杀螟硫磷、安民乐、好劳力、乐斯本等。

防治梅木蛾的药剂：敌百虫、辛硫磷、亚胺硫磷、杀螟硫磷、甲氧虫酰肼、氟虫脲、果隆、杀铃脲、灭幼脲、除虫脲、氟铃脲、阿托力、虫赛死、阿耳发特、阿灭灵、敌杀死、青虫菌、安民乐、好劳力、乐斯本等。

第四节　猕猴桃农药、化肥"双减"技术

一、猕猴桃化肥减施增效关键技术

（一）改良土壤

猕猴桃喜肥沃、富含腐殖质、土壤沙性疏松、通透性好的缓坡地，土壤微酸性，pH6～7.5，pH6.5左右最为适宜，pH7.5以上易诱发多种生理性病害。不理想土壤应提前进行土壤改良。

土壤改良措施一：对于坡度相对较大的坡地和梯田台地，挖定植穴，长80～120cm，宽80cm，深40～60cm。每穴施入腐熟牛粪40kg、钙镁磷肥4kg、生物菌剂1kg，均匀拌土回填。回填后形成直径120cm、高20cm的定植堆。其他类型空地，用旋耕机旋耕2次，深度20～30cm，人工拣去较大石头、石块。通过土壤改良，形成肥力较好、土层较厚的定植盘（带），能够满足幼树期快速生长的需要。

土壤改良措施二：对于坡度较缓或梯田、台地等地块较多的园区，每亩施入3 000～4 000kg有机肥、600kg钙镁磷肥，旋耕，后起垄，按行距4m开沟，沟宽60cm，深20～25cm，形成土层厚度40cm以上的瓦背型种植带。

土壤改良措施三：全园改土。改土前清除园内地上附着物，之后进行土地平整，对于需要调形的地块，先将0～20cm表土集中堆放，平整土地后将表土均匀覆回表面，再将核算好的腐熟有机肥、

粗有机质等全部均匀撒入园区土表，每亩施入 4 000kg 有机肥、300kg 钙镁磷肥，然后用挖掘机或大型旋耕机，全园翻耕，深度 50～80cm，使土壤与肥料充分混合。整地后按栽植行距放线，然后用挖掘机将 1/2 行距范围内 20cm 厚表层土壤集中堆放到另外 1/2 行距内，形成高为 40～50cm、宽为 1/2 行距的瓦背形垄面。

（二）果园人工生草

生草是解决果园有机肥来源、减少果园化肥使用、建设生态果园的重要栽培措施。用有益的草压制有害的杂草，以草治草，也是防治草害最常用的方法之一，在猕猴桃果园中较常种植的草有紫花苕、紫花苜蓿、黑麦草、油菜、黄豆等。若在猕猴桃基地人工种植光叶紫花苕，9—10 月播种，翌年 4 月底至 5 月初枯萎，种子落地里，第二年 10 月开始萌发。光叶紫花苕覆盖厚度 30cm 以上，每亩产鲜枝叶 3 200kg，能为土壤提供大量有机质。若种植大豆，5 月初播种，行间播种 2～4 行，开始结豆荚后，7—8 月收割覆盖土地。若自然留草，对扭黄茅、铁线草、苦蒿、臭草等恶性杂草进行清除，一些非宿根性或年度内自然死亡的杂草，及时用割草机割了回填到地里。

在幼龄（1～2 年）果园间种玉米，行间种植 2～4 行，既可以起到遮阴、增加有机质、改良土壤、压制杂草的作用，还可以减轻缺铁症。玉米既可以收获，收获后玉米秆还田；也可以不收获，青玉米砍倒覆盖土壤。通过果园生草有效减轻了雨水冲刷地面造成的影响，增加了土壤有机质含量。

（三）水肥一体化

水肥一体化是将滴灌与施肥融为一体（水肥耦合）的技术。园区内安装 12m² 的配肥池若干个或用移动式配肥罐，每个配肥池管理 4～5.3hm² 猕猴桃，配肥池与滴灌系统连接，实现水肥一体化网络。通过水肥一体化网络，实现少量多次施肥，按照建设肥料用量施肥。一般萌芽后施 1 次高氮肥料，每株 150～200g；花前施 1 次平衡肥，每株 120～200g；谢花后施 1 次硝酸钾为主的水溶肥，每株 150～200g；果树膨大期施 2 次高磷钾复合肥，每次每株 150～200g；采果前 40d，施 1 次多元素高钙型平衡肥，每株 100～150g；采果后施用复合肥料，每株 200～250g。全年施用肥料量为每株 1 000～2 000g。

（四）精准施肥

第一，通过检测确定施肥方案。每年 6 月进行 1 次叶面检测，10 月进行 1 次土壤检测，以此确定大概的施肥数量和元素搭配，在"（三）水肥一体化"确定的一般性施肥方案上进行微调，调整施肥数量和元素比例，不出现偏差较大的情况下，只进行微调，方便生产操作。

第二，以株定肥、以产定肥。根据株数来计算施肥量，改变传统按面积计算的方式，以便实现精准化施肥。根据产量确定施肥量，一般情况下，4 年以上的结果树，红肉猕猴桃按每亩产量 1 000kg 为基准进行计算，绿肉和黄肉猕猴桃按每亩产量 1 500kg 为基准。产量增加，则施肥量同步增加。

第三，施肥种类上，有机肥为主，化肥为辅。1～3 年的幼龄树，每株每年施入有机肥 15～20kg；4 年以上挂果果园，每株每年施入 40kg 以上。只有施入数量足够的有机肥，才能够实现减少化学肥料施用量的目的。

第四，地面施肥与叶面喷施结合。每年生长期（3—7 月），叶面喷施磷酸二氢钾、多元素平衡肥、氨基酸水溶肥、钙肥等 2～3 次，补充地面施肥的不足。

第五，水与肥配合（耦合）。施肥时注意土壤湿度。施肥与灌溉相结合，先水后肥或先肥后水，通过灌溉调节土壤湿度，要求土壤相对湿度保持在 70%～80%，使肥料充分发挥作用。

（五）增施生物菌肥

施用生物菌肥不仅能够降低化肥肥料的施用量，还能增加果实产量，改善果实品质。提倡每株每年施用不低于 5kg 的生物菌肥。

二、猕猴桃农药减施增效关键技术

（一）农药减施技术

农药的使用是防控病虫害的有效措施之一，但随着生产中猕猴桃病虫害的发生越来越严重，农药的使用剂量也会越来越多，致使猕猴桃病虫害对农药产生抗性，导致防治效果下降甚至失效而继续增加农药施用量，形成恶性循环。过量使用农药不仅会造成农药残留在树体或者土壤当中，还会导致农药残留在猕猴桃果实表面甚至果肉当中，对环境和人体都有害。因此，要大力提倡减少使用农药。农药的减施技术包括农业、农艺、生物和物理防控技术、合理用药等诸多方面。

（二）抗病品种及苗木选择

筛选抗逆性强、抗病性强且满足消费者需求的猕猴桃品种是实现农药化肥减施增效的首要之选。猕猴桃品种很多，如海沃德、亚特、徐香、翠香、翠玉、秋香、阿利森、布鲁诺、红阳、东红、秦美、贵长等都是表现较好的品种。云南气候类型特殊，通过多年引种试验和筛选，本地选育的恩宏 1 号、师宗 1 号，引进的优良品种红阳、东红、金红 50、伊顿 1 号、瑞玉、翠玉、贵长、中猕 2 号适合云南发展。滇东南海拔 1 200～1 500m 亚热带地区宜发展早熟红心猕猴桃（红阳、东红、伊顿 1 号），滇中海拔 1 700～2 000m 地区宜发展绿肉型（翠香、翠玉、徐香、中猕 2 号），滇东北乌蒙山区宜发展贵长、建香 1 号、瑞玉、璞玉、恩宏 1 号、师宗 1 号。砧木以抗病、抗逆的对萼猕猴桃为主，可以选择栽植砧木 1 年后田间直接嫁接，以冬春嫁接为主，夏季对嫁接未成活的植株进行补接，也可以栽植嫁接苗，嫁接苗生长一致，无病虫害，保证至少 3 个主侧根、5 个副侧根、5 个饱满芽，有条件的尽量选择脱毒苗。

（三）避雨栽培

猕猴桃溃疡病是猕猴桃生产中的毁灭性病害，而避雨栽培是近年防控猕猴桃溃疡病的主推技术。猕猴桃溃疡病病原菌喜高湿环境，且能通过风雨传播，避雨栽培有效避免了雨水淋洗，降低了叶面湿度，改变了病菌传播的环境条件，从而降低了病害发病株率和病情指数。避雨栽培有效降低了猕猴桃病虫害发生，减少了生产中化学农药的使用次数和使用量。根据病虫害的发生规律，掌握关键用药时期，提高药效，达到减施增效的效果。与露地栽培相比，避雨栽培猕猴桃每年减少用药 2 次以上，每亩节约施药成本 200 元以上。避雨栽培有效提高了猕猴桃的抗病能力，控制了病害的暴发，减轻了病害。

（四）生态防控技术

生态防控技术主要包括物理防控、生物防控和农艺措施。物理防控技术包括安装太阳能杀虫灯、超声波驱虫等。生物防控主要指使用生物农药、气味驱虫、植物驱虫等。农艺措施主要包括综合利用人工抹除害虫、防虫网防虫、糖醋液诱杀、果实套袋等。

（五）病虫害绿色综合防控

猕猴桃病虫害防治采用科学防治技术，针对各地区、各果园病虫害发生流行特点，开展"预防为主、统防结合、综合防治"的技术路线。各地根据重要病虫害的发生及流行规律，进行观测检查，抓住关键时期，开展预防工作，统一预防性打药与局部防治相结合的方法，对于重点发生的园区或地块，可以重点精准施药。在萌芽期至现蕾期，喷施 5% 氨基寡糖素水剂 1 000 倍液能够有效防治猕猴桃细菌性溃疡病、叶斑病、苹毛丽金龟；现蕾期至花期，喷施47%春雷·王铜可湿性粉剂500倍液＋1%藜芦碱可溶性液剂每亩100 mL＋0.5%苦参碱水剂600～800倍液，防治猕猴桃疫霉病、小绿叶蝉、红蜘蛛等；幼果期至果实膨大期，喷施50%啶虫脒水分散粒剂每亩2g＋80%多菌灵水分散粒剂1 000倍液＋0.5%苦参碱水剂220倍液，防治蚜虫、叶蝉、灰霉病、小薪甲等；果实膨大期至采摘前，每亩撒施5 000g金龟子绿僵菌CQMa421颗粒剂（1g金龟子绿僵菌CQMa421颗粒剂含2亿孢子），或每亩喷施0.3%印楝素乳油150 mL，防治苹毛丽金龟、叶蝉。发现病害后，要及时、科学使用农药，适当多使用生物药剂，减少化学药剂的使用。选择合适的农药剂型，提高施药技术，完善施药装备，最大限度地提高靶标的精准率和农药的利用率。此外，加强管理，提高树势，增强猕猴桃抗病性，也是减少农药施用的有效措施。

第五节　有机肥和农药自制技术

一、有机肥自制技术

（一）有机肥种类

云南猕猴桃发展地区主要分布在山区，有机肥来源和种类较多，主要包括以下几种。

腐殖土：林下腐殖土的松土、保水效果较好，一般用于树盘覆盖，覆盖厚度10～15cm，能够减少浇灌水量40%左右。也可以撒施旋耕入土，还可以当有机肥挖穴或开沟深施，一般深度为20～30cm，可适量加入复合肥混合施用。

秸秆：玉米秆、油菜秆、稻草为云南常见秸秆，一般粉碎后还田。

松针：保水、防草效果好，适合地面覆盖，一般覆盖厚度为8～10cm。

松皮：粉碎后，拌入土中，松土效果比较好。

锯木屑：一般拌入土中，用于松土，注意用量不宜过大。

菌渣：直接当有机肥使用，可以覆盖地表，也可以施入土中。

种植绿肥：在云南适合种植光叶紫花苕、黑麦草、大豆、紫花苜蓿等绿肥。豆科绿肥可以在未收获种子时（结荚期）直接割除，覆盖在园地中作为有机肥。

（二）自制有机肥

1. 固体有机肥

云南文山西畴三光村猕猴桃基地和楚雄武定某猕猴桃基地，自制有机肥，解决肥料来源，技术简单、操作方便。具体生产技术如下。

（1）建设发酵池。建设标准发酵池，长8m，宽6m，深3m，与地面平，用钢筋水泥浇灌建设，留2.5m宽的门，方便原材料进出。

（2）建设混料场。建设成水泥地面，方便拌料，面积根据每次混合搅拌肥料的量来确定，一般在200～300m²。

（3）原材料。包括牛粪、锯木屑、糖渣、钙镁磷肥、尿素、生物菌剂（购买肥料厌氧发酵专用生物菌剂）。牛粪和糖渣可以用农家圈粪代替，如果使用农家圈粪，需要适当添加豆粕等高蛋白材料。有条件的，适当加入枯饼肥为好。

（4）原材料搅拌。牛粪 60%、糖渣 25%、钙镁磷肥 10%、尿素 3%、生物菌剂 2%，用小型铲车进行拌料，搅拌均匀。牛粪和糖渣可以用其他材料代替。

（5）原料堆沤发酵。将搅拌后的原料用铲车搬运到发酵池，层层压实，面上盖塑料薄膜，密封。

（6）发酵时间。70～90d。

（7）发酵完成。发酵完成后，肥料运出来散热，然后运到田间堆放 1 周左右，即可施用。

2. 液体菌肥

云南文山西畴三光村猕猴桃基地的液体菌肥生产技术如下。

（1）建发酵池。建水泥发酵池，长 3m，宽 2m，深 2～3m。

（2）原材料及比例。液体沼液或养殖场干湿分离后的粪液 60%、钙镁磷肥 10%、尿素 3%、生物菌剂 2%、糖厂的废糖液 25%。

（3）发酵。原材料按比例放入发酵池中，搅拌均匀，密封发酵，发酵时间 60～70d。

（4）液体肥料处理。发酵完成后，抽取上层澄清液，过滤后获得液体肥料。液体肥料因为浓度不同，在使用时兑水使用，浓度掌握一般根据经验，先做试验，以不烧苗、不烧根为依据。一般兑水 10～20 倍浇灌或用水肥一体化管网施用。

（5）肥料渣处理。发酵完成后，抽取完澄清液，将剩余的残渣取出来，晒干后作为固体有机肥使用。

3. 农家肥

（1）农家肥直接利用。鸡粪、猪粪、牛粪、羊粪等，可以直接发酵后使用。养殖场的粪肥使用前，需要检测重金属和抗生素是否超标。

（2）使用沼液肥。沼液肥使用时需要注意稀释倍数，防止烧苗。养殖场的沼液使用前，需要查看是否充分发酵，检测重金属和抗生素是否超标。测定 pH，如果 pH 高于 8，需要适当调整，防止盐碱化土地。

（3）外购鸡粪。近年云南某些蔬菜主产区，在黄瓜等蔬菜生产上大规模从外省购买未经处理的鸡粪，造成臭味大、苍蝇多等环境污染问题，群众反映强烈，农业部门开始执法，禁止运入该类粪肥。所以，外购鸡粪要购买充分发酵且包装好的种类。

二、农药自制技术

（一）糖醋液

1. 配制方法

第一种：m（赤砂糖）：m（陈醋）：m（白酒）：m（水）＝2：3：1：32，温水中加入赤砂糖和陈醋，搅拌溶解，混合均匀后加入白酒（42%）。

第二种：m（红糖）：m（食醋）：m（白酒）：m（水）＝4：1：2：50，将红糖、食醋和白酒按比例溶解混合，得到糖醋液原液。

2. 用法

在每个糖醋液诱捕器中加入 500mL 糖醋液，可防治苹小卷叶蛾、金龟子，诱捕蚜虫和红蜘蛛。诱捕器悬挂于距地面 1.5 m 处，各诱捕器相隔距离大于 30 m，一棵树上挂 1～2 个，及时补充糖醋液，保持液面深度和浓度。

3. 注意事项

糖醋液诱捕器悬挂的位置对收虫效果有一定的影响，应挂在当地常刮风向的上风，或者经常按风向移动瓶子的位置。瓶口位置注意不要被遮挡。糖醋液不能直接倒入土壤。

（二）大蒜液

1. 配制方法

第一种：将200g鲜熟大蒜碾碎，在1kg水中浸泡24h获得大蒜原液。
第二种：将10g大蒜瓣捣烂成泥，加水150g左右浸泡4h，再经煮沸，冷却过滤。

2. 用法

有效成分会溶入浸泡液中，使用时稀释800～1 000倍液，傍晚喷洒于受害植株的患病部位（连续5～7d），可防治斜纹叶蛾、蚧壳虫、红蜘蛛、蚜虫、霜霉病、白粉病、灰霉病等。

（三）印楝杀虫液

印楝杀虫液可以驱赶最常见的蚜虫、蚧壳虫、白粉虱、蚜虫等。

1. 配制方法

将2kg成熟的苦楝子种子晒干或烘干，粉碎成小颗粒或用研钵研磨成粉末，用纱布包裹浸泡在20kg自来水中24h，挤干，过滤得到苦楝子萃取液。在萃取液中添加20g小苏打和20g表面活性剂，使用时稀释15～20倍液，喷雾使用。还可以将印楝树叶子和树皮剪碎或碾成粉末状，煮沸2h，冷却过滤，得到提取液。

2. 用法

于傍晚将药液喷洒到受害植物的虫患部位（连续7d），可防治蚜虫、叶蝉、斜纹夜蛾和瓢虫。

（四）石硫合剂

石硫合剂是传统的矿物源农药，具有取材方便、价格低廉和特殊的杀虫、杀螨、杀菌作用，还有不易产生抗药性等特点。猕猴桃萌芽前用石硫合剂清园，可有效杀死越冬的病虫和卵，降低病虫基数。

1. 配制方法

按照m（生石灰）：m（细硫黄粉）：m（水）＝1：2：13的比例熬制。首先用少量水将硫黄粉调成糊状的硫黄浆，搅拌均匀；再把生石灰放入桶中，加入少量水将其溶解，倒入锅中并加足水量，然后加热；当石灰乳接近沸腾时，把事先调好的硫黄浆自锅边缓缓倒入锅中，边倒边搅拌，并记下水位线，在加热过程中要注意溅出的液体，防止烫伤眼睛或皮肤；大火煮沸40～60min，待药液熬至红褐色、捞出的渣滓呈黄绿色时关火，在关火前15min用热开水补足蒸发的水量至水位线；冷却过滤出渣滓，最后得到透明的红褐色石硫合剂原液，此时测量并记录原液的浓度（浓度一般为23～28波美度）。如果暂时不用，可装入带釉的缸或坛中密封保存，也可使用塑料桶运输和短时间保存。

2. 用法

石硫合剂一般在冬季休眠后和春季萌芽前清园时使用，一定要在气温4～32℃时使用。

使用浓度要根据植物种类、防治对象、气候条件来定，浓度过大或温度过高易产生药害。早春或冬季喷施一般掌握在 3～5 波美度，生长季节使用浓度为 0.1～0.5 波美度。

使用前必须用波美比重计测量好原液浓度，根据所需浓度，计算出加水量来加水稀释。每千克石硫合剂原液稀释到目的浓度加水量的公式：加水量（kg）/每千克原液＝（原液浓度－目的浓度）/目的浓度。

石硫合剂最好随配随用，长期储存易产生沉淀，挥发出硫化氢气体，从而降低药效。必须储存时，应在石硫合剂液体表面用一层煤油密封。

常用用法包括以下 2 种。

喷雾：冬季和早春发芽前，分别喷施 1 次 3～5 波美度的石硫合剂可有效杀死果树上越冬的蚧壳虫、螨类、溃疡病等病虫，芽后用 0.3～0.5 波美度喷雾可防治果树白粉病、锈病等。

涂干：用石硫合剂 0.5kg、生石灰 5kg、食盐 0.5kg、动物油 0.5kg、水 40kg 配置涂白剂，在果树休眠期涂刷主干和主枝，既可防治腐烂病、溃疡病、蚧壳虫等病虫，也可预防冻害。

3. 注意事项

熬制时用铁锅或陶器，不可使用铜锅或铝锅，火力要均匀，使药液保持沸腾而不外溢。

使用前要充分搅匀，长时间连续使用易产生药害。石硫合剂是强碱性的，不可与有机磷、波尔多液及其他忌碱农药混用，若使用两类农药，相隔时间要在 15d 以上，否则，酸碱中和，会使药效大大降低或失效。

（五）涂白剂

1. 涂白剂的作用

（1）杀灭病菌。涂白剂中的生石灰和食盐成分均具有杀菌消毒的作用，可以消灭树干基部越冬的各类病菌；涂白后还能加速伤口愈合。

（2）杀灭虫卵。许多虫卵喜欢在树皮缝隙中和树干翘皮内部越冬，涂白可以有效地将这些虫卵消灭掉。

（3）防治害虫。为害果树的害虫一般喜欢黑暗、肮脏的地方，不喜欢白色、干净的地方，树干涂白后害虫不敢沿着树干爬到树上为害。

（4）防止牲畜啃咬。树干涂白后，还能防止动物咬伤树皮。

（5）防止冻害。入冬后到翌年开春，白天和夜晚温差大。通过涂白，可以将白天充足的阳光和紫外线反射出去，降低树干基部昼夜温差，避免冻害发生。涂白的树木因为树干基部温度积累较慢，往往使得萌芽期和开花期延迟，能够避免因"倒春寒"造成霜害。

（6）防止日灼。树干涂白后，可以将白天的阳光和紫外线反射出去，能有效减少日灼危害的发生。

2. 配制方法

按照 m（生石灰）：m（食盐）：m（硫黄粉）：m（植/动物油）：m（水）＝10：1：1：（0.1～0.2）：（15～20）或 m（生石灰）：m（石硫合剂）：m（食盐）：m（清水）＝10：1：1：（15～20）的比例配制。按照上述用量配方把涂白剂调制成黏稠液体状（黏糊状）。

3. 用法

11 月下旬到翌年 2 月中旬，都可以进行树干涂白。涂白的高度是距离地面 1～1.5m，重点涂白树干根颈，对树冠不完整的大树、病树、树干南面应着重涂白。按照从上到下的顺序分别对果树的粗大骨干枝、主枝、主干以及枝桠部位进行涂刷（注意，果树的细嫩新枝上不可涂白）。涂白剂的用量以涂白液均匀涂抹到枝干上，涂白液完全渗透到枝干皮层缝隙内但又不往下滴落、不结成疙瘩为准。

4. 注意事项

主干涂白时，严禁使用菜籽油、猪油等涂白，防止主干窒息死亡。涂白剂应随配随用，不宜多配，根据涂白的任务配置涂白剂的量，配好后的涂白剂不能久放。在配置涂白剂的过程中，每一次增加成分时都应充分搅拌，使之均匀，这样才能使涂白剂均匀地紧粘在树干上。在果园涂白前，应先对果园进行冬季修剪，然后将剪下的枝条集中起来烧毁，把树干上折裂、冻裂处等受伤部位用塑料薄膜包裹好。观察树干上是否已有害虫蛀入，如果有害虫蛀入，应使用棉花或棉布浸药把害虫杀死后，再进行涂白。

（六）波尔多液

波尔多液对农作物常见的细菌性及部分真菌性病害有很好的防治作用，是一种极为广谱的保护性杀菌剂。波尔多液是葡萄炭疽病、黑痘病、梨树黑星病、苹果炭疽病、轮纹病、早期落叶病和马铃薯晚疫病、瓜类炭疽病等的常用防治药剂，广泛用于防治果树、蔬菜、棉、麻等作物的多种病害，可防止病菌侵染，并能促使叶色浓绿、生长健壮，提高抗病能力。

1. 配制方法

按照 m（硫酸铜）：m（生石灰）：m（水）＝1：1：100 的比例配制。先准备 12.5kg 水用来配置石灰乳液，先用少量水（1.5kg）来溶解生石灰，石灰溶解为浓乳状后，等温度降至常温，用木棍朝一个方向充分搅动，倒入大桶，边倒边用细网过滤，用剩下的水反复将过滤出来的生石灰杂质再次稀释溶解，最后把彻底不能溶解的石灰杂质倒掉。将硫酸铜晶体倒入剩余的 37.5kg 清水中溶解稀释，将溶解好的硫酸铜溶液依次有序地倒入石灰乳溶液中，边倒边搅拌，即得到波尔多液。喷施时直接使用原液，无须再加水稀释。

2. 用法

猕猴桃叶枯病发病前，使用波尔多液（1：0.7：200），每 10～15d 喷 1 次，连续喷 3～5 次。

3. 注意事项

配制波尔多液时，不能使用金属容器，因为硫酸铜会与其他金属离子发生置换反应，从而降低药效及安全性。不能将石灰乳溶解液倒入硫酸铜溶解液搅拌，否则配制出的波尔多液稳定性差、悬浮率低，不耐雨水冲刷，影响药效。

不能先配制出浓缩的波尔多液再加水稀释。因为一次性配成的波尔多液是胶悬体，相对稳定；而再加水的波尔多液会形成沉淀、结晶，容易发生药害。

波尔多液是植物保护剂，要在作物发病前或发病初期喷施。在早晨露水未干或潮湿阴雨天气或气温超过 30℃ 的晴天中午，应避免施用波尔多液，否则易发生药害。喷药要均匀，药滴不能太大，以不使多余药液自叶面流下为限。

硫酸铜溶液倒入石灰乳溶液时，一定要始终按照同一个方向搅拌，不能一会儿顺时针搅，一会儿逆时针搅。配制好的波尔多液一定要现配现用，不能久置。

第六节 绿色生产管理

一、绿色食品认证

（一）绿色食品认证依据

绿色食品认证是指依据《绿色食品标志管理办法》进行认证，获得绿色食品证书，获准使用绿色食品标志。

（二）认证程序

绿色食品标志使用申请人向中国绿色食品发展中心及其所在省（自治区、直辖市）绿色食品办公室、绿色食品发展中心领取《绿色食品标志使用申请书》《企业及生产情况调查表》及有关资料并按照《绿色食品标志管理办法》经过认证申请、受理文审、现场检查、环境监测、认证审核、认证评审、颁发证书等过程。

二、有机产品认证

有机产品的认证是按照根据 2022 年 9 月 29 日国家市场监督管理总局令第 61 号第二次修订的《有机产品认证管理办法》（2013 年 11 月 15 日国家质量监督检验检疫总局令第 155 号公布，根据 2015 年 8 月 25 日国家质量监督检验检疫总局令第 166 号第一次修订）进行认证。

三、猕猴桃绿色食品管理体系

（一）制定猕猴桃绿色食品管理方针和目标

遵守绿色食品法规，加强生产管理，争做一流绿色食品，实现可持续发展。

按照实现农业的可持续性发展，确保原料和产品的质量安全，减少植物保护产品的使用，降低对环境的负面影响，保护自然和野生动植物，对工人的健康和安全负责，维护消费者对产品质量安全的信心，不断增强企业竞争力，更好地将产品推向国内国际市场，有效地提供满足客户要求的安全健康绿色产品，制定企业的绿色食品经营方针和目标。

（二）制定相关人员的责任和权限

1. 负责人的职责

负责全面工作。批准绿色食品质量手册和程序文件，并确保其得以贯彻实施。建立与绿色食品相适应的组织机构，并明确其职责、权限。配备相应资源以保证绿色食品管理工作正常开展。处理重大环境和基地问题。实施绿色食品管理体系并持续改进。

2. 生产管理者职责

按照绿色食品认证体系文件和技术指导要求，在基地从事农事活动。负责基地所有器械的校正和维护。负责基地绿色食品认证原料果采摘过程的操作。负责基地苗木的提供。按照绿色食品认证的体系文件和技术指导的要求，进行基地的管理工作。保证基地内绿色食品认证产品在种植过程中符合绿色食品认证相关要求。负责对基地工人进行相关技术的培训（如农药、化肥的使用等农事活动）。在果园进行农事操作前，根据市场部门提供的相关市场信息，依据我国和进口国的法律法规制订《猕猴桃病虫害周年防治历》等技术管理文件，每年制订和更新病虫害综合防治方案，并按要求严格执行。对技术标准进行制定和更新，并对标准进行推广。

3. 农业生产材料采购员的职责

负责基地所有农资的采购。负责整个绿色食品认证原料果和成品果运输过程的管理。负责基地基础设施的修建。负责为所生产基地配备运输工具并进行管理。

（三）制订猕猴桃绿色食品生产、投入品管理实施计划

通过对投入品的规范管理，进一步加强落实绿色食品认证的相关要求。生产出健康、绿色的猕猴桃产品。包括肥料、农药、生产用具等的管理。

1. 有机肥的管理

（1）原料有机肥：广义上，原料有机肥俗称农家肥，既包括各种动植物残体或代谢物，还包括饼肥、堆肥、沤肥、厩肥、沼肥、绿肥等；狭义上，专指各种动物废弃物（动物粪便、动物加工废弃物）和植物残体（饼肥类，作物秸秆、落叶、枯枝、草炭等）。主要包括以下8种。

① 堆肥：以各类秸秆、落叶、青草、动植物残体、畜禽粪便为原料，按比例混合或与少量泥土混合，进行好氧发酵腐熟而成的一种肥料。

② 沤肥：沤肥所用原料与堆肥基本相同，只是在淹水条件下发酵而成。

③ 厩肥：指猪、牛、马、羊、鸡、鸭等畜禽粪尿与秸秆垫料堆沤制成的肥料。

④ 沼气肥：密封沼气池中有机物腐解产生沼气后的副产物，包括沼气液和残渣。

⑤ 绿肥：栽培或野生的绿色植物体，如豆科的绿豆、蚕豆、草木樨、田菁、苜蓿、苕子等，非豆科绿肥有黑麦草、肥田萝卜、小葵子、满江红等。

⑥ 作物秸秆：作物秸秆含有作物生长所必需的营养元素氮、磷、钾、钙、硫等。

⑦ 饼肥：菜籽饼、棉籽饼、豆饼、芝麻饼、蓖麻饼、茶籽饼等。

⑧ 泥肥：未经污染的河泥、塘泥、沟泥、港泥、湖泥等。

（2）商品有机肥：以畜禽粪便、动植物残体等为主要原料制成的具有国家肥料登记证的商品有机肥料。对商品有机肥的质量要求主要有2条：一是外观为褐色或灰褐色，粒状或粉状，均匀，无机械杂质，无恶臭；二是技术指标及重金属含量、蛔虫卵和大肠杆菌数量等指标应符合表3-1、表3-2的要求。

表 3-1　商品有机肥的技术要求

项目	指标
有机质的质量分数（以烘干基计）/%	≥45
总养分（$N+P_2O_5+K_2O$）的质量分数（以烘干基计）/%	≥5.0
水分（鲜样）的质量分数/%	≤30
酸碱度（pH）	5.5~8.5

表3-2　对商品有机肥料重金属含量等的技术要求

项目	指标
总砷（As）（以烘干基计）/（mg/kg）	≤15
总镉（Cd）（以烘干基计）/（mg/kg）	≤3
总铅（Pb）（以烘干基计）/（mg/kg）	≤50
总铬（Cr）（以烘干基计）/（mg/kg）	≤150
总汞（Hg）（以烘干基计）/（mg/kg）	≤2
蛔虫卵死亡率/%	≥95
粪大肠菌群数/（个/g）	≤100

关于商品有机肥的其他要求。第一，有机-无机复混肥料组成中单一无机养分含量不得低于2.0%，且单一养分测定值与标明值负偏差的绝对值不得大于1.0%。第二，能被简易识别。有机-无机复混肥料和有机肥料均为褐色或灰褐色粒状或粉状产品，无机械杂质，无恶臭。如果有恶臭，则说明产品在生产工艺及除臭水平上没有达到相关质量标准要求。以上两种肥料比重比复混肥料小，松散，与等量的复混肥料相比所占的体积要大。不结块，粉状产品"捏之成团，触之能散"。在火上灼烧能燃烧。第三，商品有机肥料在运输过程中应注意防潮、防晒、防破裂。第四，购买、存放、分发及使用时，严格执行肥料购买、存放、分发及使用管理相关要求。

（3）自制有机肥：自制有机肥时，应选择安全的有机肥原料，加工（包括但不限于堆制、高温、厌氧等）消除有害物质（病原菌、病虫卵、杂草种子等）达到无害化标准，使之完全腐熟，成为符合认证和植物需求的有机肥料。第一，严禁使用人粪尿作为有机肥原料。第二，基地自制有机肥的原料主要为养殖场提供的动物粪便，如牛、猪、鸡的粪便，农作物秸秆、青草和园区的绿肥及猕猴桃修剪下的枝条等。第三，进行风险评估，评估养殖场合作伙伴提供原料的风险可控性。不同动物排泄物的风险不同，应制订有针对性的措施。

根据用量和用肥距离选择自制有机肥堆场大小、堆场集中或分散。第一，地面式堆肥场一般宽3～4m，高1.5～2m，长度根据材料多少来定。第二，堆肥一般做基肥，用量为每亩1 000～2 000kg。第三，地点背风和向阳，取水方便。第四，尽量减少对环境的污染，使之风险可控。第五，堆场位于休耕地，控制其距离园区50m，距离水源500m，应有措施保证满足堆肥过程中对水的需求。第六，堆肥场面需要通过硬化等措施与表层土壤进行隔离。第七，在堆场周围挖规格20cm×30cm的水沟进行隔离，避免雨水流进堆场。第八，堆场要求地势高且平坦，将堆场中向外流的肥料液体集中引向硬化封盖的水池，避免肥料污染土壤和流失，还可作为液肥施用。第九，自制有机肥应配备加盖、覆盖措施，满足自制肥料需要的水分和温度并控制其有害气体的散发。

地面式高温堆肥材料见表3-3。

表3-3　堆肥材料

材料类别	主要获取来源
主体材料	牛粪、猪粪、羊粪、秸秆、青草等
促进分解材料	高氮物质和碱性物质
强吸收性材料	肥泥、泥炭等
菌种	好热性纤维分解菌（骡粪、马粪）或其他

部分材料堆肥前需要进行处理，如玉米秆等粗大材料要切断或用机器打碎（6~7cm长），并用水浸泡或假堆积进行初步软化吸水；含水过多的青草、绿肥等要适当晾晒，使之萎蔫。适宜含水量为原材料湿重的60%~75%，即用手紧握时稍有液体挤出为宜。

堆肥初期较为好气，利于加速分解和产生高温，后期较为嫌氧，利于形成腐殖质和减少养分损失。注意，通气过旺，有机质易矿化，养分损失过多；通气不良，好气性微生物活动受限，腐熟缓慢。控制通气的措施主要为通气沟、通气栅栏、通气塔、翻堆次数等。

（4）有机肥执行标准：《有机肥料标准》（NY525—2012）、《生物有机肥》（NY884—2012）、《绿色食品　产地环境质量》（NY/T391—2013）。

2. 农药的管理

（1）农药配制：有以下几点要求。第一，必须在农药配制地点进行配制，不得污染水源。第二，操作人员必须接受过专业培训，特殊农药的配制须有专业人员现场指导。第三，按照说明书（或特定要求）开启包装、选用配制方法和配制正确的浓度。第四，选用专用器具来量取和搅拌农药，不能直接用手取药和搅拌农药。第五，药剂应随配随用，已配好的应尽可能采取密封措施；开装后余下农药应封闭在原包装内，不得转移到其他包装中，并及时归库。第六，根据标签说明来混配农药，碱性农药不得与酸性农药进行混配，微生物农药不得与杀菌剂进行混配；两种或多种农药混配时，必须各自配成母液后方可混合，先将液体制剂配制的母液注入容器，再注入固体制剂配制的母液；混配药液应随配随用，搁置时间不得超过2h。第七，过期农药、无标签说明的农药和在透明玻璃杯中出现浮油、沉淀、明显悬浮物或变色、发热、产生气泡等不正常现象的农药不能使用。

（2）施药：应注意以下几点。第一，年老，体弱，有高血压、心脏病及传染性疾病，未满18岁的儿童，孕期、哺乳期妇女及智障者或具有其他较为严重疾病的残疾者，未接受过正规培训的人员，不能施用农药。第二，喷施农药前根据喷药工具的编号来检查其清洗、维护、利用等情况，发现施药机械出现滴漏或喷头堵塞等故障，要及时正确维修，不能用滴漏喷雾器施药，禁止用嘴直接吹吸堵塞的喷头。第三，施药人员应佩戴相应的口罩、眼罩、防护服、手套等。第四，下雨和大风天气不能施药，禁止逆风喷施农药；根据树冠大小，以喷至枝叶刚刚滴水为宜；喷头向上，与枝叶果保持40cm左右的距离；夏季高温季节在上午10时前和下午3时后进行，严禁中午喷药；施药人员每天喷药时间不超过8h。第五，配药、施药现场，严禁抽烟、用餐和饮水，不能用手擦嘴和眼；必须远离施药现场，将手、脸洗净后方可用餐、饮水和从事其他活动。第六，基地内使用农药时，禁止非工作人员进入。第七，施药结束后，要立即用肥皂清洗全身和更换干净衣物，并及时清洗防护服。第八，施药人员出现头疼、恶心、呕吐等中毒症状时，立即离开施药现场，脱掉污染衣裤，及时带上农药标签到医院治疗。第九，施过农药的地块要树立明显标志，禁止人畜进入，并说明安全间隔期和再次进入进行农事操作的时间；农药标签有说明时，按照说明规定期限，标签无说明时，要求叶面农药药液已干和园区无农药刺激性气味时方可再次进入，规定间隔时间不得低于半天。

（3）剩余农药处理：剩余或不用的农药应分类贴上标签送回库房；已配制的剩余药液，稀释喷洒在休耕地里；盛药器械应消除余药、洗净后存放；施药完毕的施药器具应清洗干净；所有清洗液必须按规定处理在休耕地里。

3. 农业机械的管理

为了保持农业机械良好的工作状态，生产技术部门专门安排人员定期对农业机械进行清点、维修、校验、保养、更换。

（1）农业机械的清点和更换：由物资部门定期对各园区农业机械进行清点，对于不能继续使用的机械应及时提出更换通知。

（2）农业机械的校验：由生产技术部门定期对农业机械进行校验，主要包括校验工具、校验标准、校验方法、校验判定等部分。

（3）农业机械维修和保养：由生产技术部门定期对农业机械进行维修和保养，及时更换损坏的零件，及时清洗、擦拭，避免生锈、腐蚀。

4. 相关记录

按照要求做好《农药施用记录》《农药采购记录》等，填好《有机肥施用记录》等。

（四）制订猕猴桃绿色食品生产技术规程

种植企业或基地，要根据国家、行业和地方绿色食品生产要求或相应的标准，制订自己的猕猴桃绿色食品生产技术操作规程，标准不能低于行业或地方标准，有地方标准或团体标准的，可以采用地方标准或团体标准。

（五）建立生产监督检查制度

根据绿色食品相关标准和要求，制订检查制度，成立检查小组，在生产各个方面把关，确保生产出绿色、健康的猕猴桃产品，例如，内部监督检查制度。

实施内部监督检查制度的目的是，确定管理体系符合绿色食品生产管理体系标准的要求，实现产品策划的安排，得到有效的实施和保持。

1. 内部监督检查制度主要内容

（1）方案的策划：由检查小组负责策划相关的监督检查方案，主要内容包括检查的频率、目的、范围、依据等。

（2）前期准备：由检查小组负责相关的前期准备工作，主要包括编写检查实施计划、组成审核组、编写检查表等。

（3）实施：由检查小组负责相关计划的实施，主要包括召开首/末次会议、检查方法的确定、现场审核、开具不合格报告和审核报告等。

（4）汇总：由检查小组汇总方案实施情况，定时向基地负责人汇报，以便其掌握绿色食品生产中的问题。

（5）分析原因：对检查中发现不合格的，要求相关责任部门分析原因，采取纠正措施，并实施跟踪验证。

2. 检查制度的具体实施

进行质量管理体系审核时，由组织内部审核员对质量管理体系进行内部审核，用于评定文件化质量管理体系的适宜性和符合性；绿色食品质量管理体系至少每年进行 1 次审核；内部审核员应经过适当培训，且能在审核过程中独立于被审核的区域；内部审核员的资格和经验应符合绿色食品标准要求；内部审核中内部审核计划、审核发现、整改措施的跟踪验证记录均应保持且易于查找；组织质量管理体系的实施和年度的内审可以允许同一个人承担，但质量管理体系的日常管理人员不能承担随后的内审工作；每一个生产基地至少每年 1 次按照《绿色食品检查表》对绿色食品控制点的符合性进行检查，所有主要、次要以及推荐性控制点都必须检查；内部检查员应经过适当培训，且能在检查过程中独立于被检查的区域；由内部审核员对检查报告和注册成员的状况进行评估；新成员在正式加入组织前必须接受内部检查；原始检查报告和记录应予保持，并确保在认证机构检查需要时可随时提供。

检查报告应包含以下信息：生产基地的名称和地址；生产基地负责人的签字；检查日期；检查员

姓名；注册产品；每一个绿色食品控制点的评估结果；检查表中所有的主要必须控制点，必须在注释部分详细提供检查证据，以确保事后审核的可以被追溯评审；不符合项的描述以及纠正措施的时限；绿色食品状态；内部审核员（或审核组）依据内部检查人员提交的内部检查报告，作出注册成员是否遵循了绿色食品标准要求的结论。

3. 发现问题的整改措施

（1）目的：对绿色食品管理体系及其运行过程中现存的或潜在的不合格，提出有效的整改措施，消除不合格的原因，防止再发生，以达到持续改进的目的。

（2）纠正和预防措施：建立《不符合及纠正和预防控制程序》，处理源于内部或外部审核/检查、客户抱怨、质量管理体系运行失效的不符合项；执行《不符合及纠正和预防控制程序》，以识别和评价质量管理体系中出现的不符合情况；对不符合项的纠正措施应予以评价，并在规定的时间内由指定人员实施和完成。

（3）制订的相关文件：如《不符合及纠正和预防控制程序》《绿色食品检查表》。

（六）建立跟踪审查制度

1. 目的

保证组织内绿色食品标准认证的产品具有可追溯性。

2. 适用范围

适用于绿色食品标准认证的猕猴桃种植、采摘、验收、运输和销售过程中对产品的可追溯性管理。

3. 具体要求

绿色食品小组负责制订和组织实施《产品标识和可追溯性控制程序》。

生产基地负责绿色食品标准认证的猕猴桃种植过程中的可追溯性管理。

实施绿色食品标准认证的产品，应具有可追溯性，并采取措施，防止与非绿色食品认证的产品混淆。

执行《产品标识和可追溯性控制程序》，以保证注册的产品从接收到处理、储藏、配送能够被识别和追溯。

执行《产品标识和可追溯性控制程序》，以避免将绿色食品认证的产品和非绿色食品认证的产品混淆或错误标识。

编制并执行《产品标识和可追溯性控制程序》，以识别注册产品并确保所有产品可追溯，可追溯体系必须满足数量平衡的要求。

4. 制订相关文件

《产品标识和可追溯性控制程序》。

执行《制裁控制程序》，适用所有基地实施制裁。基地在违反相关规定时，将受到制裁。制裁程序包括告诫、暂停、撤销。制裁的所有记录应予以保存，包括纠正和预防措施以及执行措施的过程。

（七）建立记录管理制度

为对绿色食品生产管理体系运行中的所有文件、记录进行控制，对以下内容做了规定：第一，文件、记录作统一编码的要求，以保持文件清晰、方便查找、易于使用；第二，负责人对文件进行评审、审批；第三，技术员对文件更改过程予以记录，并采用修订状态标识，以便识别文件的现行状态；第四，对外来文件统一登记，并建立文件清单，保证外来文件得到识别，并控制其分发；第五，文件分电子版本和纸张形式，电子版本为非受控文件；第六，记录作为质量和食品安全管理体系有效运行的证据，必须予以保存，规定记录的保存期至少 3 年；第七，过了保存期的资料经负责人批准后予以销毁，销毁应有销毁清单。

(八) 制订产品标识和可追溯性控制程序

1. 目的

通过对产品采取适当标识、记录、隔离等措施，确保能识别产品的批次及来源、加工过程、目标客户，并防止不同批次产品混淆，以实现产品的可追溯性。

2. 适用范围

适用于猕猴桃种植、采摘、验收、运输和销售过程中对产品的可追溯性管理。

3. 具体要求

原料果种植过程的记录。
各基地设置标识牌，在标识牌上注明地块编号、面积、种植时间、品种、株数、负责人。
按农事记录表要求，认真填写农事活动的各种记录。
原料果采摘过程的记录。

(九) 制订产品撤回控制程序

1. 目的

有效管理基地产品的撤回。

2. 适用范围

适用于所有基地产品。

3. 具体要求

负责人作出产品撤回的决定，产品撤回小组负责产品撤回的相关事宜。
市场部门负责通知客户、媒体，告知需要撤回的产品范围和相关信息。
产品撤回小组组织相关部门、人员实施产品回收，并组织相关部门、人员。
对被回收产品作出处理。
技术员负责对被回收产品进行分析。

4. 工作流程

信息反馈 → 鉴定评审 → 通知回收 → 追溯分析 → 采取措施 → 跟踪验证

5. 撤回的主要原因

农残含量超出目的消费市场的法规要求；严重的产品质量问题；产品包装标识错误；产品发货错误；客户抱怨或其他反馈信息，包括植保产品的残留分析结果超出最大残留限量等情况；组织内部通过产品检查、查看记录等方法发现产品存在问题。

6. 撤回评价/纠正

当产品撤回完成后，产品撤回小组应对撤回工作进行评价，填写《撤回产品处置记录》，作出《撤回工作报告》。

产品撤回小组责令相关责任部门采取纠正措施，防止撤回事件再次发生。

在撤回工作过程中，各相关负责人对各种记录进行填写并保存。

撤回小组每年组织1次模拟撤回，填写相关记录并形成相关记录，以确保撤回程序有效。

（十）制订产品采收管理制度

1. 采收规程

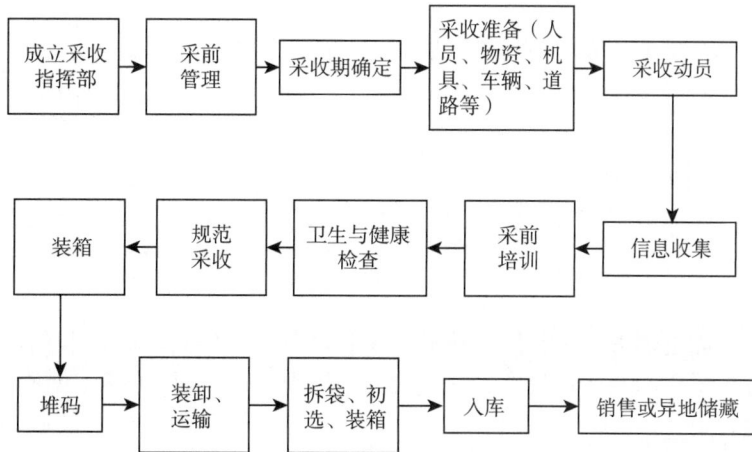

2. 成立采收指挥机构

采收前3周，成立采收指挥部，下设采收办公室，全面负责本年度基地猕猴桃采收工作，成员及职责如下：

总指挥长：负责总体部署和协调；

生产技术员部：具体负责采收过程中各项技术培训、质量管理与质量监督；

采收现场管理组：具体负责采收人员的分组、采收操作、车辆与装卸、货物堆放等现场管理。

3. 采前管理

（1）测产：采收前，由技术组根据各园区套袋数量以及平均单果重抽查结果，对各园区实际产量进行最终测算确认，以便准确安排采收人员、机具及车辆调配等。

（2）质量确认：采收前，由技术组对各园区果实质量进行抽查，根据抽查结果测算各级别果实的大致比例与残次果比例，最终确认各园区果实的质量情况。

（3）农残控制：采前最后 1 次使用任何化学农药，都应充分考虑安全间隔期。采前 2～4 周，应对各园区果实进行 1 次农残监测。如发现有农残超标现象，必须对农残超标园区的果实隔离存放，并做好标记，以便处理。

4. 采收期的确定

（1）采收期限的确定：根据猕猴桃品种特性、生育期、采收期可溶性固形物含量、干物质含量、果实硬度等指标，参照当年气象因素，分别测算出各品种的采收期限（表 3 - 4）。

表 3 - 4　不同品种猕猴桃的采收期限

品种	主要指标	采收期限	备注
红阳	可溶性固形物含量 6.5%～7.5%，干物质含量 20%～23%	8 月 1—20 日	雨天不采收
金艳	可溶性固形物含量 7.8%～8.5%，干物质含量 18%～20%	10 月 1—15 日	雨天不采收
翠玉	可溶性固形物含量 6.5%～7.5%，干物质含量 19%～20%	8 月 10—30 日	雨天不采收

（2）采收日期的确定：预计采收期前 2 周，每隔 3d 对各品种进行品质特性监测，分别按照以下标准确定具体采收日期，以确保产品质量达到最佳状态。

①形态：果实着色达本品种固有色泽，果柄和果基易脱落。

②果实质量：平均单果重、果实干物质含量、可溶性固形物含量、果实硬度等达到最佳。

5. 采前培训

采收前 1 周内对参与采收工作的各类操作人员进行岗前培训，以安全生产知识、操作要求和采收纪律培训为主，进一步提高相关操作人员的安全意识和操作技能，并做好培训记录。

6. 采收要求

在无降雨天气、晨露近消失后至天黑之前进行采收，避开中午高温时间和雨后初晴或刚灌过水，以免所采果实因携带大量田间热而呼吸作用旺盛或因果皮吸水过多而膨胀压力高，质地脆，易造成机械损伤，易引起腐烂。

由负责人根据确定的采收日期和人员、机具、车辆等的准备情况，按照采收进度计划分期、分园区下达采收通知，通知内容包括采收时间、采收数量、转运地点、物资配备等。采收通知应告知各功能小组负责人，以便及时沟通，保证采收正常运转。

在指定的地块带袋采收。采果时先采外部果，后采内膛果，逐行逐棵进行，不得遗漏。采摘时应先将果实稍稍倾斜，再行摘下，这样果柄和果实之间容易脱离，不易损伤果实和结果枝蔓。防止硬拉硬拽，损害枝蔓和临近果实。必须使用采果袋采果，轻采轻放，防止碰伤果实。采果袋采满后，将果实移至周转箱内，采果袋袋口应紧贴周转箱底部，缓缓倒入，每箱约装 20kg。在周转箱内底部应提前放置防损伤的软垫。周转箱不得直接接触地面土壤，应铺垫草垫或杂草。周转箱装满后，及时搬运到地头的道路边，堆码整齐，每箱应置入相应的编号标签。此时，周转箱同样不得直接接触地面土壤。

采摘程序：瞄准目标果实→轻轻把握→使果实稍稍倾斜→摘掉果实→轻轻放入采果袋→装满采果袋→袋口紧贴周转箱底部→缓缓倒入→装满周转箱→搬运到路边→置入编号标签→堆码整齐。

7. 储藏要求

对于成品果和次品果，都应当及时入库储藏，等待销售或加工处理。

预冷：所有分选出来的果实，必须经过 $24 \sim 48h$ 的室温预冷后方可入库储藏，但可以直接存入尚未降温的冷库内逐渐降至所需的冷藏温度。

编码：在冷库内，根据各园区产量测算结果进行编码划线分区，并做好登记。

入库：根据各园区的采收数量，将已经预冷好的分选产品，按照统一部署，由叉车司机运输至指定的储存地点，并由登记人员做好记录。

统计：每日处理的产品必须于当日分类统计出相应的数量，报相关部门备案。

第四章 云南猕猴桃提质增效栽培关键技术

第一节 概　　述

一、开展云南猕猴桃提质增效技术研究与推广的必要性

云南是野生猕猴桃资源分布大省，却也是猕猴桃产业小省和弱省。2010 年云南小规模发展猕猴桃种植，2017—2019 年云南猕猴桃产业进入高速发展期，50 余个县（市、区）均有猕猴桃种植，形成 4 个猕猴桃产区。一是滇东北猕猴桃产区，主要包括昭通和曲靖，昭通各县（市、区）均有猕猴桃种植，种植面积在万亩以上的县有威信、永善、绥江；种植面积在千亩以上的县（市）有水富、盐津、大关、镇雄。曲靖各县（市、区）均有猕猴桃种植，发展较大的县（市、区）有麒麟、师宗、富源、宣威、会泽。二是滇东南产区，包括文山和红河，以发展早熟红心猕猴桃为主。文山的产区主要包括丘北、砚山、文山、西畴、马关等地。红河的产区主要包括泸西、屏边、石屏、建水等地。三是滇中产区，包括昆明、玉溪和楚雄。玉溪的产区包括江川、峨山等地。昆明的产区包括安宁、宜良、禄劝、富民等地。楚雄的产区包括禄丰、楚雄、牟定等地。四是滇西产区，主要包括大理、永平、腾冲、陇川等地。截至 2020 年，据云南省农业农村厅统计数据，全省猕猴桃种植面积大约 15 万亩。

云南猕猴桃产业，与陕西、四川、贵州等猕猴桃生产大省相比，由于发展时间短、科研力量薄弱、技术队伍缺乏、经验较少、产业体系不完整，加上云南地处低纬高原、气候类型多样，出现了较多问题。虽然果实的风味、口感较好，能够提早错季节上市，但产量低、果实外观差、果实大小差异大等问题导致经济效益不佳，没有达到高端水果、高投入、高效益的发展目的。另外，云南猕猴桃主要种植在原贫困地区，难以持续增加农民收入，对乡村振兴的贡献不足。

云南省农业科学院、西南林业大学林学院、红河学院、文山州农业科学院、昭通市农业科学院以及猕猴桃生产、销售、社会化服务等相关企业，在省外相关专家的指导下，从 2017 年开始进行"高原猕猴桃产业化关键技术创新、集成示范及应用推广"，针对云南低纬高原气候特点，创新性地研究解决了提高产量和果实商品性，从而提高经济效益的关键技术难题，为云南猕猴桃提质增效技术应用、进行果园提质增效改造奠定了技术基础。

二、云南猕猴桃提质增效技术主要研究成果

根据云南低纬高原气候特点，云南省农业科学院热区生态农业研究所等单位于2018年组织开展了大规模的猕猴桃产业调研，全面分析研究了云南猕猴桃的优势和存在的主要问题，围绕产业链布置创新链，取得了一系列科研成果。

（一）研究适宜云南猕猴桃发展的区域，提出猕猴桃发展区划

通过调研、试验观察、果品质量分析等研究，把云南猕猴桃划分为4个区域：2个主产区（优势产区），2个一般发展区。

主产区一：滇东南早熟红肉猕猴桃主产区，主要包括文山和红河。可以发展的县（市）为泸西、丘北、砚山、文山、西畴、马关、屏边、石屏、建水，优势县为西畴、马关、屏边、石屏、建水。该区域主栽品种为红阳、东红。

主产区二：乌蒙山区特色猕猴桃主产区，主要包括曲靖和昭通。重点产区为威信、绥江、永善、镇雄、宣威、师宗、富源、麒麟。该区域主栽品种为贵长、瑞玉、金艳、红阳、东红等。

一般发展区一：滇中猕猴桃产区，包括昆明、玉溪、楚雄的部分县（市、区），重点产区为安宁、江川、禄丰、楚雄、牟定。该区域主栽品种为徐香、中猕2号、翠玉、东红。

一般发展区二：滇西猕猴桃产区，主要包括大理、永平、腾冲、陇川。目前主栽品种有海沃德、红阳。

（二）云南猕猴桃产业化关键技术研究

1. 良种化研究

大规模开展优良品种引进、试验、筛选工作，先后确定新品种引进试验点8个，引进品种30多个，筛选出适合云南各地区的主要栽培品种。除此之外，利用云南猕猴桃野生资源丰富的优势，开展野生猕猴桃驯化育种，培育出近10个新品种，师宗1号和恩宏1号2个品种开始进行推广，其中恩宏1号被列入2023年云南省农业主导推广品种。

适宜云南种植的猕猴桃栽培品种有红肉猕猴桃系列红阳、东红、伊顿1号，绿肉猕猴桃系列瑞玉、中猕2号，黄肉品种系列金艳、璞玉，本地选育的主栽品种师宗1号（绿肉，美味系）、恩宏1号（绿肉、美味系）。

该技术成果为在猕猴桃产区淘汰劣势品种、改造种植优良品种、开展品种更新提供了指导意见。

2. 防风防雹避雨设施研究

在滇东南地区开展了避雨棚和防风防雹网试验示范。试验表明，避雨棚减少了以溃疡病为主的病害的发生，提高丰产性的同时，果品外观、大小、可溶性固形物含量均有所提高。避雨棚另一个重要作用是预防倒春寒危害，解决云南猕猴桃成熟期多雨和暴雨危害问题。防风网在雨水少地区使用，可解决光照强和干热风危害问题。试验表明，每亩增加4 000元用于建设防风防雹网，红阳亩产量可以达到2 000kg，80%单果的重量高于75g，且果品外观得到改善，品质不受影响。

在乌蒙山地区开展了防风防冰雹避雨一体化设施试验。用水泥杆搭建高5m以上的棚架，外被防风网全封闭，内加可以收放的遮雨棚，对果品生产，包括猕猴桃、葡萄、苹果、桃、梨等果树，起到了防强光照、防风、防倒春寒、防高温日灼、防暴雨、防冰雹的作用。在苹果生产上大面积使用，在猕猴桃生产上开始应用。缺点是投资成本大，每亩建设防风避雨大棚成本在3万元左右。

防风防雹避雨设施研究成果为云南发展生产优质猕猴桃果品、预防自然灾害危害提供了技术方案。

3. 水肥一体化研究

云南春季少雨干旱，正值猕猴桃萌芽、开花、授粉、果实膨大的关键时期（3—5月），常规施肥效果不好，必须采取水肥耦合技术，以发挥肥效。水肥一体化是水肥耦合技术的主要方法措施。

开展了简易水肥系统应用研究。在小型基地（13.3hm² 以内），一般采用移动式配肥罐，肥料配好后，接入滴灌系统，进行施肥或在基地建设配肥池，接入水肥一体化系统，进行施肥。在中型或大型基地，一般采用配肥房，建设水肥一体化系统，通过智能化控制，进行施肥。关于肥料种类，有人工配方混合或单一肥料水溶后施用，也有由专业公司针对生产基地制作的配方肥料，效果比较好。云南某 66hm² 以上的大型基地，建设了 10 000m³ 的水池，配套水肥一体化系统，采用配方肥料，取得了较好效果，产量增加 30％以上。

4. 果草复合模式研究

云南阳光强，若果园土壤裸露，土壤温度容易过高，因此损伤果树根系。另外，云南容易发生局部暴雨，形成强烈冲刷，造成水、土、肥及部分有机质流失。为此，研究了多种果草复合模式。

模式一：套种绿肥。行间撒播光叶紫花苕，一般 9 月播种，第二年 2—3 月开花覆盖果园，4 月底自然枯死覆盖果园土壤，效果明显。

模式二：套种粮经作物。油菜、大豆、矮秆玉米均可用于套种。幼树期提倡套种玉米，套种玉米还带来另外一个好处——猕猴桃果园缺铁症状减轻。

模式三：自然生草。除去扭黄茅、铁线草、水花生、苦蒿等恶性杂草，保留一年生杂草。草高度超过 80cm 时，及时割除，覆盖土壤。每年割除 4～5 次，6—9 月，每月至少割除杂草 1 次。一般采用机械割草，有自走式、背负式等多种类型割草机械，根据果园情况，灵活选择。若果园相对平整，可以使用智能化自动割草机，该机械在云南某猕猴桃基地使用效果较好。

5. 促花壮果技术研究

云南日照强，冬季白天温度高，猕猴桃需冷量不足，休眠不充分。2—5 月干旱少雨，加上干热风危害，猕猴桃膨大受到影响。云南省农业科学院热区生态农业研究所、红河学院、中国科学院广西壮族自治区广西植物研究所联合开展了猕猴桃促花壮果技术研究，取得了一系列成果，基本解决了云南猕猴桃开花量少、花期长、果实偏小的问题。关键技术为对猕猴桃进行强制落叶休眠；对猕猴桃进行破萌，打破休眠；对猕猴桃修剪方式进行调整以培养结果枝组，采用中短果枝结果为主、长果枝结果为辅，春季处理顶部萌发的过旺枝条；授粉期间，人工调控环境条件；合理施肥，水肥耦合。

6. 病虫害绿色防控研究

云南省农业科学院热区生态农业研究所陈大明团队，与贵州大学龙友华教授合作，开展以"二前四后"为重点的病虫害综合防控研究；与种植企业合作，开展太阳能杀虫灯、粘虫板及性诱导剂、生物菌剂和生物农药防治研究。该项研究成果得到了应用推广，初步建立了云南猕猴桃病虫害防控技术体系。

7. 机械化应用

在云南猕猴桃种植上，开展了水肥一体化、管道打药、割草机、旋耕机、挖掘机、授粉枪、喷药机、无人机打药、轨道运输等多种机械化应用。在整地改土、病虫害防控、除草、施肥、打药、授粉、运输等方面都不同程度使用了机械。机械化应用减少了人工用量，降低了成本，提高了生产效率。

（三）云南猕猴桃提质增效技术推广进展

2019 年，云南开始进行猕猴桃提质增效改造，边试验边推广提质增效技术。主要包括以下方面进展。

（1）基础设施完善：增铺田间生产操作道路，道路拓宽，道路硬化；水利上，通过打井、建蓄水池、建提灌站、建引水工程等解决基地用水问题；改造完善棚架，主要改造为大棚架；建避雨棚、防风网等设施；建水肥一体化设施；在大型基地建专门的有机肥处理场，例如文山西畴三光村猕猴桃基地。

（2）品种改良：各种植基地都开展了品种改良工作，淘汰不适宜品种，改造成优良品种，逐步形成自己的特色品种。

（3）土壤改良：通过增加有机质、改良喷灌条件、起垄栽培等措施，改良土壤环境。

（4）水肥一体化：推广水肥一体化技术，推广配方施肥。

（5）病虫害绿色防控：安装太阳能杀虫灯，推广生物菌剂和生物农药使用，开展"二前四后"防控技术，推广果实套袋。

（6）果园套种间种：推广果园套种玉米、大豆，果园生草等技术。

（7）推广促花壮果技术：在云南产区大面积推广应用以强制落叶和打破休眠为重点的促花壮果技术。

（8）机械化：在植保、轨道运输、授粉、割草等方面开始应用机械。

（9）产地冷藏：百亩以上基地，都建设或租赁储藏冷库；大型基地建有规模 1 000t 以上的冷藏和气调库，并建设了水果分选线。

（10）"三品一标"建设：多数猕猴桃种植基地开展了绿色有机食品认证，大型基地注册了商标，"滇猴王"成为云南猕猴桃代表性商标，西畴猕猴桃获得了地理标志产品认证。

第二节　实施提质增效技术前期准备

一、确立猕猴桃果园生产目标

按照猕猴桃为"水果之王"、高端水果的要求，结合果园实际情况，科学合理确定果园目标，包括质量、产量、销售价格、投入成本等方面，综合衡量。

（一）产量要求

猕猴桃在中国的亩产水平应该达到红肉猕猴桃 1 500～2 000kg，黄肉猕猴桃 2 000～2 500kg，绿肉猕猴桃 2 500～3 000kg。云南猕猴桃亩产指标：红肉猕猴桃（红阳、伊顿 1 号、东红）1 000～2 000kg，绿肉猕猴桃（瑞玉、中猕 2 号、徐香、翠玉）1 500～2 500kg，黄肉猕猴桃（金艳、璞玉、G9）2 000～2 500kg。

（二）品质要求

口感好，可溶性固形物含量 19％以上，糖酸比合理，干物质含量 22％以上，芳香味浓，适口性好（细嫩、化渣、爽口）。

外观美：果形漂亮，大小适中（90～120g），无明显疤痕，果实颜色一致，无病虫害。

耐储藏、运输，后熟后满足一定货架期（7d 以上）。

（三）产量和品质影响因素

1. 选择适宜猕猴桃生长的最佳环境条件

包括气候〔海拔、温度、极端温度（最高、最低）、日照、降水量和降水时间分布、霜期〕，土壤（土层厚度、土壤质地、有机质含量、pH、农残和重金属含量），水利条件（取水条件、水质、水量、用水成本），自然灾害（大风、冰雹），坡度条件（缓坡），交通运输条件，劳动力条件（对于猕猴桃，可以 2 个人管理 20 亩，根据需要，可以请临时性工人）。云南立体气候明显，各地情况差异较大。参考指标为滇东南的文山和红河，种植海拔 1 200～1 600m，降水量 1 100～1 300mm，年均温度 15～18.5℃；滇东北的乌蒙山区，种植海拔 800～2 000m，降水量 900～1 200mm，年均温度 13～16℃；金沙江下游河谷，种植海拔可以低到 400m，一般 600m 左右。

2. 选择优良品种

选择适合本区域的优良种植品种。

3. 基本的设施条件

包括水肥一体化、轨道运输、田间冷库、分选线、防风防雹网、轨道打药等方面的设施。就云南而言，在滇东南地区和滇中地区，防风防雹网、水肥一体化设施为生产高质量猕猴桃必需设施；在乌蒙山区，视海拔、气候条件确定是否需要避雨和防风防雹网；水肥一体化设施在各猕猴桃产区均为必需设施。

4. 科学化和精细化的管理

实现高品质猕猴桃生产，要建立全面的体系化技术系统和管理体系，确保生产关键环节（品种选择、土地整理、棚架搭建、水肥管理、病虫害防治、产品质量控制、整形修剪、授粉等）技术实施到位。

二、确定是否实施提质增效技术

根据果园实际情况进行分析，以确定是否实施提质增效技术。以下情况应实施提质增效技术。

（一）经济效益不好，无合理利润

第一，产量不理想，与设定的目标产量差距较大（30％以上）。
第二，质量不好，产品缺陷多，质量达不到市场要求或本身品种特性（果小、伤痕多、可溶性固形物含量不够、储藏性不好、有病虫害等）。

（二）品种不满意

第一，难管理：生长弱、生长过旺、挂果不理想等问题。
第二，产量低：丰产性差，产量偏低。
第三，病虫害重：易发生病虫害，易感溃疡病。
第四，品质差：口感、外观等多方面存在缺点，市场不接受。
第五，市场销售难：不好卖，价格低。

（三）设施条件不足

基础设施（道路、水利、辅助设施等）差，不能够满足生产要求。棚架不稳固、承载不足、拉线老化等问题突出。无水肥一体化设施，施肥困难。无防风防雹网，容易受到干热风危害，容易发生冰雹危害。产地无冷藏条件，果品难以保存。

（四）果园老化

果园年限长、管理差等因素，造成果园老化，带来产量低、质量差。在云南，主要是管理差带来的果园僵老树、病虫树等老化问题。

（五）政策导向影响

受到国家政策影响，需要进行改造，比如间伐1～2行种植粮食或者套种粮食等。或者由于政策原因，无法新建果园，只能对老果园进行改造，以实现高产优质目标，包括将其他果树品种换成猕猴桃品种。在云南猕猴桃优势产区，将低效或老化的桃、李、梨、葡萄、柑橘等果园改造，发展猕猴桃种植。

三、实施提质增效技术的前期准备工作（可行性分析）

（一）果园综合评价

1. 找出果园的问题，分类列出来

（1）气候环境：温度、降水量、大风、冰雹等的影响。
（2）品种：目前品种是否存在问题，是否需要更换品种。
（3）设施条件和水平：主要缺乏的设施，改造的条件，改造的投入资金。
（4）技术问题：技术缺陷有哪些，怎么解决。
（5）管理问题：管理中出现什么问题，是否可以解决。很多企业或基地容易忽视管理问题，认为管理不重要或者不是主要问题，实际上绝大多数问题都是由管理引起的。要研究和做好管理，才有可能比较好地解决其他方面的问题。

2. 分析问题，确定提质增效改造的可行性

（1）改造的难易：如果比新建果园还难或差不多，不如新建。
（2）改造投入的来源：资金怎么解决。
（3）改造的技术可行性：确定技术依托单位和指导专家。
（4）改造的效果预期：提质增效改造后的产量、品质、市场、效益分析。
（5）改造的管理和实施团队：如何组织改造，确保整改效果和成本科学合理。
（6）改造的政策支持：政府资金、项目支持情况和土地、环保政策等。要重视政策研究，该争取的支持要努力争取，该回避的风险要回避。

3. 制订改造实施方案

制订（编制）改造方案（可以粗线条，也可以细化，根据自己的能力和水平制订）。提质增效改造方案确定后，最好向专家咨询，以使方案更加科学合理。

（二）确定实施提质增效的目标

1. 产量目标

云南猕猴桃果园产量目标参见表4-1。

表 4-1　不同类型猕猴桃果园亩产量目标

品种类型	亩产量/kg			实现年限/年
	高产园	中产园	一般园	
红肉猕猴桃	2 000～3 000	1 500～2 500	1 000～1 500	3
黄肉猕猴桃	3 000～4 000	2 500～3 000	1 500～2 000	3
绿肉猕猴桃	3 000～4 000	2 000～3 000	1 500～2 000	3

2. 果实品质目标

（1）果实外观：外观要体现本品种的特点，且有良好表现。猕猴桃果品外观除品种特性外，影响因素较多，授粉、风害、日灼、农事管理等方面均能够影响果品外观。从色泽、果实形状、果实大小、伤（疤）痕、病虫害危害等方面综合考虑。

（2）单果重：优质果的单果重参考指标为红肉猕猴桃 80g～120g，黄肉猕猴桃 100～150g，绿肉猕猴桃 90～140g。

（3）内在品质：主要为可溶性固形物含量、干物质含量和硬度。云南猕猴桃的可溶性固形物含量参考指标为红肉猕猴桃 20％以上，黄肉猕猴桃 18％以上，绿肉猕猴桃 20％以上。另外要重视糖酸比。

（三）确定经济目标

1. 市场销售价格

果园批发价格，一级果要达到每千克 24～30 元，二级果达到每千克 15～20 元，统果价格应该达到每千克 14～18 元。

2. 亩产值

高产果园亩产值达到 3.0 万元以上，中等偏上果园亩产值达到 2.0 万元以上，一般果园亩产值达到 1.5 万元以上。

3. 利润

高产果园每亩利润达到 2.0 万元，中等偏上果园达到每亩 1.5 万元，一般果园达到每亩 0.8 万元。

第三节　云南猕猴桃提质增效关键技术

一、基础设施条件改造

（一）水肥一体化设施建设

首先，应具有科学的施肥理念：高效、精准、少量、多次、快速；叶面喷施与地面土壤施肥结合；水与肥耦合，相互配合，充分发挥肥效；以有机肥为主，高效、速效肥配合，中、微量元素肥补充的用肥种类；提倡使用配方肥料、平衡肥料、生物菌肥等新型肥料。

其次，要做到：有充足的水量，滴灌和雾喷配合，水与肥耦合；建设固定配肥池或移动式配肥罐，发展以滴灌为主的施肥方式；发展使用管道打药、全园雾化打药、机械化打药、无人机打药等果园植保新技术。

(二) 运输设备

果园运输上，拖拉机、三轮车、轻型货车等运输设备，合理配置，方便果园物资、果品运输。还可以发展轨道运输方式，以解决道路不足的问题。

(三) 防风防雹设施

云南地处低纬高原，干热风、强光照、冰雹、倒春寒等自然灾害频繁发生，因此，防风网是发展生产优质高产猕猴桃过程中比较重要的设施，一定要重视。防风网既能够防风防雹而且能够降温，降低阳光强度，创造符合猕猴桃生长的条件。

(四) 架势

大棚架为主架型，有条件的可以考虑牵引伞形树形。建设有防风网的果园，不考虑牵引伞形树形栽培方式。

按照一干二蔓树形整形。

二、土壤改良技术

(一) 起垄栽植

1. 全园改土

用挖掘机或大型拖拉机深耕翻土，深度50cm以上。结合深翻，每亩施入4 000kg以上的有机肥，具备条件的地方，建议每亩施入有机肥6 000～10 000kg。

2. 聚土起垄

取周边表层熟土、肥土在定植行培厚，形成高30cm左右的瓦背形定植带。在定植带上挖穴定植，行距3.5～4m，株距2.5～3m。

(二) 增施有机肥

有机质含量低于3%的园地，要大量施入有机肥，进行土壤改良，视情况每亩施3 000～6 000kg。撒施，用旋耕机翻耕或用机械挖施肥沟施入。

(三) 调整土壤 pH

调整土壤 pH，一般为5.8～6.3。偏碱性的土壤，可以施入硫黄调节；酸性土可以用碱性有机肥或石灰调节。土壤施硫也是减轻溃疡病危害的措施之一，每亩使用量在8～10kg。

(四) 排水

开排水沟，雨后要能够及时排水。根据园地具体情况进行排水沟设计。

(五) 生草栽培

种植绿肥或有益草，比较适合云南的是光叶紫花苕（毛苕子）。对于猕猴桃幼树，提倡种植玉米，能够减轻缺铁症状。也可以种植皇竹草、象草等高秆牧草，作为养殖饲草、有机质材料或防护栏，且能够挡风。

1. 新建园

行间空隙较大，光照充足，1～3年内可以套种豆类、玉米、蔬菜等经济作物，既能起到良好的遮阴保墒效果，又能提高土壤有机质含量，提高果园前期经济效益。也可套种毛苕子、红豆草、油菜、黄豆等绿肥作物，每年至少刈割还田2次，3～4年翻压1次。在云南，提倡9—10月全园翻耕撒播光叶紫花苕，可以控制杂草到第二年4月，6—8月每月机械割草1次，树盘杂草需要人工清理。

2. 老果园

种植光叶紫花苕、大豆等。对扭黄茅、水花生、铁线草、苦蒿等恶性杂草，应全部清除；对其他一年生季节性杂草，采用机械割草覆盖。

三、品种改良技术

（一）优良品种选择

在滇南、滇东南海拔1 200～1 500m和金沙江干热河谷海拔1 500～1 700m地区，适宜种植的猕猴桃品种为东红、红阳、金红50、伊顿1号等。

在滇中海拔1 700～2 200m地区，适宜种植的品种为徐香、翠玉、中猕2号等绿肉猕猴桃品种。

在滇东北乌蒙山海拔700～2 300m地区，因该地区范围大、气候类型多样，要根据各地气候特点选择适宜品种。适宜种植的优良品种为瑞玉、璞玉、贵长、建香1号、恩宏1号、师宗1号（2 000～2 300m高海拔地区种植）。

在金沙江下游河谷海拔400～600m地区，可以在技术措施、避雨设施到位的情况下种植红阳等红肉猕猴桃品种。

在滇西地区，大理、保山和德宏等地区有小规模种植，适宜种植红阳、伊顿1号等品种。

（二）优选砧木

主要选择水杨桃或者新选育的专用砧木。水杨桃也叫对萼猕猴桃，为半木质根系，抗旱、耐涝、耐土壤黏重，生长势强，能够提高产量。目前，陕西农村科技开发中心、郑州果树研究所等单位选育了专用砧木新品种。在云南多数地方，不提倡使用猕猴桃种子直播生产的传统砧木。

（三）改造方法

1. 新种植改造

先种植砧木，1年后嫁接，隔株改造，3年完成全园改造。

2. 原树改造

对原来种植的树进行改造，砍掉，发新枝，在新枝上进行嫁接或者直接嫁接。

3. 雄株改造

猕猴桃雌雄异株，需配置雄株，以满足授粉需求。雄株品种必须与栽植品种花期相遇，出粉量大，花期长，花粉活力高，授粉亲和力强。雌、雄株配置比例为（6~8）：1，最好选用4~6倍体雄株。若不栽种雄株，需要购买商品花粉，采用人工授粉，每亩用量15~20g。提倡在果园的边角地栽一些雄株，如果需要美化，可以栽植一些观花猕猴桃。

四、树形改造技术

（一）一干两蔓树形培养

1. 一干两蔓标准树形

一干两蔓树形结构是来自新西兰的树形模式。新西兰一干两蔓树形是在稀植情况下推行使用的，能使树冠枝条充分展开，对架面空间实现最大化利用，大幅度提高单产。而国内猕猴桃多为密植或中密植栽植，因此，一般而言，株距≥2m可推行一干两蔓树形，株距<2m宜采用一干一蔓。高密栽植不宜采用一干两蔓树形。

一般针对中等偏旺树势，要求主干长至架面（中间铁丝）以上20cm时，也就是主干长出架面且高于架面20cm时，在架下离地面40~50cm处剪截。在新萌发的芽上，选择2个相反方向的枝条，以培养主蔓。主蔓需要在距架面20cm处进行固定，之后萌发的枝条有一定的顶端优势，方便生长及管理。

2. 一干两蔓标准树形当年上架及后续管理中的关键点

种植户在培养一干两蔓树形时，经常会半途而废，或者中途"走样"，主要原因是没有及时清理"把门枝"或"卡脖枝"，使原本计划的一干两蔓树形最后被培养成单干伞形结构。由于2个主蔓上架后，在主干、2个主蔓和中间铁丝之间会形成一个倒三角形区域，特别是不进行主蔓交叉的一干两蔓树形，倒三角形非常明显，在这个三角区由于各种原因极易发生"冒条"现象，这就是常说的"卡脖枝"或"把门枝"，这些枝条萌发后对主蔓的延长生长和主蔓上侧枝的萌发有一定的抑制作用，不利于一干两蔓树形结构的快速培养。因此，培养一干两蔓树形的关键就是及时清除三角区的"卡脖枝"或"把门枝"。

冬剪时，要疏除主蔓上或主蔓周围更新区多余的虚旺枝或细弱枝，疏除时留1~2cm高短桩，目的是保护被疏除枝条基部的潜伏芽（隐芽），以便后期萌发有需要时可有效利用；如果不留桩平剪，就会将枝条基部隐芽一并剪除，往往造成主蔓出现"空档"难以接续更新。因此，留桩修剪对一干两蔓树形规避架而空虚、连续进行枝条更新意义重大。

（二）不规则树形改造

在生产中存在着多主干和多主蔓的不规范树形，这种树形的缺点：一是造成营养大量浪费；二是多年生枝过多，一年生枝长势明显变弱，果实个小、质差；三是枝条交错杂乱，导致架面郁蔽，通风透光不良。因此，在冬季修剪时要有计划分年度逐步将不规范树形改造成为一干两蔓树形，同时加强夏季树形规范管理，力争改形速度快、质量高。

从多个主干中选择一个生长最健壮的主干培养成永久主干，在主干到架面附近选择生长健壮的枝条培养为主蔓，再在主蔓上培养结果母枝。对主蔓上的多年生结果母枝，剪留到接近主蔓部位的强旺一年生枝，结果母枝上发出的结果枝应适当少留果，促使其健壮生长，尽快占据植株空间。其他主干均为临时性的，分2~3年疏除。

（三）牵引栽培

伞形牵引栽培是最近发展起来的技术，从新西兰引进，已在国内改造成熟，适合国内的条件，应积极推广使用。

五、促花壮果技术

猕猴桃促花壮果技术于 2019 年开始试验，2021 年开始示范推广。使用该技术方案的果园，猕猴桃发芽整齐，每个枝一次性萌芽 10 个以上，而对照果园第一批芽一般萌发 2～3 个，萌发情况较差；花期缩短，由 24～28 d 缩短为 6～8 d；开花枝增多，由 1～3 枝增加到 10 枝以上；产量提高 30%～60%，云南某基地产量由亩产 1 000kg 提高到 2 600kg，而且提高了果品的商品性。

该技术的推广应用，使云南猕猴桃的种植效益稳步增加，促进云南猕猴桃，特别是滇东南地区红肉猕猴桃产业的健康发展。

（一）促花调控

1. 花前营养处理

现花蕾时，叶面喷施磷酸二氢钾 1 000 倍液＋芸苔素 2 000 倍液＋海藻肥 800 倍液，或者用多元素中微量元素肥＋芸苔素＋海藻肥。如果有倒春寒或低温出现，提前 3～5d 叶面喷施"回响"（微肥商品名）800 倍液＋芸苔素 2 000 倍液。该措施的目的是促进花蕾健壮生长，促进叶片健壮生长，提高花的授粉率和坐果率，增加对倒春寒的抵御能力。

实践中，处理后的植株与对照相比，叶片明显增厚、增绿；轻微倒春寒对授粉影响不大。例如红河建水曲江镇猕猴桃基地 2022 年使用该技术后，遇到倒春寒，果园正常坐果，而没有使用该技术的果园坐果率降低 10%～20%。

2. 花前防病

花期预防溃疡病和花腐病是保证坐果率的重要措施。处理方法为 0.4% 四霉素 400～600 倍液＋氨基酸＋0.1% 硼肥，或者用悬浮态蓝美新氢氧化铜（纳米铜）1 000～1 500 倍液。该措施可预防溃疡病大规模发生，预防花腐病。

3. 平衡施肥促进花芽分化

为促进花芽分化，提高花的质量，应在 4—5 月叶面喷施寡糖类肥料 1 次，如酶萃-海藻钙镁（寡糖增强级）800 倍液；在 6—8 月，叶面喷施 1 次磷酸二氢钾 800 倍液，喷施比利时罗西尔生产的"妥普"牌钙镁硼锌钼 1 000 倍液或类似产品 1～2 次、硼酸钙 800 倍液 1 次。

该措施对提高果品质量、增加可溶性固形物含量有利，同时有利于花芽分化，增加第二年开花的质量和数量。

4. 授粉调控

滇南地区春季升温较快，而且处于旱季，气温高且空气湿度低，不利于猕猴桃授粉及花粉萌发，可通过调节果园小气候来创造利于猕猴桃授粉的良好环境条件。方法为利用喷灌设施在早晨喷雾，待果园湿度提高后再授粉。另外也可以使用液体授粉法，但需要注意的是液体授粉技术要求较高，须在有经验的专业技术人员指导下操作。

在滇南猕猴桃产区要注意天气预报，如果授粉期间遇到持续 3d 以上的高温干旱天气，需要进行授粉调控。经过该方法处理后，在高温干旱条件下猕猴桃授粉成功率增加 17%～26%。

（二）壮果

1. 疏果

通过疏果可以提高猕猴桃的单果重及品质，从而提高果品的商品性。在授粉后 20 d 左右，疏去畸形果、小果、伤痕果。留果数量视情况而定，为方便操作，一般每个结果枝保留 3 个果，最多 5 个果。处理后果实明显增大，70 g 以上果实增加 16%～23%，果实商品性也得到较大提高。

2. 膨果

一般红肉猕猴桃果较小，平均单果重 60～70 g，通过膨果技术可提高单果大小和重量，从而改善果实商品性和提高产量，增加经济效益。一般授粉后 20～25 d，用 200 mL 氯吡脲＋70 mg 赤霉酸兑水 16～20 kg，用专业喷雾器均匀喷果面。谢花后 1 周，补充 1 次以硝酸钾为主的水溶性肥料。处理后果实增大增重明显，70 g 以上果实占比 85% 以上，增产 20% 以上。另外，红阳的果形也得到了明显改善。

（三）修剪

在猕猴桃花果调控技术中，修剪也是其重要组成部分。该技术重点在于通过对徒长枝、结果枝、营养枝 3 种类型枝条的修剪处理来调控营养生长与生殖生长的平衡。在滇南地区，需在破除休眠后，采用结果母枝留长枝的修剪方法。如果不采用破除休眠技术，则长枝基部不萌发，故只能多留枝，形成以短枝为主，中枝为辅的结果枝组，此方式用工量大，管理难度高。

1. 春梢修剪

通过枝梢修剪，可以调整猕猴桃树体营养，促进开花和果实生长。春梢修剪方法为对于顶端过旺枝，留基部 5～7 片叶进行捏尖，破坏生长点；对于徒长枝中需要留作结果母枝的枝条，留 2～3 个芽短截，待晚春或早夏留 1～2 个枝条作为下一年的结果母枝；对于结果枝中不留作结果母枝的枝条，结果后留果实上 5～7 片叶捏尖，如果留作下一年结果母枝，长至第二至第三道铁丝夹尖；及时抹芽及清除弱枝、过密枝、位置不好的枝条。

处理后，在产量、单果重方面有明显提高，且果园枝条布置合理，营养生长与生殖生长相对平衡，果园整体管理质量提升。

2. 夏梢修剪

夏梢修剪重点是处理徒长枝，并进行 2 次或 3 次夹尖打顶。对于徒长枝，需要留作下一年结果母枝或者萌发营养枝填补空位的，可以采取扭梢转势并捏尖处理；及时去除不需要的徒长枝。对于春梢捏尖打顶后仍有萌发的新枝，可以继续对新枝打顶或捏尖 2 次甚至 3 次，控制其生长。

3. 冬季修剪

冬季修剪按照常规技术进行即可，但需要注意留枝量。一般每株留 12～16 个长枝，每枝带 10 个芽以上，长度 120 cm 以上，伸至第二道铁丝。长枝足够的情况下，少留短枝和中枝；长枝不足时，留短果枝和中果枝补充，短果枝 2～3 个芽，中果枝 3～5 个芽。

4. 带叶修剪

规模较大的果园可带叶修剪，不然会因为冬季修剪量较大、劳动力不足而影响冬季修剪进程。另外，有溃疡病的园区也可以带叶修剪，以促使果树伤口提早愈合。滇南地区猕猴桃落叶较迟，可在10月底带叶修剪。

（四）强制休眠

滇南地区冬季降温较迟，一般情况下，猕猴桃要到12月下旬才基本全部落叶，休眠时间不足，所以需要使之提早落叶进行强制休眠。该技术在南方葡萄栽培上也有较广泛的运用。

在11月中旬，叶面喷施8％的尿素溶液，或者喷施乙烯利300倍液＋ST诱抗剂1 000倍液，或者单喷施3％的乙烯利。12月上旬，落叶率可达到90％以上，可提早20～30 d进入休眠。

（五）解除休眠

一般在1月上旬，喷施50％的单氰胺40倍液。施用单氰胺后，猕猴桃可提早5～7 d萌发，长果枝基本一次性萌芽10个芽以上且都带花。开花期从不使用单氰胺时的25 d左右缩短为7 d左右。

（六）防风防雹

滇南地区大风及冰雹时有发生，对猕猴桃生产造成巨大的威胁，应安装防雹网、建设风障、栽种防风林等。

（七）注意事项

坐果率方面，影响授粉的因素较多，除了应用促花壮果技术外，还要注意花粉质量（活性和病菌携带与否）、雄株品种、花粉的保存技术等。

果实膨大方面，由于猕猴桃花期和幼果迅速膨大期正值云南少雨干旱季节，所以需要注意补充土壤水分，将土壤相对湿度保持在70％～80％才能够满足猕猴桃果实膨大的需求。如果不解决灌溉问题，果实很难膨大到单果重80 g以上。

解除休眠方面，云南立体气候明显，受小气候影响大，各地物候期和倒春寒发生频率不一样，各地要根据自己的实际情况采取措施。如果需冷量够，则不需要施用单氰胺。

六、重大病虫害绿色防控技术

（一）绿色防控措施

1. 太阳能杀虫灯

选择以杀金龟子、鳞翅目害虫为主的杀虫灯类型。在云南用得较多的为昆明猎虫农业科技有限公司生产的自清式杀虫灯。杀虫灯放置密度为1～1.3hm² 放1盏。布点为果园周边、空地。电池最好每2年更换1次。

2. 生物防控药剂使用

防治害虫方面，用绿僵菌、白僵菌打树盘，每年1～2次，能够减少虫害发生。防控病害方面，苏云金杆菌、枯草芽孢杆菌、荧光假单胞杆菌每年雨季交替使用1～2次，能够减少病害发生。冬季用石硫合剂清园，全园喷施，包括树干和地面，能够有效减轻病虫害。

3. 驱虫植物种植

种植驱虫植物，能够减轻虫害发生，这是一种新的生物防控技术。一些科研单位正在研究，需要进一步观察和试验探索。

（二）溃疡病防控

在云南应用贵州大学龙友华教授研究的"二前四后"技术，能够有效减轻猕猴桃溃疡病的发生和扩散。"二前"是指萌芽前、落叶前，"四后"指谢花后、采果后、萌芽后、落叶后。防控溃疡病的药剂：0.3％四霉素、1.5％噻霉酮、3％中生菌素、46％氢氧化铜、47％春雷·王铜、叶枯唑、33％春雷·喹啉铜。

（三）防控溃疡病的具体措施

1. 萌芽前（2—3 月）

刮除病灶组织，用 0.3％四霉素、12％苯醚·噻霉酮悬浮剂等药剂在伤口进行涂抹处理和保护，首次发病可清除病枝或病株。树体喷药，喷施 46％氢氧化铜可湿性粉剂 800 倍液＋有机硅 1 500 倍液。

2. 萌芽后（3—4 月）

喷施 0.3％四霉素水剂 400 倍液＋110g/L 氨基酸 600 倍液＋0.1％硼肥，可防治溃疡病、花腐病。

3. 谢花后（4—5 月）

结合软腐病防控，喷施 0.3％四霉素水剂 400 倍液＋3％中生菌素可湿性粉剂 800 倍液＋25％嘧菌酯悬浮剂 1 500 倍液＋富纳钙镁 1 000 倍液＋0.1％芸苔素内酯 4 000 倍液，注意害虫防治。套袋前用药。

4. 采果后（9—10 月）

喷施 47％春雷·王铜可湿性粉剂 800 倍液＋110g/L 氨基酸 600 倍液＋有机硅 1 500 倍液，或者 46％氢氧化铜 600～800 倍液。

5. 落叶前（10—11 月）

喷施 0.3％四霉素水剂 200 倍液＋矿物油 200 倍液，树体涂白。

6. 落叶后（12—1 月）

喷施 20％松脂酸钠溶液 150 倍液＋矿物油 200 倍液或 29％石硫合剂 20 倍液＋矿物油 200 倍液。

（四）根部病虫害防控

1. 根腐病及防控

选择坡面、土质疏松的旱地种植，建好排水系统，起垄栽培，不可种植于稻田地。选用水杨桃砧木或抗性砧木。改良土壤，多施有机肥，施入生物菌肥。药剂选择上，推荐佰腐晴、根腐灵、EM 菌剂、甲霜·恶霉灵。

2. 根癌病及防控

不用前茬作物有根癌病的地块作为苗圃地，不从病区调运种苗，若在调运的苗木中发现病株，必须剔除烧毁，并对其他苗木用 2％石灰液浸泡 1～2min，或者用 0.1％升汞水浸泡 3～5min 严格消毒。田间发病较轻的植株，扒开根部土壤后用小刀刮去肿瘤，并用 3～5 波美度石硫合剂或 5％菌毒清水剂 30～50 倍，或者菌立灭水剂 100 倍液涂刷伤口。发病重的植株带根彻底烧毁，土壤用溴甲烷熏蒸消毒。

（五）叶部病害防控

猕猴桃叶部病害主要包括褐斑病、白粉病、灰斑病、溃疡病、病毒病等。其病害防治遵循预防为主、综合防治的植保方针，要综合利用农业、物理、生物、化学防治措施，全园预防与局部治疗相结合。主要防治措施包括以下几个方面。

第一，加强病害预测预报及统防统治。在云南从 4 月开始就要注意叶部病害的发生，特别是褐斑病的发生，6—8 月为高发期。一般情况下，4 月底至 5 月初统防统治 1 次，6 月底至 7 月初统防统治1 次。

第二，一般药剂的选择。发病初期喷施 75％肟菌·戊唑醇 5 000 倍液＋5％氨基寡糖素 800倍液＋20％氨基酸叶面肥 1 000 倍液 1～2 次，或者喷施 10％苯醚甲环唑 1 500 倍液＋25％嘧菌酯1 500倍液＋20％氨基酸叶面肥 1 000 倍液 1～2 次，交替使用，防止产生抗药性。

第三，防虫防病药剂的选择。10％苯醚甲环唑 2 000 倍液＋80％山德生 1 000 倍液喷雾；或者喷施高氯噻虫嗪＋苯甲·嘧菌酯。

（六）果实病害防控

1. 主要病害种类

果实软腐病、蒂腐病、黑斑病、腐烂病、脐腐病（为云南猕猴桃新的病害，要注意防治）。

2. 防治技术

授粉后 15～20d，喷施 29％吡萘·嘧菌酯 3 000 倍液＋富纳钙镁 1 000 倍液（注意不得任意加大浓度）。

授粉后 30d，叶面和果面喷施 29％吡萘·嘧菌酯悬浮剂 3 000 倍液＋0.3％四霉素 500 倍液＋110g/L 冠无双叶面肥 1 000 倍液＋杀虫剂。

套袋前 1d，喷施 75％肟菌·戊唑醇水分散粒剂 5 000 倍液＋富纳钙镁 800 倍液＋110g/L 冠无双叶面肥 800 倍液＋22％噻虫·高氯氟（阿立卡）2 000 倍液。本次药剂是必须喷施的。

（七）重要害虫防治

1. 主要害虫种类

金龟子、拟叶甲、蚜虫、麻皮蝽、叶蝉、蜡蝉、盗毒蛾、金毛虫、枣尺蠖、象甲、斜纹夜蛾、吸果夜蛾、果实蝇、材小蠹、猕猴桃蝙蝠蛾、蚧壳虫等。要特别注意蚧壳虫、斜纹夜蛾、猕猴桃蝙蝠蛾（危害枝干）、金龟子、果实蝇、叶蝉。

2. 防治措施

对病虫害一般采取统防统治，防病时也可以加入杀虫剂，关键是注意观察。

在云南，应特别注意：4—6 月，一般发现虫害及时打药；其他时间段如果危害不重，可以不用药，蚧壳虫除外。

在园区安装了太阳能杀虫灯的，3年后害虫会减少很多。

防治蚧壳虫的参考药剂有：机油乳剂、融蚧、速扑杀、速蚧克、蚧霸、果圣等。防治其他害虫的参考药剂：阿耳发特、速灭杀丁、阿灭灵、氰戊菊酯、杀灭菊酯、安绿宝、绿百事、歼灭、兴棉宝、灭百可、功夫、保得、高效氯氰菊酯、苦参碱、阿维菌素等。

七、果园免耕及控草技术

（一）果园免耕

果园免耕，不是绝对的不耕作，而是减少耕作，减少对根系的破坏。免耕技术主要措施包括：①土壤条件要好，疏松透气、团粒结构好、有机质含量3%以上；②培肥，30cm的肥土层；③清除恶性杂草，种植有益绿肥取代杂草；④每年浅耕一边，距离植株1m，旋耕机耕深20～25cm。

（二）控草技术

采用人工、化学方式清除恶性杂草，建园前要做处理。采用化学方式时，要选择好除草剂。种植绿肥作物、大豆等。覆盖腐殖土、农家肥、松针等。用除草布覆盖。铺设双色农膜，下面黑色，上面银光色反光，注意，在高温区5月后收起。采用适合的机械割草，每年3～4次。

八、采果技术

（一）果实采摘时间的确定

不同类型的猕猴桃品种，采摘的时间不一样，可以参照表4-2的指标进行采摘。

表4-2　不同品种确定采果时间的主要参考指标

品种	可溶性固形物含量/%	干物质含量/%	生育期/d	采收时间
红阳	6.5～7.0	18～22	125～130	8月上旬
东红	6.8～7.5	18～21	130～135	8月中旬
金艳	8.0～8.5	16～19	140～150	10月上旬
贵长	8.0	17.5～19	140～148	10月中旬
瑞玉	8.0	19～21	140～145	10月中旬
翠玉	7.0～8.0	16～20	130～140	9月上旬
翠香	6.5～7.0	16.5～20	125～130	8月下旬

（二）采果前需要准备的工作

1. 果园处理

（1）果园除草：采果前10d除去果园杂草。

（2）控制水分：采果前1周不浇水，遇到特别干旱时适当浇水。

（3）次氯酸消毒：没有套袋的果实，可以采用次氯酸喷果面消毒，采果前1周试验。套袋果园因为去袋麻烦和果实蝇风险，不使用。无软腐败和无长期储藏需求的果园也可以不使用。

2. 工具准备

（1）采果包：市面上种类比较多，选择适合自己的。
（2）手套：柔软适合的，主要方便操作和不损伤果面。
（3）工人培训：工人到位后，进行必要培训，剪指甲（强调）。
（4）果筐清洗消毒：清洗晒干。
（5）场地运输车辆准备：采摘后堆放、晾干、处理的场所，不能为露天场地。准备短途和果园内的运输车辆。

3. 冷库准备

采果前 1 个月调试冷库。

4. 检验检疫准备

采果前 7d 左右进行化验，确保果品质量，农残、重金属不超标，相关的可溶性固形物含量、口感达到果品本身质量要求，无检疫性病虫害和果商要求不能出现的病虫害。

九、采后处理技术

（一）及时销售

云南猕猴桃以早熟、高品质得到市场认可，但储藏上不占优势，需要及时销售。红心猕猴桃在 9 月底销售完，最好 9 月初销售完，可以留一部分作为礼品果销售或进行电商销售；绿肉猕猴桃和黄肉猕猴桃也要及时销售。因此需要根据自身实际情况，做好销售与冷库留存比例，合理安排。实践证明，储藏的不一定比及时销售的赚钱，云南某企业曾因为储藏技术和冷库问题导致坏果 70 多 t，损失上百万元。

（二）做好分级标准

要根据市场要求，结合云南实际，做好分级标准。不可乱定标准，要根据猕猴桃行业定的标准或者市场认可的其他标准来做好分级。

（三）预处理

果实采收后，要重视采后晾干 24h 的预处理。

（四）入库建议

果实采收后，先分选分级，再入库。

（五）即食猕猴桃技术

目前各地都在研发即食猕猴桃，需要结合自身情况，重视该技术的研究和应用。特别是电商销售和产地销售，一定要向即食猕猴桃方向发展。

（六）避免加工误期

猕猴桃品种分加工品种和鲜食品种，云南目前发展的主要是鲜食品种，加工采用的仅仅是部分残次果，因此加工不是主要选项，尽量做符合鲜食条件的果品，减少生产残次果。乌蒙山区可以在低投入的情况下，优选本地适应性强、野性强的品种，开发成加工品种。例如：湖南湘西地区将米良猕猴桃系列发展为加工产品，亩产量 4 000kg 以上，销售价格 1.5 元/kg，亩生产管理成本在 2 000 元左右，亩利润有 4 000 多元，该系列品种产量高、抗性强、果形大，群众发展意愿强。

十、猕猴桃质量保证及认证体系

在基地选择上，做好土壤化验和水质检验，要符合绿色食品认证要求，周边无污染。

投入品（农药、化肥、农家肥）要做到符合绿色食品认证要求（国家相关规定）。

农资（农药、化肥）要规范保管，建立台账。

做好投入品（农药、肥料等）使用记录。

开展绿色食品认证、有机食品认证。

规模化基地要开展 GAP（良好农业规范）认证。

有条件的地方要开展地理标志产品认证。

设立质量安全员（专、兼职），建立简易的检测室，经常进行检测和监测。果品采收后做好质量检测。有条件的基地，每批次果实出库时，做必要的检测，并贴上食品安全合格证。

从事果品分级分选和操作的人员，最好配备专用的工作服。做好自身消毒、卫生工作。

十一、提升果园生产管理水平

（一）日常管理

巡园：管理人员至少每周巡视全园 1 次，发现问题，解决问题。

熟悉物候期：萌芽期、初花期、盛花期、谢花期、果树迅速膨大期、采果期、落叶期。

熟背管理日历：1—12 月具体做什么事情，关键事项是什么。

随身携带笔记本，及时记录：果园专用笔记本，做好记录。

按计划工作：先准备，再实施。制订年度产量和质量目标，按照目标制订技术管理措施，再分解到季度和月份。重视制订月计划和周计划，用计划指导管理工作。

合理用工和分类使用工人：根据工作内容和工人特长，培养不同工种的工人，特别要注意培养技术型工人，例如机械操作、配药、水肥一体化操作、分选分级、嫁接、修剪等技术型工种。

培训工人：每项工作，先培训，再操作，让工人掌握基本技能和操作要点。

建立激励管理模式：以奖励为主，学会分享利益。

监督日常化：监督要固定，不能随意监督，也不能不监督。对重要工作要有检查验收，每月要有检查、评估和考核。

（二）成本管理

物料成本：占生产成本的比例较大，50%～55%。本着不浪费、不追求高价、就地选材、实用有效的原则，做好成本管理，防止盲目选择农资等产品。防止过度施肥、过度打药、过分使用高价农资。

人工成本：人工成本占总成本的 35%～40%，合理使用机械、合理安排工作、及时完成重点工作、合理配备工具、操作流程科学是管理重点。

计件计时工作法：能够计件或计时的工作，尽量采用计件或计时。

果园的固定工人：果园要培养固定工人，形成以固定工人为主、临时工为辅的管理模式。

机械化：水肥一体化、喷药、运输、分选、割草、施肥、授粉等，能够采用机械化操作的尽量机械化。

管理成本：猕猴桃果园正常管理成本大约每亩 8 000 元（肥料成本 2 500～3 000 元，农药成本

600～1 000 元，人工成本 2 000～3 000 元，加上其他管理成本），低成本果园在 3 000～4 000 元。

（三）员工队伍管理

1. 建立专业化队伍

现代果园涉及较多的生产设施设备，机械化、智能化成为主要的生产管理手段，对工人素质的需求越来越高。培养建设一支专业化的技能型队伍，才能够满足生产管理需求。

（1）水电管理：涉及水电安装及维修维护、水肥一体化系统维修维护、管道维修维护、水泵维修维护等多方面。

（2）生产机械管理：涉及打药机械、无人机、运输机械、轨道运输、施肥机械、拖拉机、挖掘机、旋耕机、割草机等多种机械。

（3）冷库管理：涉及冷藏库和气调库的管理。

（4）水肥一体化管理：涉及喷灌、滴灌、配肥、配药等系统管理及配药、配肥等专业工作。

（5）智能化控制系统管理：涉及智能化设备、数据等多方面的管理。

（6）分选线管理：分选设备管理等。

（7）嫁接、修剪专业队伍：猕猴桃果园修剪、嫁接是重要的人工操作工作，需要技术熟练的工人。

2. 建立承包管理体系

按照"大果园小业主"的管理模式，积极探索内部承包管理体系。1 个业主（家庭）管理 1.3～2hm²，每月发放部分生活费，按产量、质量、果园综合评价 3 个部分建立绩效分配机制。充分调动生产管理者积极性，进行精细化管理。

3. 建立绩效考核体系

种植企业、种植基地，应建立符合自身实际情况的绩效考核体系，充分调动员工的积极性。

4. 技术培训

开展技能、管理、文化等多方面培训，培养员工的生产操作技能，提升员工能力。制订培训计划，开展专题培训、委托培训、学习培训、现场培训等多层次多内容培训。在培训同时，开展技能竞赛、考核、晋级晋升、检查、奖励等管理和激励措施，发挥培训作用。

5. 文化认同

企业要建立企业文化，加强思想教育，开展丰富多彩的活动，团结团队，凝聚人心，增进员工的归属感和认可度，使员工自觉为企业发展全身心投入。农业种植基地生产管理差、浪费严重、人浮于事等诸多情况，主要是由于员工缺乏责任心。通过文化建设、培养文化认同，可以有效提高员工责任心。

（四）案例：《园区管理制度》

33.3hm² 以上的果园，应建立园区管理制度，加强园区的规范化管理。以下为某企业的万亩猕猴桃基地制订的《园区管理制度》，供读者参考。

第一章 总 则

第一条 为规范猕猴桃种植园区管理，确保科学、有效提高执行力，保证产品质量，降低施工成本，提高经济效益，建立健全激励和约束机制，根据公司规范管理的需要结合猕猴桃种植的实际特点，制订本管理制度。

第二条　本制度的基本原则是"以经济效益为中心，以技术措施为保障，以质量管理为重点，以成本控制为核心，以园区负责人为责任主体的园区生产管理体系，合理放权，强化责任、执行力和管理水平，加强监督和绩效考核，确保猕猴桃生产技术措施到位、正常生长、按时投产、保证产量和品质、有效控制投资成本，担当责任，分享效益"。

第三条　各园区，在以公司生产技术部确定的猕猴桃生产管理指标为责任目标的前提下，充分发挥园区负责人的积极性、能动性和责任心，尊重技术、协调地方，以技术水平、成本控制水平、地方关系处理水平、农民工管理水平、田间生产管理水平和社会信誉树立企业形象，维护企业利益。

第四条　对园区负责人进行园区猕猴桃年度及中期生产目标责任考核和月度工作任务完成情况、技术落实情况、生产成本控制情况、地方关系协调情况、安全管理情况等考核。公司分阶段兑现园区负责人绩效考核工资，园区负责人竞争上岗、双向选择。

第五条　所有园区均在公司的领导下，并按公司相应管理制度，由园区负责人对园区生产实施全面管理，以园区为单位独立核算，进行过程考核，以期完成生产成本得到控制、技术措施到位、产出到达目标、产品质量优质、园区治安和农民矛盾得到有效控制、安全责任得到强化的管理目标。

第六条　本制度中的园区为公司所有建设、管理的种植园区。

第二章　管理模式

第七条　根据公司实际情况和园区特点，公司对园区实行以下3种管理模式。

1. 内部责任目标考核管理：公司生产技术部确定生产经营指标和考核指标及考核办法，由园区负责人与公司（生产技术部代表公司）签订责任管理协议，全面实施园区管理；由公司生产技术部园区包片技术负责人进行技术培训、督查、检查、验收及考核；由公司财务部进行成本核算及督查；由公司物资管理部门进行生产物资使用发放及管理。根据园区情况，确定2种劳务承包管理模式，一是大片责任管理，由园区主管（每$13.3\sim20hm^2$确定1人）协助园区负责人管理，具体责任为承担分片区的生产管理工作，由园区负责人考察、选定协管人员，报公司审查批准后，由园区负责人与协管人员签订劳务协议。由园区负责人进行工作安排及考核，公司代发放工资，工资计入园区核定的劳务成本。二是小片区承包管理，由农户直接承包管理$1.3\sim2hm^2$，由园区负责人代表公司与承包农户签订经公司批准的承包管理协议，并代表公司对承包农户进行管理。

2. 承包经营：公司建好园区后，直接对外承包经营，由承包者缴纳风险抵押金，向公司交付合格产品，公司以当地市场价格定价结算，公司与承包者进行比例分成。由园区负责人代表公司对承包人按承包协议进行管理。

3. 混合制：以上2种方式均在一个园区发生时，称为混合制。混合制情况下，园区负责人的绩效工资根据实际情况另行制订。

第八条　经营形式　园区负责人与公司签订《园区目标管理责任书》或《园区管理责任协议》。

1. 内部责任管理：生产物资由公司统一采购。农民工工资由公司在核定标准内，根据公司有关规定及实际考核或验收情况，由园区负责人提供考勤表或验收单，由生产技术部统一造表，经财务按审核程序审批后，按月发放。园区负责人的工资及相应待遇，按公司相关规定执行，并建立劳动关系，购买相应社保和医保。协管人员的工资由园区负责人进行考核并确定，经公司审查审核后，由公司代发。小片区承包农户的承包费，经园区负责人对相关工作进行验收后，经公司复核后，按承包协议，由公司进行发放。

2. 承包经营项目：公司采购及供应生产物资，承包人按《园区承包管理合同》的规定按时、足额向公司上交合格的产品。公司结算后，确认承包人付清园区劳务工资后，按确定的上交基数进行上交，不足部分从风险保证金中扣除，多余部分全部给承包人。园区的经营亏损由承包人全额承担。

第九条 管理原则 所有园区由公司生产技术部和财务部代表公司行使具体管理权力，负责对园区进行过程考核，包括月度、季度、年度考核和终期考核，并及时将考核结果上报公司审批和兑现。

第三章 公司、园区（承包人）职责、权限

第十条 公司对园区的管理职责、权限

1. 公司是园区的所有者，对园区负经营和法人责任。

2. 任免园区负责人，订立和解除园区承包等一切涉及园区的协议。

3. 负责园区人、财、物等资源配置，指导和督促园区建立健全各项规章制度。

4. 制订、下达园区管理目标，与园区负责人签订园区目标管理责任书或协议，与承包人或者承包农户签订承包协议。负责对园区进行工作任务下达及安排、技术培训、检查验收、督查、监督、考查、考核或考评。根据园区负责人的业绩，确定薪酬，兑现绩效，作出奖惩决定。

5. 确定包片技术员，承担技术及技术管理工作。

6. 审批园区重大事项及有关方案。

7. 对园区负责人的管理及生产行为有指导、督查、否决、奖罚等权利。

8. 支持及帮助园区负责人协调乡村关系，建立良好的经营环境。

第十一条 园区负责人的管理职责、权限

1. 园区负责人在公司授权范围内，全面履行与公司签订的园区目标管理责任书或协议规定的各项责任和义务，确保各项经营指标的完成。对园区的生产负有全面管理的责任，并承担行政、经济和法律直接责任。

2. 在公司领导下，代表公司全面履行与承包人或承包农户签订的承包合同中的责任、权利和义务，维护公司权益，确保各项指标和生产管理任务的圆满完成。

3. 接受公司的工作安排、任务下达、考核、监督和管理，真实、及时完成园区的各项生产任务，提供真实的有关数据，确保工作质量、安全、进度、成本、资产安全等涉及公司利益的管理任务得以完成。

4. 园区负责人作为园区生产管理、工程质量管理、安全管理、进度管理、合同管理、劳务管理、资产管理、环保管理、务工农民管理、基层矛盾协调等管理工作的第一责任人，全面负责园区的生产组织、实施和管理。

5. 负责农民工管理及费用控制，协助公司办理相关结算。

6. 确定园区片区划分，提出协管人员推荐名单，确立协管人员的职责、职权。按照公司有关管理规定，合理配置和安排农民务工。

7. 根据本管理制度和公司的有关规定，确定协管人员及农民工的劳动报酬，报公司审批。对协管人员及农民工进行处罚、提出奖励方案应报公司审批或在授权范围内进行奖惩。

8. 依据国家政策、法规和公司的有关规定，组织制订并实施各项规章制度。在授权范围内按规定负责园区资产、设备、设施、材料的管理和使用，有关协议及合同的签订。

第十二条 承包人的管理职责、权限

承包人的管理职责、职权按与公司签订的相关协议执行。

第四章 园区工作人员的任免与目标管理责任协议的签订

第十三条 园区负责人的任职条件

1. 具有高中以上文化水平，具备园区生产管理能力，具有 3 年以上的园区管理工作经验。

2. 具备协调基层矛盾的能力和管理农民工的能力。

3. 为人正直，敢于负责，爱岗敬业，吃苦耐劳，维护公司利益和形象。

4. 具备一定的猕猴桃等农作物生产管理知识和经验，具备农业技术的学习和实施能力。

第十四条 园区负责人的确定程序

1. 竞聘上岗或公司生产技术部审核推荐或公司公开招聘。

2. 按程序由公司综合部进行资格及业绩审查。

3. 公司聘任，遇特殊情况，经公司领导班子研究决定后直接择优聘任。

第十五条 协管人员的确定

1. 由园区负责人推荐，经生产技术部进行资格审查和认定后，由园区负责人聘请。

2. 特殊情况下，生产技术部可以直接确定或要求园区负责人解聘。

第十六条 农民工的管理及使用

1. 按公司农民务工管理制度及有关规定执行。

2. 由公司生产技术部确定一些专业小组，工作需要时，进行统一调度，跨园区作业，费用计入各园区。

　　第十七条 解聘

1. 公司生产技术部对不称职的园区负责人提出解聘申请，经公司审批后进行解聘。公司有权对有严重违规行为或严重不称职的园区负责人直接解聘。

2. 园区负责人可以直接解聘协管人员，报公司生产技术部备案。

　　第十八条 目标管理责任协议的签订

1. 所有园区负责人必须与生产技术部签订目标管理责任书或协议。

2. 园区目标管理责任书或协议，需由公司总经理批准。

第五章　管理目标的确定

　　第十九条 园区开发建设规划及技术方案的确定

1. 根据园区的实际情况，确定园区的开发规划方案，包括品种选择、种苗方案、改土方案、棚架方案、道路规划、水利规划、附属设施规划等。

2. 根据品种及立地环境条件，结合园区劳动力情况，确定园区的栽培技术标准。

　　第二十条 猕猴桃生长、病虫害控制、产量及质量指标的确定

1. 猕猴桃生长指标确定：苗木定植成活后第二年上架形成双主蔓树形，第三年试挂果，第四年进入挂果期，第五年进入正常生产期，按照每株（或每亩）不低于××千克的标准设定生产指标。

2. 病虫害控制指标：对猕猴桃主要发生的重大病虫害设定控制指标，包括溃疡病、根腐病、花腐病等。

3. 果品质量指标：主要对果实大小、果实表面性状及形状、果实口感、果实内含物标准、果实安全指标等方面进行设定。

　　第二十一条 园区管理指标的确定　主要针对园区的管理模式、资产管理、安全管理、地方关系维护、农业设施设备管理及维护、防盗等方面进行指标设定。

　　第二十二条 园区投入成本指标的确定　园区的投入成本指标，主要包括园区基础设施（道路、水利、附属设施）成本、改土成本、棚架成本、农业机械及生产工具成本、种苗成本、农民工工资、管理费用、地方关系维护费用等方面。

第六章　园区生产管理

　　第二十三条 园区日常生产管理

1. 优质高效地完成生产技术部每月下达的农事管理事项，包括临时生产任务。

2. 提前计划和安排各事项的时间、人员、材料、器具和现场管理，确保农事作业得到有序、可控的实施，杜绝随意、错误的操作和无监管的作业。

3. 及时、准确记录每天每件农事的真实农民工用工量，杜绝错计、漏计、记录不清和记录不及时，严禁有意多计工和扣留农民工的计工本。

4. 公平公正地安排园区的务工机会，合理控制用工成本，积极主动与农民工多交流多解释，不用人情工，严禁给强制务工的人提供作业条件和计工，并及时对给公司造成重大损失的农民工给予应有的处罚。

5. 充分监管物资、器具的领取、使用和回收，杜绝物资的浪费、丢失和使用不当。

6. 关心团结园区各同事，荣辱与共，共同面对问题和困难。群策群力，积极主动解决影响生产的问题和克服力所能及的困难。积极主动维护公司利益和名誉，协调地方关系并化解地方矛盾。

7. 园区主管作为片区领导和带头人，有权利和责任对园区所有事项、员工进行管理，超出自己权限的事项及时上报并征求公司意见，严禁擅自做主和随意承诺。

第二十四条　安全生产管理

1. 园区必须依照国家有关法律法规、公司相关管理的要求，安全生产，落实各项安全制度和措施，确保园区无重特大安全生产事故。

2. 园区负责人是园区安全生产的第一责任人，应强化安全管理，把安全管理贯穿于生产工作的始终。

3. 发生安全生产事故，园区负责人应按国家有关政策法规及公司的有关规定程序上报，并及时采取有力措施减少损失、防止事态扩大。

第二十五条　生产计划管理

1. 园区生产应按公司计划管理的相关规定执行。

2. 生产技术部根据园区生产经营目标和生产技术管理要求，编制园区年度、季度、月度生产计划。年度生产计划须经总经理批准下达，月度生产计划须经分管副总经理或总农艺师批准后下达。所有计划均须报公司运营管理人员备案，以便公司检查和考核。

3. 园区负责人根据公司生产技术部下达的计划及时、准确地分解、落实工作任务，并按生产技术部要求和公司的有关要求，及时、准确向公司相关部门上报工作进度、质量、安全、成本、财务等方面的数据及情况，按月上报的月度计划完成情况报表，应于当月 28 日前上报，严禁虚报、瞒报、迟报和拒报。对虚报、瞒报、迟报和拒报的园区，将对责任人进行处罚。

4. 公司生产技术部于每月 3 日前将上月计划完成情况报公司主管领导和总经理，财务部于每月 15 日前将园区生产成本情况报分管副总经理和总经理。

5. 因不可抗力因素或公司因素导致不能完成公司下达的生产计划时，园区应向公司申请调整，调整计划经生产技术部审核、公司主管领导批准后下达，年度和季度计划调整，须经总经理批准。

第二十六条　对外承包协议管理

根据公司实际经营情况，部分园区可以对外承包管理。对外承包管理园区，原则上要交纳风险保证金，确定每年上交合格水果的数量、标准及公司结算价格。

对外承包合同，按公司合同审批流程办理。

第二十七条　农户承包协议管理

农户承包管理也是对外承包管理的一种方式，不同处在于小片承包，仅仅进行劳务承包。

农户承包的原则是，承包户要经过考察和资格审查，面积一般为 1～2hm²，每亩的承包费用在指标范围内，公司要进行月度、季度、年度考核，根据考核结果分比例兑现劳务费及奖惩。

农户承包协议，按公司合同审批流程办理。

第二十八条　公司资产、设备及物资的使用及管理

公司设立物资管理部门或专职管理人员，负责公司物资及设备等资产的管理。

园区根据情况，设立专职或兼职物资管理员，由公司物资管理部门直接管理。

物资管理按照公司物资管理制度执行。

第二十九条　园区生产现场管理

园区主管或者园区协管员是园区现场管理的第一责任人，负责现场的生产调度、生产安排、生产秩序维护、生产安全管理、农民工考勤、生产日志填写等。

以提高工作效率、合理分工、把控操作质量、安全为主要目标和工作职责，把技术与生产相结合，落实技术标准及措施。

第三十条　园区生产成本管理

园区生产成本是园区管理的核心内容，也是考核园区负责人的主要指标。

园区生产成本可以分月度、季度、年度或者2～3年期下达确定。

园区生产成本中设施、设备、工具、园区基础设施建设方面由公司进行控制；涉及招标、采购、工程等事项，按公司制度流程办理；涉及技术事项，由生产技术部提出，经总农艺师审定；重大技术事项，须经专家讨论确定。

农民工工资成本由生产技术部提出，经公司讨论批准后，下达执行和考核。具体由园区负责人进行控制，并对园区负责人进行考核和奖惩。原则上农民工工资节约部分，可以奖励园区负责人10％～15％，超过部分，园区负责人自己承担。

第七章　园区技术员的委派及工作职责

第三十一条　园区技术员的委派

园区技术员隶属生产技术部，分片包干负责，履行技术员职责。

园区技术员由生产技术部委派，综合部备案。

所有技术员，由公司统一招聘。

第三十二条　园区技术员的工作职责

1. 技术培训：对自己分管范围内的农民工或农户进行技术培训，教会农民工技术。对每道工序进行操作前培训（含现场培训），统一操作标准，督促农民工按技术标准操作。

2. 技术落实情况监督：根据技术标准和措施，对农事操作过程进行检查，监督技术措施是否落实到位。

3. 工作计划完成情况监督：对生产技术部下达的工作计划进行督查，监督园区负责人按计划分解、安排工作任务，并及时完成工作计划任务，对出现计划偏差或因特殊原因不能完成计划或调整计划的情况，及时上报生产技术部，进行调整。

4. 考核：根据生产技术部和公司的考核办法，对所分管园区进行考核。

5. 质量管理：包括工作质量管理和产品质量管理，按照公司及生产技术部的要求进行管理。

6. 资料管理：负责分管园区技术资料、田间日记的记录及管理，及时上交各种资料。

7. 问题的发现及处理：发现问题，及时督促园区负责人进行处理或上报处理。属于技术问题的，能解决，自己及时解决，不能解决，及时上报处理。

8. 提出对园区负责人的奖惩建议：根据公司的相关规定，提出对园区负责人的奖惩建议或方案。

第八章　薪酬及奖励标准

第三十三条　园区负责人的薪酬及奖励标准

1. 园区负责人的薪酬由基本工资、月度考核工资、年度考核工资和效益提成组成。

2. 基本工资××元/月，月度考核工资××元/月，年度考核工资××元/亩。

3. 效益提成：超指标部分，××元/kg。

4. 成本控制奖励：节约部分的 20％（农户小面积承包无该项奖励）。

5. 福利待遇：通信费××元/月，生活补贴××元/月，摩托车油费××元/月。

第三十四条　园区协管员的薪酬及奖励标准

1. 园区协管员的薪酬由基本工资、月度考核工资、年度考核工资和效益提成组成。

2. 基本工资××元/月，月度考核工资××元/月，年度考核工资××元/亩。

3. 效益提成：超指标部分，××元/kg。

4. 福利待遇：通信费××元/月，摩托车油费××元/月。

第三十五条　月度考核实施办法

1. 月度考核办法由公司生产技术部制订，报审批后执行。

2. 重点考核月度计划完成情况、技术落实情况、管理情况、成本控制情况等。

3. 月度考核结果与月度考核工资挂钩。

4. 月度考核由生产技术部执行，分管副总经理核准，报综合部存档。若月度考核存在偏差，员工可以向分管副总经理申请复核，分管副总经理可以调整考核结果。公司对考核结果有检查权利，如果发现考核结果有偏差，公司可以责令分管副总经理进行调整。

第三十六条　年度考核实施办法

1. 年度考核办法由公司生产技术部制订，报审批后执行。

2. 重点考核绩效完成情况，主要考核经济和技术指标、管理情况、成本控制情况等。

3. 年度考核结果与年度考核工资挂钩，并与奖惩挂钩，兑现年度奖惩。

4. 年度考核由生产技术部牵头，公司财务部、综合部参与，组成考核组进行考核，考核结果经分管副总经理审核后，经公司经营班子会议讨论、审议、确认，并报集团分管副总裁批准。

第三十七条　效益提成实施办法

1. 由公司生产技术部制订，报经营班子讨论后，报集团分管副总裁审核，报集团董事长批准后执行。

2. 根据年度财务决算数据，确定效益奖励标准，报集团分管副总裁审核，报集团董事长审批后兑现。

第三十八条　成本节约奖励实施办法

1. 由公司生产技术部制订，报经营班子讨论后，报集团分管副总裁审核，报集团董事长批准后执行。

2. 根据年度财务决算数据，确定奖励标准，报集团分管副总裁审核，报集团董事长审批后兑现。

第九章　处　罚

第三十九条　处罚

1. 对不能履行职责、不执行公司制度和因管理失误造成重大经济损失的园区负责人和其他责任人，公司按本办法的规定和公司的有关制度，视其情节轻重程度，分清责任后给予处分。

2. 对月度考核不合格的园区负责人，公司责令限期整改并给予通报批评，情节严重的，按公司有关规定，追究园区负责人的责任。

3. 对有以权谋私等违规、违法行为的，情节较轻者，处以××元罚款并解聘等处罚；情节严重者，除解聘外，还将依法追究法律责任。

4. 对于不积极配合或提供虚假信息和数据、不执行公司有关管理办法和规章制度的个人，在考评中将给予扣分处罚，并给予××元的罚款，情节严重的，追究经济或行政责任。

第十二章　附　则

第四十条　本办法由公司生产技术部负责解释。

第四十一条　如遇集团或公司出台新的文件和有关政策，公司将及时制订、补充及完善。

第四十二条　本办法从××年××月××日起施行。

第四节　增加猕猴桃经济效益的主要途径

一、提高果品商品性

果品供应充足、市场饱和是目前我国水果生产的现状。人们的消费理念也发生了变化，追求质量成为消费者的主要选项。低品质水果与高品质水果价格相差较大，例如，猕猴桃三级果与一级果销售价格相差4倍以上。提高果品品质是提高销售价格、增加经济收入最主要的途径之一。

（一）重视外观质量

猕猴桃色泽、伤（疤）痕、果形、大小等影响消费者的选择。例如，翠玉猕猴桃生产性状、果实风味均表现较好，但因为果形问题，市场表现始终不好。解决外观质量的主要技术和方法为通过疏果，去掉畸形果、小果、病虫害果；加强营养调控，使果实大小适中；通过套袋保持外观色泽一致；注意防风、防日灼、防冰雹，减少果面疤痕；利用技术防治病虫害，减少病虫害危害。

（二）提高风味

生产糖酸比合适、甜度高、芳香味浓的果品，需要从品种选择、生产环境选择和栽培技术3个方面来提高果实风味。

（三）预防果实病虫害

有些猕猴桃被消费者购买后，会出现气胀、腐烂等情况，导致无法食用。生产上要注意果实病虫害预防，采后注意果品杀菌消毒等。

（四）开发即食猕猴桃

由于猕猴桃存在后熟问题，消费者购买后不能马上食用，需要后熟处理，带来消费不方便、体验感差的问题。通过即食猕猴桃的开发，消费者购买后马上可以食用，且能够保存1周以上，消费者购买意愿得到提高。国内即食猕猴桃的研究火热，取得了不少成果和进展，技术日趋成熟，研发的设备逐步投入生产，这些将会给猕猴桃的消费带来一场新的革命。

二、发展错季早熟生产

云南发展猕猴桃，具有早熟错季节上市优势，应充分利用云南气候优势，发展早熟猕猴桃。在滇东南等亚热带地区，猕猴桃3月10日前后开花，7月底至8月初上市，与四川、陕西等主产区比较，可提早30d上市，基地收购价格高于其他地区50%以上。

云南适合发展早熟猕猴桃的县（市、区）主要包括东川、丘北、砚山、西畴、文山、马关、屏边、石屏、建水、新平、峨山、江川、牟定、腾冲、陇川、永善。

三、多元化销售

发展多元化销售，是提高果园综合销售价格的重要途径。主要包括以下几种销售模式。

（1）电商销售：电商为云南猕猴桃的重要销售途径，价格稳定在每千克 20.0 元以上，比产地批发价格增加 5.0 元以上。在一些果园中，电商销售占比高于 30%。

（2）与商超直接对接：直接对接商超，销售价格可以提高 30% 以上。云南某企业直接对接上海商超，每千克价格由产地销售的 18 元提高到 23 元，提高了 5 元。

（3）产地零售：产地零售的信誉度好，销售价格高，是产地批发价格的 2 倍以上。虽然销售数量有限，但能够扩大宣传，提高果品的综合销售价格。

（4）采摘销售：具备采摘销售条件的果园，可以适当发展采摘销售。采摘销售做得好的基地，采摘量能够达到 30%，采摘价格也是产地批发价格的 2 倍以上。

（5）众筹、认养销售：作为新型销售模式，众筹、认养销售具有一定的发展前景。

四、一二三产业融合发展

具备条件的果园，可拓展科普、研学、采摘、体验等休闲农业项目，丰富第三产业项目，增加果园综合收入；发展种养结合，发展循环农业生产模式；制作猕猴桃果脯、果干、冻干食品、果酒等，充分开发利用残次果、畸形果的价值。

五、创品牌

龙头企业、规模以上企业应积极创品牌。云南"滇猴王"牌猕猴桃，经过 10 年的培育，在猕猴桃市场占有一席之地，销售价格高于云南其他生产商，且能够收到预付货款，走出了良性发展之路。

第五章 云南猕猴桃科学研究情况

第一节 概 述

猕猴桃原产于中国且种植历史悠久，已种植了1 300多年，加上种类较丰富、品种较齐全，中国已成为世界猕猴桃种植面积和产量第一大国。云南猕猴桃发展较晚，发展慢，近10年来，在脱贫攻坚政策的推动下，云南猕猴桃产业得到快速发展。云南主要栽培的品种有红阳、东红、金艳、贵长等。云南猕猴桃的种植区域主要集中在红河、文山、曲靖和昭通，种植面积在333hm²以上的重点县（市、区）有屏边、石屏、永善、绥江、威信、西畴等。

早在1987—1989年，云南省农业科学院园艺作物研究所、中国农业科学院郑州果树研究所就开始合作，对云南猕猴桃野生资源进行调查，此后云南科研工作者持续不断地开展对野生猕猴桃资源的调查利用研究。近10年来，云南猕猴桃产业发展较为迅速，随着猕猴桃产业的快速发展，云南猕猴桃科研力量开始围绕猕猴桃产业链布局创新链，开展品种引进及选育、绿色高效栽培技术创新集成示范推广、深加工等方面研究，取得了一系列成果，支撑了高原猕猴桃产业发展。

一、云南猕猴桃研究主要进展

第一，完成了野生猕猴桃资源调查，摸清了云南野生猕猴桃资源情况，全省共有45个种或变种。云南省农业科学院园艺作物研究所、昭通市农业科学院建设了猕猴桃品种资源保存圃（点）。

第二，选育鉴定登记了一批猕猴桃新品种。云南省农业科学院园艺作物研究所选育了云猕1号，云南农业大学选育了寻猕196，曲靖市选育了会泽8号（未登记），云南省农业科学院园艺作物研究所和师宗县邓猕高原特色生物科技有限公司登记了师宗1号（分别获省认定登记、国家登记），昭通市农业科学院和威信家银种植专业合作社鉴定登记了恩宏1~5号，西南林业大学登记、宣威市经济作物技术推广站和云南省农业科学院热区生态农业研究所等单位鉴定登记了宣猕1号。

第三，引进了一批优良品种。云南省农业科学院园艺作物研究所、西南林业大学与屏边县、石屏县、西畴县、麒麟区、新平县等地的政府和企业引进了近50个国内优良品种，进行试验和发展。其中，红阳种植面积最大，其次为东红、金艳、16A、翠玉、贵长、徐香、翠香、中猕2号等。楚雄绿巨人生物科技有限公司引进的中猕2号被云南省林木种苗工作总站认定为引进的猕猴桃优良品种。

第四，建立了一批试验示范基地。以文山浩弘农业开发有限公司为主，争取到了云南省财政厅和农业农村厅在西畴县猕猴桃现代农业园区创建项目上的支持，建设成了省级猕猴桃示范园区。其他猕猴桃产区均建设有一定规模和标准的猕猴桃示范园区，有力促进了云南猕猴桃产业发展。

第五，创新集成推广了一批新技术。云南猕猴桃绿色高效栽培技术、云南猕猴桃提质增效技术、云南猕猴桃促花壮果技术、云南猕猴桃避雨栽培技术等新的技术体系促进了云南猕猴桃产业发展。其中，昭通市农业科学院研究集成的"猕猴桃绿色高质高效栽培技术"获云南省主推技术。一些新技术在云南推广应用，如太阳能杀虫灯防虫技术、果园生草技术、自制有机肥技术、大棚架技术、水肥一体化技术、管道打药技术、机械授粉技术、粮经协同栽培技术、冷藏保鲜技术、果实套袋技术、溃疡病"二前四后"防控技术等。

第六，开展了"三品一标"建设。种植面积较大的企业开展了有机食品和绿色食品认证、商标注册等。西畴猕猴桃获国家知识产权局地理标志证明商标。"浩弘猕""滇猴王"成为云南猕猴桃代表性商标。

第七，争取和承担了一批科研项目。云南猕猴桃科研单位承担了国家级项目及云南省的各类科技项目，推动了云南猕猴桃科研工作，取得了一批科技成果。近5年来，云南省科技厅加大了猕猴桃科技创新支持力度，在重大专项、专家工作站、引智成果示范推广、乡村振兴项目等方面对猕猴桃产业进行立项支持。

第八，取得了一批重要科技成果。云南猕猴桃科研单位在科技论文、专著、专利、标准等方面，均取得了成果。

二、存在的不足

云南猕猴桃科研工作虽然取得了进展和不少成绩，但整体上研究时间短，研究工作不持续，人才队伍缺乏，常以其他果树经验套用在猕猴桃生产上，导致全省猕猴桃产业发展科技支撑力量薄弱。许多种植户长期依赖外来技术和力量，与云南的实际结合不紧密、效益不理想，甚至种植失败。纵观国际和国内猕猴桃产业技术发展，品种上，从以绿肉为主导，到黄肉、红肉品种不断推陈出新，使得猕猴桃品种更趋多样化；栽培上，绿色、有机猕猴桃成为趋势；与其他果品相似，借助于现代物流系统，即售即食已经是新西兰等猕猴桃发达国家的消费主流，克服了猕猴桃可食性上的障碍。云南猕猴桃栽培最初借鉴的是四川的发展经验，但两省地域不同、气候差异较大，实践证明，完全照搬外省技术行不通，必须研究适合云南各区域特点的生产技术体系，通过科技创新，破解产业关键技术难题，推动云南猕猴桃产业可持续健康发展。云南猕猴桃产业发展与外省相比较，呈现出的主要差距和不足有以下几点。

（一）盲目种植，规划不合理

一是缺乏前期科学系统论证。全省范围内，不管是普通种植户，还是企业，都存在着建园时缺乏充分论证的问题。在眼前经济利益驱动下，不经科学论证，随便考察、了解一点，就马上引种种植，给种植带来各种风险，难以保证经济效益。二是品种选择上缺乏科学合理性。云南各地区大面积栽培的猕猴桃品种主要为红阳、东红、贵长等，品种比较单一，没有根据各地区的特点来选择适宜的品种，无法充分发挥各地区的种植和竞争优势。三是对自然灾害的评估不足。猕猴桃园区受自然灾害影响严重，其中主要体现在干旱、风害、冰雹、水淹等方面。云南普遍存在春冬干旱的气候特点，然而很多猕猴桃园区内水源缺乏，靠天吃饭，遇严重干旱年份，轻则结果少、畸形果多，重则毁园。风害亦是不容忽视，然而云南的猕猴桃园普遍缺乏防风措施，直接导致猕猴桃果实风斑累累，严重影响了猕猴桃果实的商品性。四是一味追求面积，基础设施投入少。大多数种植户或企业本身资金不够雄厚，又一味追求大面积种植，忽视标准建园的重要性。园区普遍存在道路不便、灌溉设施缺乏、水肥一体化设施缺乏、林下生草缺乏、棚架质量差等问题，造成园区管理难度加大，不仅浪费较多人力、物力和财力，无法体现应有的种植经济效益，甚至还会打击种植的积极性。

（二）普遍无技术支撑

猕猴桃种植除前期的充分论证外，在建园和管理上都需要很高的技术。大部分果农缺乏相关的种植技术，过分依赖外地专家技术指导，实际生产过程中遇到问题得不到及时有效解决。

（三）区域化适生品种短缺

云南各地有不少地方品种和野生猕猴桃种质资源，但这些种质资源未得到较好的收集、保护以及改良应用，全省自主研发培育的优良品种少且推广种植面积极小，猕猴桃种源主要依赖省外或国外品种，无法满足云南复杂气候环境的要求。

（四）各地无优良苗圃

云南各地缺乏建猕猴桃优良苗圃意识，基本通过外购苗木，包括扦插苗、嫁接苗、组培苗等，苗木质量参差不齐，严重影响种植户的收益。外购苗木还极易造成病虫害的蔓延，为猕猴桃产业埋下隐患，如猕猴桃溃疡病是造成我国猕猴桃产区毁园的重要原因，该病的发生与苗木是否携带溃疡病菌有很大关系。

（五）产业技术服务体系弱化、缺失

云南猕猴桃产业发展已有 20 余年，然而产前、产中、产后服务体系并不完善。产前科研支撑力量不足，缺乏专业技术培训与咨询服务；产中无标准化种植技术规程和专家的指导以及其他种植相关的配套服务；产后无较好的销售服务，深加工研究和配套服务滞后；没有形成各区域内和全省范围内完善的服务体系，现有种植户分散经营，难以形成品牌优势，经济效益较低。

第二节　主要科研力量

一、省级科研单位

1. 西南林业大学

西南林业大学林学院有从事猕猴桃研究的科研团队，以遗传育种和森林培育方向的教授和研究生为科研力量，主要从事基础、应用基础和加工方面研究，兼顾引种试验、育种等方面研究。该校与企业合作建立了猕猴桃种植基地 $67hm^2$ 以上，被云南省科技厅评为"省级农业科技示范园"；已收集了国内外猕猴桃种质资源 100 余份；在云南、贵州、重庆推广种植 $2\,000hm^2$ 以上，累计产生经济价值 3 亿多元；掌握了软枣猕猴桃雌、雄株苗期鉴定技术；掌握了中华猕猴桃组培技术和猕猴桃多倍体诱导与鉴定技术；建立了猕猴桃 AFLP 分析体系及外源基因转化体系；取得了申报猕猴桃相关发明专利，发表猕猴桃相关论文，登记猕猴桃新品种等科技成果（表 5-1、表 5-2、表 5-3）。该校是云南最早开展猕猴桃组织培养、转录组分析等基础研究的研究单位，在利用酵母菌生产猕猴桃果酒技术上处于世界先进、全国领先水平。

表 5-1　西南林业大学猕猴桃研究团队主要承担/参与的项目情况

项目名称	项目下达单位	项目主要内容	项目财政经费	时间
猕猴桃新品种及分子育种研究技术引进	国家林业局	从新西兰引种 5 个品种,示范种植 50 亩	55 万元	2013—2016 年
新西兰猕猴桃新品种引进与示范种植	科学技术部	示范种植 100 亩		2013 年
中华猕猴桃多倍体诱导及鉴定	云南省教育厅	多倍体诱导及鉴定	1 万元	2014—2015 年
EMS 诱导中华猕猴桃"红阳"突变及鉴定	云南省高校林木遗传改良与繁育重点实验室开放课题	突变诱导及鉴定	3 万元	2016 年
中华猕猴桃新种质资源的培育与利用	云南省外国专家局	新种质资源的培育与利用	3 万元	2018 年
可变剪接 TPS1 基因在中华猕猴桃干旱胁迫应答中的功能	云南省科学技术厅	TPS1 基因分析	50 万元(自筹 40 万元)	2023—2025 年

表 5-2　西南林业大学猕猴桃研究团队已申报的发明专利

序号	专利信息
1	Southwest Forestry University. Method for cultivating salt-tolerant plants of Xuxiang kiwifruits：ZA202301472 [P]. 2023-04-26.
2	Southwest Forestry University. Induction method for drought-resistant *Actinidia chinensis* germplasm：ZA202208205 [P]. 2022-10-26.
3	西南林业大学. 黄肉猕猴桃耐寒基因及其运用：201910669692.1 [P]. 2019-11-08.
4	西南林业大学. 徐香猕猴桃组培苗耐盐突变体的诱导方法：201910566729.8 [P]. 2019-08-16.
5	西南林业大学. 早期鉴定"Hort16A"猕猴桃开放性授粉后代性别的方法：201610479418.4 [P]. 2019-06-14.
6	西南林业大学. 一种抗旱中华猕猴桃种质的诱导方法：201810683166.6 [P]. 2018-12-14.
7	西南林业大学. 筛选中华猕猴桃"Hort16A"后代优良品系多倍体植株的方法：201610579726.4 [P]. 2016-12-07.
8	西南林业大学. 一种中华猕猴桃的组培快繁方法：201310520758.3 [P]. 2015-12-02.
9	西南林业大学. 用 EMS 诱导"Hort16A"后代优株变异及 AFLP 检测方法：201510414299.X [P]. 2017-05-10.
10	西南林业大学. 中华猕猴桃 Hort16A 后代优良品系组培苗多倍体诱导方法：201510040096.9 [P]. 2015-05-13.

表 5-3　西南林业大学猕猴桃研究团队发表的猕猴桃相关论文

序号	论文信息
1	Wu J, Wei Z, Zhao W, et al. Transcriptome analysis of the salt-treated *Actinidia deliciosa* (A. Chev.) C. F. Liang and A. R. Ferguson Plantlets [J]. Current Issues in Molecular Biology, 2023, 45 (5)：3772-3786.
2	杜朝金, 李贻沛, 尹拓, 等. 低温胁迫下四倍体黄肉中华猕猴桃转录组分析 [J]. 植物遗传资源学报, 2023, 24 (1)：296-306.
3	Zhang Z, Gao Y, Zhao W, et al. Analysis of fungal dynamic changes in the natural fermentation broth of 'Hongyang' kiwifruit [J]. PeerJ, 2022, 10 (4)：e13286.

（续）

序号	论文信息
4	Li Y，Zhang Z，Liu X，et al. Transcriptome analysis of low－temperature－treated tetraploid yellow *Actinidia chinensis* Planch. Tissue Culture Plantlets［J］. Life 2022，12（10）：1573.
5	ZHANG X，WEI Z，ZHANG H，et al. Induction of polyploid plants of *Actinidia chinensis* leads to drought－tolerance increasing［C］. ICITBE 2022.
6	奚登贤，魏卓，张汉尧．中华猕猴桃多倍体诱导及其抗旱筛选［J］. 现代农业科技，2022（11）：33－37.
7	杨娜，叶琴霞，魏卓，等．EMS 诱导红阳猕猴桃耐寒突变体的筛选及转录组分析［J］. 广西植物，2022，43（9）：1700－1709.
8	陈德秀，王连春，普应斌，等．有机肥和生物炭施用对猕猴桃果实品质的影响［J］. 北方园艺，2022（2）：18－26.
9	王素杰，杨彦萍，师万源，等．中华猕猴桃 *AcNOD* 基因的生物信息学分析［J］. 分子植物育种，2024，22（12）：3864－3870.
10	邓茹友，杨彦萍，张先昂，等．中华猕猴桃 *DLD2* 基因的生物信息学分析［J］. 分子植物育种，2023，21（19）：6308－6314.
11	师万源，徐红达，魏卓，等．"徐香"猕猴桃叶片诱导成苗扩繁技术［J］. 北方园艺，2021（24）：16－22.
12	姜存良，吴勇，邓浪，等．云南猕猴桃资源的收集及表型多样性分析［J］. 西南林业大学学报（自然科学版）.2021，41（2）：38－45.
13	贺占雪，姜存良，李欣，等．大理州"红阳"猕猴桃真菌性枝干的发生与病原鉴定［J］. 北方园艺，2021（4）：25－33.
14	李欣，邓浪，苏效兰，等．黄金猕猴桃 BELL 家族基因的克隆与表达分析［J］. 分子植物育种，2021：1－18.
15	包昌艳，赵晋，贺占雪，等．不同种类生物菌肥及用量对猕猴桃果实品质的影响［J］. 中国土壤与肥料，2021（2）：262－269.
16	杨彦萍，邓茹友，魏卓，等．中华猕猴桃蛋白磷酸酶 PP2C75 基因的生物信息学分析［J］. 分子植物育种，2022，20（4）：1119－1126.
17	姜存良，贾雯雯，李丹，等．猕猴桃品种"Hort 16A"实生苗果实表型变异研究［J］. 北方园艺，2020（13）：25－32.
18	李凯峰，姜存良，包昌艳，等．生物菌肥对猕猴桃生长和生理特性的影响［J］. 中国果树，2020（3）：72－75.
19	Li S，Liu X，Liu H et al. Induction，identification and genetics analysis of tetraploid *Actinidia chinensis*［J］. Royal Society Open Science，2019，6（11）：191052.
20	张先昂，贺笑，刘小珍，等．"Hort16A"猕猴桃自由授粉后代 AFLP 分析［J］. 分子植物育种，2018，16（11）：3615－3621.
21	张龄元，邓浪，刘惠民，等．6 个猕猴桃品种在云南的引种表现［J］. 现代园艺，2018（9）：32－35.
22	邓浪，包昌艳，周军，等．一种快速提取猕猴桃 RNA 的新方法［J］. 分子植物育种，2018，16（10）：3234－3239.
23	包昌艳，邓浪，周军，等．猕猴桃 WRKY 转录因子家族全基因组鉴定与分析［J］. 分子植物育种，2018，16（14）：4473－4488.
24	邓浪，沈兵琪，王连春，等．"红阳"猕猴桃全基因组 AP2/EREBP 转录因子生物信息学分析［J］. 果树学报，2017，34（7）：790－805.
25	张太奎，郭腾，刘峥，等．国外引进品种'Hort16A'猕猴桃离体再生体系建立［J］. 西南林业大学学报，2017，37（1）：54－60.
26	Liu X，Lv T，Liu H et al. A molecular marker linked to the male gender of *Actinidia arguta* Siebold & Zucci［J］. Indian Journal of Genetics and Plant Breeding，2016，76（1）：116－118.

（续）

序号	论文信息
27	吴亚楠，刘月，刘婷，等．硼和锌对猕猴桃产量与品质的影响［J］．北方园艺，2016（17）：22－26.
28	张太奎，纵丹，朱芳明，等．果树果实保鲜力强弱标记基因 *ACO*［J］．云南农业大学学报（自然科学版），2015，30（2）：245－251.
29	Zhang H，Liu H，Liu X. Production of transgenic kiwifruit plants harboring the *SbtCry1Ac* gene ［J］. Genetics and Molecular Research，2015，14（3）：8483－8489.
30	张太奎，刘小珍，张汉尧．经济林木 ACC 氧化酶基因（*ACO*）生物信息学分析［C］．长沙：中国林学会林木遗传育种分会第七届全国林木遗传育种学术大会，2013.
31	于瑶，刘小珍，刘惠民，等．云南野生中华猕猴桃 *PGIP* 基因的克隆与分析［J］．经济林研究，2013，31（4）：73－77.
32	刘峥，张太奎，张汉尧．猕猴桃组织培养研究现状与展望，福建林业科技，2013，40（4）：231－235，242.
33	张汉尧，于瑶，刘惠民．云南野生中华猕猴桃 *GaILDH* 基因的克隆与分析［C］．临安：中国林学会经济林分会 2012 年学术年会，2012.

2. 云南农业大学

云南农业大学为云南较早进行猕猴桃研究的科研单位，在昆明寻甸建设有猕猴桃科研基地，开展猕猴桃试验示范，并选育出新品种寻猕 196。近年来，随着猕猴桃产业快速发展，云南农业大学利用本地野生猕猴桃种子培育砧木苗进行嫁接技术研究，并在全省推广。该校已建有大河桥现代农业教育科研基地，培育云南特有野生猕猴桃种质资源。该校在猕猴桃种子萌发及离体快繁技术、野生中华猕猴桃果实品质和猕猴桃细菌性溃疡病病原菌鉴定方面发表了相关论文（表 5－4）。

表 5－4　云南农业大学发表的猕猴桃相关论文

序号	论文信息
1	龙云树，杨荣萍，张应华，等．野生中华猕猴桃种子萌发的最佳条件［J］．贵州农业科学，2020，48（9）：93－96.
2	龙云树，吴兴恩，黄守强，等．不同地方野生中华猕猴桃果实品质分析［J］．现代农业科技，2020（5）：208－209，213.
3	屈德洪，吴景芝，吴兴恩，等．野生软枣猕猴桃种子萌发及离体快繁技术研究［J］．西部林业科学，2017，46（6）：56－60.
4	王星，杨俊，汪娅婷，等．云南猕猴桃细菌性溃疡病病原菌鉴定［J］．植物检疫，2019，33（1）：31－34.
5	马玉杰，陈伟，王仕玉，等．云南省 5 种野生猕猴桃的果实种子形态和营养成分分析［J］．江苏农业科学，2019，47（12）：193－196.

3. 红河学院

红河学院与云南省农业科学院热区生态农业研究所猕猴桃科研团队合作，利用红河、文山为早熟红心猕猴桃主产区的优势，开展品种引进筛选试验、砧木筛选、猕猴桃营养研究、避雨栽培研究、绿色生产关键技术研究等。已在《云南农业科技》和《中国南方果树》等期刊上发表相关论文（表 5－5），参与云南省热带作物学会团体标准的起草，获得发明专利、实用新型专利和计算机软件著作权多个。

表 5 - 5 红河学院发表的猕猴桃相关论文

序号	论文信息
1	杨永超, 李杰, 付鸿博, 等. 滇南地区红肉猕猴桃周年管理历 [J]. 云南农业科技, 2023 (2): 16 - 17, 20.
2	杨永超, 农全东, 李玉祥, 等. 4 个猕猴桃品种在云南省石漠化地区的引种表现 [J]. 中国南方果树, 2022, 51 (1): 130 - 134.

4. 云南省农业科学院园艺作物研究所

云南省农业科学院园艺作物研究所始建于 1978 年, 建有国家果树种质云南特有果树及砧木资源圃、国家蔬菜改良中心云南分中心、云南省蔬菜种质创新与配套产业技术工程研究中心等一批国家与省级研究平台。该研究所为云南猕猴桃重点研究单位, 长期从事猕猴桃研究, 系统开展了猕猴桃野生资源调查、评价及利用, 建立了猕猴桃野生资源保存圃, 首先开展了猕猴桃栽培试验示范, 引进了新西兰技术和品种, 为云南猕猴桃产业发展和后续研究奠定了基础, 培养了一批猕猴桃科研人才。该所承担了国家和省级多个科研项目 (表 5 - 6), 登记 (认定) 了 2 个新品种, 发表论文近 20 篇 (表 5 - 7), 制定标准 (表 5 - 8)、获得专利授权多个。

该所选育的猕猴桃新品种有: 师宗 1 号美味猕猴桃优良无性系 [云南省林木品种审定委员会 (2019) 第 53 号]、黄肉型猕猴桃 "金新" [云南省林木品种审定委员会 (2015) 第 20 号]。

表 5 - 6 云南省农业科学院园艺作物研究所主持的猕猴桃相关科研项目

项目名称	时间	项目下达单位
云南猕猴桃属种质资源遗传多样性研究	2020—2023 年	国家自然科学基金地区科学基金项目
新西兰猕猴桃新品种引进与示范	2011—2015 年	云南省科学技术厅
黄肉型猕猴桃新品种及关键栽培技术的引进	2011 年	云南省外国专家局
外销型猕猴桃新品种及标准化技术引进	2011 年	云南省外国专家局

表 5 - 7 云南省农业科学院园艺作物研究所发表的猕猴桃相关论文

序号	论文信息
1	王连润, 万红, 陶磅, 等. 基于 SSR 的云南野生猕猴桃种质资源亲缘关系分析 [J]. 中国农学通报, 2024, 40 (4): 1 - 5.
2	梁艳萍, 丁仁展, 杨书宇, 等. 28 个云南野生中华猕猴桃单株果实品质分析及综合评价 [J]. 中国南方果树, 2023, 52 (3): 116 - 121.
3	王连润, 陶磅, 万红, 等. 云南 4 种野生猕猴桃基因组大小测定与比较 [J]. 中国南方果树, 2022, 51 (4): 100 - 103.
4	王连润, 万红, 陶磅, 等. 云南野生猕猴桃资源果实性状的多元统计分析 [J]. 果树学报, 2022, 39 (11): 2019 - 2027.
5	王连润, 万红, 陶磅, 等. 云南野生猕猴桃资源调查及遗传多样性研究 [J]. 植物遗传资源学报, 2022, 23 (6): 1670 - 1681.
6	王连润, 陶磅, 陈霞, 等. 野生猕猴桃优异资源果实形态及营养成分分析 [J]. 西南农业学报, 2021, 34 (7): 1515 - 1520.
7	王连润, 万红, 陶磅, 等. 4 个野生猕猴桃优良单株果实矿质元素含量分析 [J]. 中国农学通报, 2021, 37 (3): 112 - 115.
8	丁仁展, 李坤明, 苏俊, 等. 基于知识图谱的中外猕猴桃研究特征与演进比较 [J]. 中国果树, 2021 (12): 27 - 34.
9	王连润, 杨国华, 潘德明, 等. 猕猴桃新品种 "云猕 1 号" 的选育 [J]. 中国南方果树, 2019, 48 (1): 117 - 118.

（续）

序号	论文信息
10	李林，李庆红，苏俊，等．"红阳"猕猴桃在云南的引种表现及栽培技术［J］.中国南方果树，2017，46（1）：123－126、129.
11	陈霞，李林，苏俊，等．新西兰猕猴桃"伞"形棚架建设图解［J］.北方园艺，2014（19）：218－220.
12	李林，苏俊，陈霞，等．新西兰黄肉猕猴桃"Kiwikiss"在云南的引种表现及栽培技术［J］.中国南方果树，2014，43（6）：129－131.
13	李坤明，胡忠荣，陈伟．昭通地区野生猕猴桃资源及其利用评价［J］.中国野生植物资源，2006（2）：39－41.
14	胡忠荣，袁媛，易芍文．云南野生猕猴桃资源及分布概况［J］.西南农业学报，2003（4）：47－52.
15	杨国华．云南省猕猴桃属植物种、变种、变型的分布［C］//中国园艺学会．中国园艺学会第九届学术年会论文集．中国园艺学会第九届学术年会论文集，2001：103－106.
16	杨国华，袁朝辉，张颢．云南适栽的四个猕猴桃优良品种（株系）［J］.云南农业科技，1991（1）：25－27.
17	李坤明，邓玉强，陈伟，等．"师宗1号美味猕猴桃优良无性系"新品种的选育［J］.中国果树，2020（5）：103－104.

表5-8 云南省农业科学院园艺作物研究所发布的标准或专利

序号	标准/专利名称	标准号/专利号
1	猕猴桃种质资源描述符规范	NY/T－2933—2016
2	西畴猕猴桃山地建园技术规程	T/YGIIA 010—2023
3	西畴猕猴桃绿色生产技术规程	T/YGIIA 011—2023
4	猕猴桃种植技术规程	Q/2022－8
5	一种毛枝京梨的组培增殖方法	CN 113545293 B
6	一种猕猴桃修剪工具便携装置	CN 218072559 U

5.云南省农业科学院热区生态农业研究所

2017年，云南省农业科学院热区生态农业研究所陈大明组建猕猴桃科技创新团队，开始从事猕猴桃科技创新工作，省内联合西南林业大学、云南省农业科学院园艺作物研究所、红河学院、昭通市农业科学院；省外联合陕西省农村科技开发中心雷玉山团队、贵州大学龙友华团队、广西壮族自治区中国科学院广西植物研究所李洁维团队组成云南猕猴桃联合科研团队，建有"云南省雷玉山专家工作站"。主要围绕猕猴桃产业链布置创新链，开展猕猴桃产业发展关键技术研究，是云南猕猴桃产业发展技术创新方面的主要团队。团队主持了省级及地方多个科研项目（表5-9），开展了全省猕猴桃产业调研，编写了《云南猕猴桃产业发展调研报告》，发表论文10余篇（表5-10），参与编写专著1部，参与鉴定登记品种1个，起草和参与制定云南省热带作物学会团体标准多项（表5-11），获得专利授权多项（表5-12）。

该所的主要贡献是以产业需求为导向，围绕产业链布置创新链，开展品种引进筛选试验，进行技术集成及创新，发展绿色高效栽培，为云南猕猴桃产业发展提供技术支撑。一是成功实现了滇东南石漠化地区猕猴桃绿色高效种植；二是把云南划分为4个猕猴桃产区，创造性地提出"云南滇东南及金沙江河谷早熟优质红心猕猴桃主产区概念"；三是创新并集成了"云南猕猴桃绿色高效栽培关键技术"和"云南猕猴桃提质增效技术"2个技术体系，系统解决了云南猕猴桃种植生产技术问题，为云南猕猴桃高质量发展打下了技术基础；四是提出滇桂黔红心猕猴桃主产区概念，使该区的红心猕猴桃得到了持续发展，开启了滇桂黔猕猴桃科技合作和产业合作；五是大规模培训猕猴桃从业人员，解决猕猴桃产业缺乏技术人员问题；六是推动"三品一标"建设，主持推动了云南首个地理证明商标——西畴猕猴桃的建设，主持制定了一批标准。

表 5-9 云南省农业科学院热区生态农业研究所主要承担或参与的猕猴桃科技项目情况

项目名称	项目下达单位	项目主要内容	项目财政经费	时间
西畴县猕猴桃现代农业产业园创建	云南省农业农村厅	5 000 亩示范，3 万亩发展；一二三产业融合发展；智慧农业示范。	1 000 万元	2018—2020 年
云南省猕猴桃绿色高效种植示范推广	云南省科学技术厅	推广 10 大技术和 3 个品种	18 万元	2021 年
云南猕猴桃促花调控技术创新	云南省总工会	促花壮果技术研究及推广	10 万元	2020—2022 年
乌蒙山区猕猴桃优良品种种植示范推广	云南省科学技术厅	引进推广 3 个品种和 6 大技术	15 万元	2022 年
云南省雷玉山专家工作站	云南省科学技术厅	引进先进技术和优良品种进行示范推广	90 万元	2023—2025 年
文山州科技扶贫示范项目"西畴石漠化地区猕猴桃关键栽培技术示范"	文山州科学技术局	在西畴县三光猕猴桃基地进行新品种引进试验和示范	10 万元	2019—2020 年
楚雄州科技扶贫示范项目"楚雄黄桃、猕猴桃种植示范"	楚雄州科学技术局	在武定县开展新品种试验示范	30 万元	2021—2022 年
星创天地"文山浩弘农业开发有限公司星创天地"	云南省科学技术厅	围绕猕猴桃产业开展创业创新工作	30 万元	2019 年
云南省雷玉山专家基层科研工作站	云南省人力资源和社会保障厅	开展猕猴桃新品种引进及试验示范	30 万元	2018—2020 年
文山州雷玉山专家工作站	文山州人民政府	开展猕猴桃试验示范	30 万元	2019—2021 年

表 5-10 云南省农业科学院热区生态农业研究所发表的猕猴桃相关论文

序号	论文信息
1	陈大明，杨永超，王永平，等．滇南地区红肉猕猴桃促花壮果调控技术及应用效果［J］．现代农业科技，2023（11）：49-52．
2	陈大明，王永平，方海东，等．云南东南部石漠化地区发展猕猴桃产业可行性分析［J］．热带农业科学，2021，41（11）：107-112．
3	李丽琼，陈大明，王永平，等．云南猕猴桃产业发展现状分析［J］．农业科技通讯，2020（10）：4-7．
4	李丽琼，王永平，陈大明，等．我国猕猴桃产业新型经营模式分析与探讨［J］．安徽农业科学，2020，48（19）：245-247．
5	李丽琼，陈大明，王永平，等．云南省猕猴桃产业春季生产调研［J］．云南农业，2020（10）：36-39．
6	陈大明，王永平，周树云，等．西畴县三光石漠化综合治理示范区休闲农业发展实践［J］．乡村科技，2020，11（23）：8-10，13．
7	陈大明，王永平，陈光平，等．EM 菌的制作及其在猕猴桃生产中的应用［J］．热带农业科学，2019，39（7）：87-91．
8	陈大明，陈上加，孔维喜，等．云南北亚热带地区猕猴桃栽培技术［J］．中国果菜，2018，38（12）：75-78．
9	曾彪，郁俊谊，刘军禄，等．云南山地猕猴桃果园栽培中存在的问题分析［J］．农业科技通讯，2018（2）：223-224．

（续）

序号	论文信息
10	李佛莲，陈大明，孔维喜，等．云南猕猴桃产业发展现状、存在问题及建议［J］．中国果业信息，2017，34（9）：21-24，63．
11	陈大明．重庆猕猴桃产业发展的思考［J］．中国园艺文摘，2016，32（12）：72，106．
12	陈大明．猕猴桃有机栽培对鲜果品质的影响［J］．南方农业，2014，8（36）：10-11．
13	陈大明．猕猴桃种植管理技术［J］．四川农业科技，2014（11）：32-33．

表 5-11　云南省农业科学院热区生态农业研究所已颁布的标准

序号	标准名称	标准号
1	滇东南地区红阳猕猴桃栽培技术规程	T/YNRZ 010—2023
2	猕猴桃促花调控技术规程	T/YNRZ 011—2023

表 5-12　云南省农业科学院热区生态农业研究所已经获得批准的专利

批准时间	专利名称	批准机关
2022-06-12	软件著作权：猕猴桃土壤墒情检测系统 V1.0（登记号：2021SR1219834）	国家版权局
2022-06-12	软件著作权：猕猴桃生长环境检测系统 V1.0（登记号：2021SR1219835）	国家版权局
2021-09-24	发明专利：太阳能杀虫黏虫装置（专利号：ZL201910877444.6）	国家知识产权局
2022-03-20	软件著作权：猕猴桃人工授粉管理系统 V1.0（登记号：2022SR0798112）	国家版权局
2022-03-20	软件著作权：猕猴桃果实生长发育状态监测系统 V1.0（登记号：2022SR0798113）	国家版权局
2022-04-20	软件著作权：猕猴桃授粉管理系统 V1.0（登记号：2022SR0981879）	国家版权局
2022-04-20	软件著作权：猕猴桃果实管理系统 V1.0（登记号：2022SR0981857）	国家版权局
2022-08-12	实用新型专利：一种猕猴桃山地果园打药设备（专利号：ZL202221038794.7）	国家知识产权局
2022-05-18	发明专利：一种适用于低纬高原气候类型猕猴桃的促花壮果的方法（专利号：ZL202210547743.5）	国家知识产权局

二、地方科研单位

　　昭通市农业科学院是昭通市唯一一家集科研与推广为一体的市级综合性农业科技研究、推广单位，负责研究制订全市种植业结构调整、耕作制度改革及农作物重大技术推广规划、计划及组织实施，负责全市农作物、药用植物及畜禽种质资源收集保护和开发利用研究及新品种、新技术的研究、引种试验、示范、推广工作。

　　昭通市是云南猕猴桃野生资源最丰富的区域，也是云南猕猴桃主产区。昭通市农业科学院利用本地资源和产业优势，组建特色经济作物研究团队，开展猕猴桃科研工作，建设有野生猕猴桃种质资源圃2个，收集保存野生资源100余份，鉴定登记了猕猴桃品种恩宏1号、恩宏2号、恩宏3号、恩宏4号、恩宏5号，入选省级主导品种1个和省级主推技术1个。近年来，与云南省农业科学院热区生态农业研究所等单位合作，在标准制订、论文发表、品种登记、技术培训等方面开展了大量工作，为昭通市猕猴桃产业发展提供了技术支撑。

三、企业科研情况

1. 文山浩弘农业开发有限公司

文山浩弘农业开发有限公司成立于 2013 年，是一家专业从事绿色、有机农特产品开发、种植/养殖和销售的多元化综合型企业，建成猕猴桃种植示范园近 333hm²，种植了红心、黄肉、绿肉猕猴桃10 余个品种。该公司通过改良土壤、优化品种、全程实施有机种植和管理等，推出了品质优、味道好的"浩弘猕"猕猴桃，入选"文山十大名品"，2018 年"浩弘猕"猕猴桃获得了绿色认证和有机认证。文山浩弘农业开发有限公司是滇东南石漠化地区研究开发猕猴桃产业的主要试验示范企业。

2. 云南红梨科技开发有限公司

云南红梨科技开发有限公司成立于 2000 年 4 月 5 日。该公司开展了优质猕猴桃引种试验示范，是云南最早开展猕猴桃引种试验示范种植的企业。

3. 楚雄绿巨人生物科技有限公司

楚雄绿巨人生物科技有限公司成立于 2014 年 4 月 28 日。该公司在楚雄建设猕猴桃基地，开展猕猴桃引种试验示范，是滇中地区猕猴桃主要试验示范单位，与中国农业科学院郑州果树研究所建立了技术合作关系，建有云南省方金豹专家工作站、云南省齐秀娟专家基层科研工作站。引进的中猕 2 号被云南省林木种苗工作总站认定为优良猕猴桃品种。

4. 云南源盘果业有限公司

云南源盘果业有限公司是一家从事水果种植、中草药种植、蔬菜种植等业务的公司，成立于2014 年。该公司猕猴桃种植基地面积 14.67hm²，建有猕猴桃品种园 1 个，引进试验示范品种 20 余个，开展避雨大棚生产试验示范。该公司与中国科学院武汉植物园建立了科企合作关系，建有云南省钟彩虹专家工作站。

第三节 科研主要进展

一、野生资源调查、评价及利用

1978 年，云南省农业科学院园艺作物研究所参与了全国猕猴桃资源调查收集工作；1984 年，获批建立了"国家果树种质云南特有果树及砧木资源圃"，建圃以来，资源圃几代科技工作者对云南猕猴桃种质资源开展了调查收集工作。"十一五"期间，参与了科学技术部"云南及周边地区民族农业生物资源调查"及云南科技强省计划"云南农业生物资源调查与共享平台建设"项目；2019 年，承担了国家自然科学基金项目"云南野生猕猴桃种质资源遗传多样性研究"，通过以上项目的实施，对昭通、红河、文山等地分布的野生猕猴桃资源进行了广泛的调查收集及鉴定评价研究。

二、品种引进、新品种选育及种苗繁育研究

第一，收集、引进、保存、筛选猕猴桃品种资源。从新西兰引入了 5 个品种，并筛选出了Golden 9 雌性品种、Hort16A 雌性品种、Matua 雄性品种 3 个适合在西南高原山地推广种植的品种。

收集了包括红阳、东红、翠香、徐香、翠玉、金艳、中猕2号、瑞玉、璞玉、金塘3号等在内的国内品种近50个，筛选适合在云南低纬高原气候条件下种植的猕猴桃新品种。开展野生资源利用研究，鉴定登记了恩宏1~5号、师宗1号、宣猕1号等本地新品种。

第二，进行猕猴桃种质创新研究。以引进的Hort16A开放授粉后代为材料，进行雌、雄株分子标记研究，获得相关标记，用于辅助选择经济价值更大的雌株；并以Hort16A优良后代和徐香等为材料，用EMS、秋水仙素等为诱变剂诱导突变，获得抗寒、抗旱、抗盐、四倍体等具有自主知识产权的猕猴桃种质资源，为后续良种选育打下基础。

第三，进行猕猴桃扩繁技术研究。用当年生猕猴桃幼嫩叶片为外植体，对愈伤诱导、丛生芽分化、增殖培养、壮苗培养、生根培养等培养基进行研究，以降低成本，缩短繁殖周期，工厂化生产选择出来的良种和品种。

三、栽培技术研究

引进国内外先进栽培技术，结合云南实际，开展创新和集成，并进行试验示范和推广。探索出一套能在云贵高原应用的高效绿色栽培措施，制订相关标准和操作规程，形成"猕猴桃绿色高质高效栽培技术""猕猴桃促花调控技术""猕猴桃壮果技术""猕猴桃病虫害绿色防控技术"等综合技术体系，开展试验示范和推广，支撑云南猕猴桃产业快速健康发展。对云南猕猴桃适宜主产区进行划分，引进筛选适合的品系品种；研究硼和锌对猕猴桃产量与品质的影响、有机肥和生物炭施用对猕猴桃果实品质的影响以及不同种类生物菌肥及用量对猕猴桃果实品质的影响；研究滇东南石漠化严重地区的绿色高效技术等，取得了重要成果。

四、储藏加工研究

开展猕猴桃酒酿造关键技术研究。在云南各地，从栎树、葡萄园、猕猴桃果皮中分离野生酵母菌株，并从中筛选可用于猕猴桃酒酿造并可产生特殊香气的酵母。针对适合于猕猴桃酒酿造的葡萄汁酵母耐硫能力偏弱的缺点，进行了耐硫机理研究，并基于此进行了杂交和转基因育种，提升其耐硫能力，以适应猕猴桃酒工业化酿造。

五、科研合作与交流

（一）国际合作交流

西南林业大学、云南省农业科学院等科研单位与新西兰建立了合作关系，例如，西南林业大学猕猴桃课题组与新西兰植物与食品研究所于2014年签署合作备忘录并建立战略合作关系，开始在种质资源及分子生物学研究领域进行合作研究。2018年，西南林业大学猕猴桃课题组与新西兰植物与食品研究所陈秀银研究员在西南林业大学就猕猴桃新品种培育展开了相关合作和交流。云南省农业科学院园艺作物研究所陈霞曾到新西兰学习交流。云南省农业科学院热区生态农业研究所承担了云南省科学技术厅引智成果示范推广项目，引进了新西兰猕猴桃专家进行科技合作交流。

（二）国内合作交流

1. 与陕西省农村科技开发中心雷玉山团队的合作

云南省农业科学院热区生态农业研究所、昭通市农业科学院、楚雄州科学技术局及文山西畴、昭通威信等地的单位与陕西省农村科技开发中心雷玉山猕猴桃研究团队建立了合作关系。在云南省农业科学院热区生态农业研究所、昭通市农业科学院、威信县农业开发投资有限公司建设有云南省雷玉山专家工作站，在文山西畴建设有云南省雷玉山专家基层科研工作站和文山州雷玉山专家工作站。

2. 与贵州大学龙友华团队的合作

云南省农业科学院热区生态农业研究所陈大明团队与国家现代农业体系柑橘体系猕猴桃植保岗位专家——贵州大学龙友华及其团队建立了合作关系，在云南开展猕猴桃病虫害研究及防治，开展猕猴桃植保技术培训，建立云南猕猴桃病虫害观测试验点。

3. 与广西壮族自治区中国科学院广西植物研究所李洁维团队的合作

云南省农业科学院热区生态农业研究所与广西壮族自治区中国科学院广西植物研究所李洁维团队建立了合作关系。重点推进猕猴桃产业领域的科技合作，加强项目凝练、成果申报、猕猴桃资源共享互换、本土优势品种培育与推广等方面的合作，进一步完善滇黔桂石漠化地区猕猴桃栽培领域技术集成与推广辐射，推动猕猴桃产业在石漠化地区的发展。

4. 与中国科学院武汉植物园钟彩虹团队合作

依托国家科技特派团，引进中国科学院武汉植物园钟彩虹团队，开展猕猴桃新品的引进和筛选评价工作。钟彩虹团队多次在昭通、红河等地开展调研和技术指导，并在屏边建有钟彩虹院士专家工作站。

5. 与华中农业大学曾云流团队的合作

云南猕猴桃有关研究单位、企业与华中农业大学曾流云团队主要就猕猴桃采收、采后保鲜技术等方面进行了研究与合作。曾流云团队先后到云南猕猴桃主产区玉溪、昭通等地开展调研、技术指导、技术培训等方面工作，并与云南猕猴桃相关研究单位、企业就新品种试验示范、即食猕猴桃研究等方面开展了科研合作。

第四节　云南猕猴桃科研展望

一、发掘云南猕猴桃优势资源，开展种质资源创新和育种研究

以西南林业大学、云南省农业科学院园艺作物研究所、昭通市农业科学院为主，联合广西壮族自治区中国科学院广西植物研究所、安徽农业大学等单位开展猕猴桃种质资源研究、种质创新、品种选育。重点开展云南猕猴桃野生资源调查、保存、遗传性状研究；特有资源发掘利用，如耐热（低需冷量）、抗病（抗褐斑病、溃疡病）、抗高紫外线等特异资源研究；新品种选育，研究适宜在云南低纬高原气候条件下种植的优良品种和加工品种；砧木和雄花株系选育，针对云南气候特点，选育配套砧木和雄株。

（一）加强野生猕猴桃种质资源的收集、鉴定、评价和利用

中国野生猕猴桃种质资源中包含丰富的优异基因，是一个巨大的天然基因库，也是新品种选育的主要材料来源。相关科研单位需要继续加强野生猕猴桃种质资源的收集、鉴定、评价和利用，从中选择特异的猕猴桃野生近缘种作为供体，与优良栽培品种杂交，同时利用高代回交法，将近缘种中的优异目标基因快速转移到栽培种中，实现新种质创制。例如，自然界中存在紫肉、白肉等类型的猕猴

桃，由于品质不佳难以直接利用，可将其作为育种材料，与现有的栽培品种进行种间杂交，有望选育出可食彩色猕猴桃，丰富猕猴桃类型以满足市场多样化的需求。

（二）结合生产实际选准育种目标，提高育种质量

目前，中国选育的猕猴桃品种众多，但与国外相比，市场规模大、优质高档且具有优良综合性状的品种很少，选育的新品种难以推广或没有进行推广栽培。中国育种科研关注点主要集中在新型种质和新品种选育，对猕猴桃消费市场趋势以及生产实际所需的抗病性、耐储性等研究不够。未来可通过杂交育种，将不同资源的优良性状集中于同一品种，扩大品种的适应范围，尤其加强高抗溃疡病品种的培育，以进一步提升育种质量。

（三）拓展杂交范围，加快良种雄株及砧木的培育

近年来，中国猕猴桃杂交育种研究主要集中在中华猕猴桃、美味猕猴桃和毛花猕猴桃之间的种间杂交，以培育雌株新品种为主。随着猕猴桃杂交育种的发展，相信优良授粉雄株也将成为猕猴桃杂交育种的目标。由于中华猕猴桃和美味猕猴桃实生苗根系的抗涝、抗旱、抗盐碱及耐瘠薄能力较差，嫁接的品种往往长势偏弱。可利用猕猴桃种间杂交隔离松散的特点，通过远缘杂交方式选育抗性砧木，改变目前以野生美味猕猴桃种子实生苗作为砧木的局面。

（四）理清猕猴桃抗逆分子机理

随着后基因组时代的到来，研究人员关于猕猴桃优势性状分子机制的认识取得了巨大的进步，可对控制关键节点的基因进行功能分析、定位、克隆和转化，阐明分子网络调控机制，加速选育猕猴桃新品种。同时，大量研究表明，猕猴桃是比较理想的外源基因受体，已有抗虫 Bt 基因、几丁质酶基因和 GUS 基因等被成功转入猕猴桃组织细胞。因此，可通过深度挖掘自然界的抗性资源，选育经济性状优良的抗逆猕猴桃品种。但是，想要实现在分子水平上选育抗逆品种，还需要解决几个关键问题，最大的问题是实验室和田间环境的差异。很多研究只在短期内对转基因植物进行某种抗逆性检测，然而植物在田间会同时受到多种胁迫，有时候胁迫会伴随整个生长阶段。另外，Dinneny 等研究表明，植物根部不同分化程度的细胞对不同的非生物胁迫反应不同，说明不同类型的细胞对非生物胁迫响应不同。人类对于植物抗逆机制的认识是有限的，为了能系统认识整个机制，需要研究不同分化程度的细胞、组织和器官对逆境的响应，需要运用系统的生物学和数学生物学方法来整合数据以描述猕猴桃抗逆的完整图像。为了培育非生物、生物抗性及高产量作物，除了认识植株的抗逆响应机制，还必须了解它的能量调控、代谢调控、发育等过程，集成所有这些信息有利于寻找合适的点来进行育种。

（五）加强猕猴桃分子标记辅助育种

相比于传统育种，分子标记辅助育种不仅可以极大地缩短育种年限，提高育种效率，节约大量的人力、物力，而且不受时间和环境限制，还可对不同阶段及多种环境条件下（温室、异地等）的样本进行选择。

随着分子生物学研究的快速推进和不断深化，原有的各种分子标记已经不能满足育种的需要，新的分子标记将向更大规模、更多位点的方向发展，并具有重复性好、密度高、操作简单等优点。同时，基因芯片、生物信息学、蛋白质组学等新学科、新技术与分子标记研究的结合，以及分子生物学、基因组学等学科的突破性进展均加速了分子标记辅助育种的研究进程。近年来，低成本、高效率的测序技术使得全基因组大规模测序成为可能，从而形成了基于全基因组策略的分子选择育种。

当然，随着分子标记辅助育种技术的逐渐成熟，利用分子标记辅助育种进行的研究和培育将越来

越多样化。目前，分子标记辅助育种通常被用以提高作物的抗旱性和抗病性。分子标记辅助育种作为一种高效的现代分子育种技术，其研发领域逐渐成为人们的关注热点。今后，随着这方面研究的不断深入，分子标记辅助育种亦将采用更加多样化的标记技术，为猕猴桃育种作出更大贡献。

二、开展优良品种引进、筛选及利用

云南各级科研单位联合部分企业，开展国内外优良品种引进及适应性研究、示范及推广。根据不同海拔、区域、地理气候特点确定适宜、有市场前景的品种进行推广。重点解决云南猕猴桃品种结构不尽合理、区域分布不合理及红心猕猴桃种植面积过大且不抗溃疡病的问题，组织开展新品种区域试验，筛选适合全省各地域特点的优良品种，优化品种结构和区域布局。

三、开展猕猴桃配套栽培技术体系集成示范与推广

（一）开展优良苗木繁育技术推广

以云南省农业科学院等科研力量为主，联合企业，定点生产苗木，繁育健康无病毒种苗。重点解决苗木价格高、苗木带病、苗木质量差的问题。通过建立无病毒采穗圃、无土育苗、组培、选择抗性砧木、大苗出圃定植、建立苗木标准及品牌等技术创新，为云南猕猴桃苗木发展提供苗木支撑。

（二）开展绿色高效栽培技术推广

以云南省农业科学院热区生态农业研究所、云南省农业科学院园艺作物研究所、红河学院为主，联合贵州大学、陕西省农村科技开发中心等单位，并与企业合作，开展猕猴桃绿色高效栽培技术创新、示范及推广应用。重点开展技术服务，推广大棚架、水肥一体化、有机肥及生物菌剂利用、生草栽培、机械化授粉、套袋、合理修剪、生物防控病虫害、无人机和管道打药、防风网等综合技术。帮助企业开展产品质量追溯体系建设，绿色食品和有机食品、地理标志产品、GAP认证等工作及专利等知识产权服务。联合企业及产区农业部门开展技术培训及人才培养工作。

（三）开展储存、分级分拣、加工等工作

以西南林业大学和云南省农业科学院农产品加工研究所为主，联合华中农业大学、陕西佰瑞猕猴桃研究院，开展猕猴桃冷藏、分级分拣、加工和即食猕猴桃研究。重点开展即食猕猴桃、产地冷藏、分级分拣及加工中试，服务有需求的企业。

（四）开展优质农资推荐服务

大力发展社会化服务，形成优质农资供销网络，根据猕猴桃物候情况，定期开展优质农资的推荐，促进种植户合理、适时地采买和使用农资，并做到绿色安全施用，不乱使用农资耗材。重点开展肥料、植保、果袋、果筐、冷藏、花粉、销售、电商等方面的社会化服务。

（五）开展销售及市场品牌建设

扶持销售商，开展订单农业和产品收购服务，打造云南猕猴桃品牌。重点联系大型果商开展销售合作，推进生产者与果商、超市合作，参加各级单位组织的展销会等。

第六章　云南猕猴桃地理标志产品及区域品牌建设

第一节　云南猕猴桃地理标志产品发展概述

　　"三农"问题是关系国计民生的根本性问题。习近平总书记在党的二十大报告中指出，要全面推进乡村振兴，坚持农业农村优先发展，扎实推动乡村产业、人才、文化、生态、组织振兴，建设现代化产业体系。地理标志产品作为乡村振兴的重要抓手，其保护、利用及产业发展对于解决"三农"问题、加快农业现代化进程并推动农业经济高质量发展具有重要的现实意义。国家高度重视地理标志产品在助力发展乡村特色产业和品牌经济上的作用，出台了一系列政策文件。2018 年，《中共中央　国务院关于实施乡村振兴战略的意见》强调，要坚持质量兴农、绿色兴农，通过培育农产品品牌以及保护地理标志农产品，打造"一村一品"和"一县一业"发展新格局。2019 年中央 1 号文件指出，要因地制宜发展多样性特色农业，强化农产品地理标志和商标保护，创响一批"土字号""乡字号"特色产品品牌。2020—2023 年中央 1 号文件均指出，要培育壮大富民产业，推动形成"一县一业"发展格局。近年来，地理标志产品申报及注册越来越受到地方政府的重视，已成为地方经济发展的一个新的增长点。

　　云南地处中国西南边陲，具有独特的地理环境和多民族聚居的悠久历史，名优产品和高原特色产品众多，开发地理标志产品具有得天独厚的优势。云南是中国生物多样性最丰富的省份之一，拥有从最北边黑龙江到最南边海南的所有自然生态类型，而且多民族的民族文化和农耕文明为云南提供了稀缺、独特的地理特色农业产品，全省地理标志农产品发展空间极为广阔。历史上南方丝绸之路穿境而过，新时期又是国家"一带一路"和长江经济带建设的战略交汇点，也是中国连接南亚、东南亚的重要枢纽（图 6-1）。

　　云南有望在打造高原特色农业世界一流食品牌上成为强劲新动能。特别是 2020 年 9 月 14 日《中欧地理标志协定》签署，2021 年 3 月 1 日《中欧地理标志协定》生效，为以地理标志农产品为代表的高原特色农产品走向世界、打造世界一流"绿色食品牌"开启了新的舞台。近年来，云南省委、省政府特别重视地理标志的发展，把地理标志商标、特色农产品作为推进高原特色农业发展的重要内容，并且提出"发展绿色能源、绿色食品和健康生活目的地三张牌"。经过几年的实践，重点发展的云茶、云烟、云花、云菜、云药、云果、云糖、云菌等"云"头牌产业，取得了一定的成绩和进步。

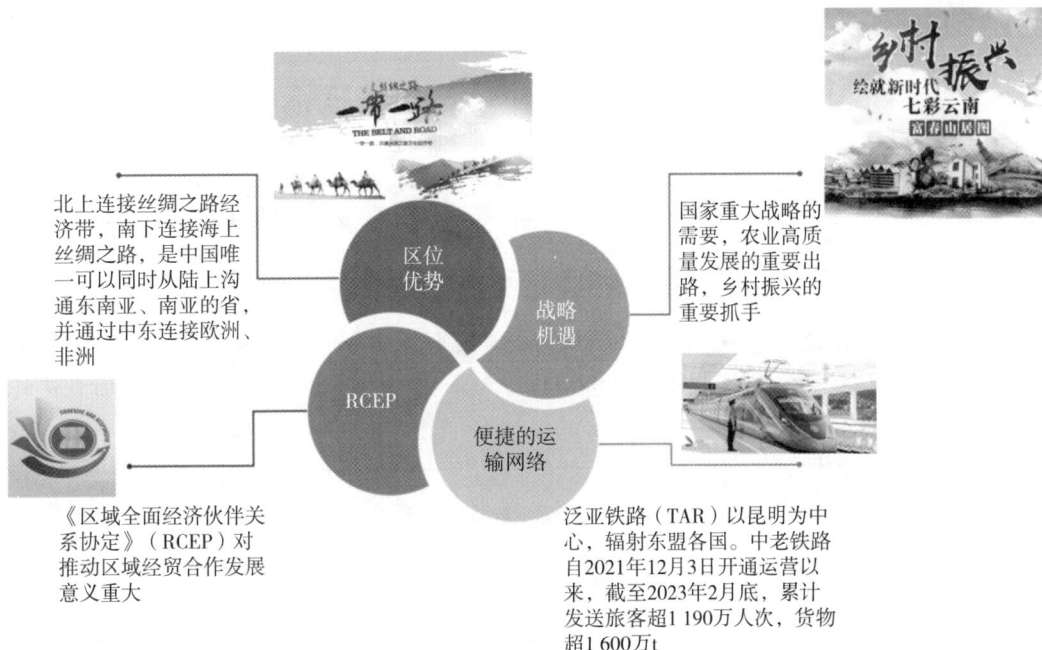

图 6-1　云南地理标志产品发展机遇示意

云南是一个低纬度的高原山区省份，海拔高差达 6 000 m，地形地貌复杂多样。云南复杂的地形地貌对该地区的光、热、水等气候要素起着巨大的再分配作用，气候类型丰富多样，有北热带、南亚热带、中亚热带等 7 个气候类型，为不同种、变种和变型的猕猴桃提供了不同的生态环境和生存条件，在此形成了一个种类多、种质资源丰富多样的猕猴桃属资源区域，猕猴桃属植物种类之多居全国之首。

截至 2023 年 7 月，云南猕猴桃地理标志产品登记仅 3 件，分别是屏边猕猴桃、陇川猕猴桃和西畴猕猴桃。由于云南地理标志产品保护工作起步较晚，保护体制还未完善，面对优越的自然资源条件和丰富的民族农耕文化，各方对云南猕猴桃地理标志农产品资源的挖掘远远不够，地理标志产品认证数量比较少，分布不均匀，生产标准体系及质量追溯机制建设滞后。加之云南现有地理标志保护产品涉及的保护区域大、企业众多，有效监管和深入实施的难度较大，严重影响了云南的世界一流"绿色食品牌"打造。

因此，本章基于云南地理标志农产品保护的发展背景，研究云南猕猴桃地理标志产品保护现状，浅析现阶段实施猕猴桃地理标志产品保护工作中存在的问题和不足，针对性地提出云南猕猴桃地理标志产品保护可持续发展的策略，旨在为云南猕猴桃地理标志产品的保护与发展提供借鉴与参考。

第二节　地理标志产品概述

一、地理标志的概念

(一) 货源标记

地理标志的早期形态是货源标记（indication of source），这是地理标志概念的源头所在。最早提出这一概念的是《保护工业产权巴黎公约》（简称《巴黎公约》）中的"货源标记"，但是该公约未对这一概念予以明确的解释。在《巴黎公约》中，产品销售与进出口的积极与消极两个层面涉及了"货源标记"，其中在涉及工业产权内容中就有"货源标记"，还规定了成员如果在进口的产品中发现有虚假标记（false indication）的应当予以扣押。

货源标记概念被广泛应用是在后续出台的《制止虚假或欺骗性货源标记马德里协定》（简称《马德里协定》）。该协定，虽然依旧未对该概念作出明确阐释，但是该协定的内容几乎通篇都运用了"货源标记"这一说法，且对比《巴黎公约》对假冒"货源标记"产品界定进行了较为详细的规定。尤其在第一条协定内容中，详细说明了对协约成员内某地带有欺瞒性和混淆性产品及商品的制约性规定。世界知识产权组织（WIPO）据《马德里协定》的规定认为，该协定在某种程度上已经阐释了货源标记的具体概念，也就是将产品的其他性质（包括材质与商誉）排除在外，认为此概念单一指向产品来源地。现如今，WIPO在这两个公约之外做出了相对明确的解释，即货源标记的概念可以作为任一国家、地区等特定地点来说明该产品来源的标记或者表达方式，以地理位置为范围来作为一些表达方式或标识，标记方式也不仅仅限于地理名词，但是强调的依然是有关产品的来源地。

（二）原产地名称

1952年，海牙修订会议上出现"原产地名称"这一概念，这也是地理标志早年间形态，与货源标记是发展承继关系。会议上也没有作出明确阐述，有具体定义是在6年后的《保护原产地名称及其国际注册里斯本协定》（简称《里斯本协定》），初步阐明了原产地名称的概念，"原产地名称系指一个国家、地区或地方的地理名称，用于指示一项产品来源于该地，其质量或特征完全或主要取决于地理环境，包括自然和人为因素。"在后期修改的过程中，也没有影响产品适用与流通的地理区域、产品的特质与地理名称的关联性以及地理名称这3个相对固定的因素。根据这些特征来看，原产地名称较于货源标记指向更为具体，更多强调来源地，可径直指出地理名称是产品唯一的来源地，而不能是某些标记或者非具象化内容的表示。同时，对产品来源地与地理名称的联系予以肯定，这个肯定范围还包括自然与人文2个因素。最著名的例子，"金华火腿"，这个含有原产地名称的产品直接指出了该产品产自浙江金华，产品的本身也蕴含了该地区的自然与人文2个因素。

（三）地理标志

地理标志这一概念最早提出于20世纪70年代WIPO起草的《地理标志保护条约草案》，该条约将原先的货源标记与原产地名称进行概念优化与整合。对其进行明确定义的是1994年WTO（世界贸易组织）通过的《TRIPS协定》（《与贸易有关的知识产权协议》）。依据《TRIPS协定》第二十二条第一款规定，"地理标志"是指"识别一货物来源于一成员领土或该领土内一地区或地方的标识，该货物的特定质量、声誉或其他特性主要归因于其地理来源"。可知，地理标志是由货源标记与原产地名称整合浓缩形成的。

WIPO进一步对《TRIPS协定》中关于"地理标志"的定义提供了如下的阐释："一种用于具有特定地理来源的产品的标志，这些产品具有可主要归因于产地的品质、声誉或特征。一个标志要作为地理标志发挥作用，必须能够识别产品源自特定产地。此外，该产品的品质、特征或声誉在本质上也要归因于其原产地。由于质量取决于地理产地，因此在产品及其原产地之间存在明显的联系。"[①]

《中华人民共和国商标法》（简称《商标法》）中地理标志（geographical indication）是指"标示

---

① WIPO SCT，Geographical indications–*What is a Geographical Indication*? https：//www. wipo. int/geo _ indications/zh/index. html ［"A geographical indication (GI) is a sign used on products that have a specific geographical origin and possess qualities or a reputation that are due to that origin. In order to function as a GI, a sign must identify a product as originating in a given place"］.

某商品来源于某地区，该商品的特定质量、信誉或者其他特征，主要由该地区的自然因素或者人文因素所决定的标志"[①]。我国《农产品地理标志保护规定》中对农产品地理标志的定义是指，该产品来自特定的地域，产品品质和相关特征主要归于自然因素或者人文因素，并且以地理名称为组成的特有的农产品标志[②]。农产品地理标志的特征与《商标法》的规定大致相同，只是将该地理标志限定于农产品当中。《地理标志产品保护规定》中虽然没有对地理标志进行直接定义，但是对地理标志产品作了规定：本规定所称地理标志产品，是产自特定地域，其所具有的质量、声誉或其他特性本质上取决于该产地的自然因素和人文因素，经审核批准以地理名称进行命名的产品[③]。通常，地理标志具备的声誉与该地区的自然因素或者人文因素息息相关，是该地区的特色。使用地理标志的产品也一定具有一定的地理特色或者人文特色，并且具有区别于其他地区的质量、信誉或其他特征。所以，地理标志一般是指，由某个地区的地理位置所组成的名称，能够显示某种产品来自该地区并且具有该地区的某种自然特色或者人文特色，能够为该商品的品质做一定的保证或者彰显商品具有某方面的声誉。

就上述地理标志涉及的概念，在下文中，除特指国际广义的地理标志之外，其余情况都是指我国《商标法》规定的地理标志含义。

二、我国地理标志分类

（一）地理标志产品

《地理标志产品保护规定》第二条规定："地理标志产品，是指产自特定地域，所具有的质量、声誉或其他特性本质上取决于该产地的自然因素和人文因素，经审核批准以地理名称进行命名的产品。"

包括来自本地区的种植、养殖产品；原材料全部来自本地区或部分来自其他地区，并在本地区按照特定工艺生产和加工的产品。

（二）地理标志证明商标

根据《商标法》第三条的规定，我国的注册商标包括商品商标、服务商标和集体商标、证明商标。"本法所称证明商标，是指由对某种商品或者服务具有监督能力的组织所控制，而由该组织以外的单位或者个人使用于其商品或者服务，用以证明该商品或者服务的原产地、原料、制造方法、质量或者其他特定品质的标志。"

《商标法》第十六条第二款规定："地理标志，是指标示某商品来源于某地区，该商品的特定质量、信誉或者其他特征，主要由该地区的自然因素或者人文因素所决定的标志。"根据《中华人民共和国商标法实施条例》第四条第一款的规定，地理标志可以作为证明商标或者集体商标申请注册。因此，地理标志证明商标是一种不同于商品商标或服务商标的证明商标，又是不同于一般证明商标的特殊类型的证明商标。地理标志证明商标是证明使用该标志的某商品来源于其所标示的地区，而该商品的特定质量、信誉或者其他特征主要由该地区的自然因素或者人文因素所决定的商标。

（三）农产品地理标志

《农产品地理标志管理办法》第二条规定："农产品地理标志，是指标示农产品来源于特定地域，产

---

① 《商标法》第十六条第二款：地理标志，是指标示某商品来源于某地区，该商品的特定质量、信誉或者其他特征，主要由该地区的自然因素或者人文因素所决定的标志。

② 《农产品地理标志管理办法》第二条：农产品地理标志，是指标示农产品来源于特定地域，产品品质和相关特征主要取决于自然生态环境和历史人文因素，并以地域名称冠名的特有农产品标志。

③ 《地理标志产品保护规定》第二条：地理标志产品，是指产自特定地域，所具有的质量、声誉或其他特性本质上取决于该产地的自然因素和人文因素，经审核批准以地理名称进行命名的产品。

品品质和相关特征主要取决于自然生态环境和历史人文因素，并以地域名称冠名的特有农产品标志。"

三、地理标志的特征

（一）地理标志的地域性

地理标志的形成取决于该标志所来源的地区的自然因素和人文因素。自然因素又被称为地理因素，具体包括大气、水文、土壤、地形、光照、降水等因素，而人文因素则一般涉及该地理标志产品的传统制作工艺、加工的方法或该区域劳动人民代代相传的技艺或知识。因此，基于我国地大物博、幅员辽阔的特点，不可能形成一个全国范围内通行的地理标志，每一地理标志均产自于特定的地域范围内。以被誉为"中国最好的大米"——五常大米为例，其使用管理规则亦对五常大米的产区做出了严格界定。这正是决定了五常大米品质的自然因素，脱离了这一优越地理区位的滋养，五常大米则不再是"五常大米"。

（二）地理标志的集体性

传统知识产权类型通常表现为由某一单一主体作为权利人进而对知识产权客体享有专有权，而地理标志则不同。目前学界一般认为，地理标志既不归于国家，也不能完全归于个人所有，而是归属于该地理标志所标示的地域范围内的全体居民共有，一般表现为地理标志产品的经营者或销售者。地理标志所承载的优良品质，是由该地理区域内众多群众经过千百年的经营打磨而成，若仅依靠某一单一主体的能力和资源，纵使该区域的自然因素再优越，也难以将地理标志"做大做强"，人文风土的形成更无从谈起，文化现象的传播无法由单一主体来进行大规模发展。因此，地理标志这一知识产权类型具有集体性亦为区别于其他知识产权类型的重要特点。

（三）地理标志的永久性

其他知识产权客体，如作品、专利及商标等，通常都有一定时间的限制，权利人在该有效期内享有对知识产权客体的专有权，而这一期限届至时，该知识产权客体便会流入公有领域，以促进知识的交换和流通。地理标志则无此限定。地理标志所赖以依存的土壤和风土人文通常不会轻易发生变更，而是在时间的长河中不断流转和传承下去。因此，地理标志一经形成，在一般情况下会保持永久存续的状态。

（四）地理标志的共有性

地理标志的共有性是指特定地域范围内的权利人所共有的特性，这种共有性是区别于其他知识产权的专有性而言的。地理标志共有性的具体含义指只有在该地区生活生产的个人和集体才有权利使用该地理标志，与其他知识产权主体确定性不同，地理标志是地域上的确定。地理标志的共有性可以从形式上的共有性和实质上的共有性两方面看。形式上的共有性，体现在特定权利人共同所有的权利归属形式，即一直以多人共有的形式出现，而且其共有性不仅体现在地理标志经过申请注册后为特定群体所有，也体现在地理标志在使用中但尚未注册前仍为特定群体所有。实质上的共有性，体现在特定范围的权利人一旦符合占有使用地理标志的条件，便被纳入地理标志特定权利人的范围。地理标志作为一项独立的知识产权，作为一个群体性的权利为特定范围内权利人所共有，并且总是以共有的形式出现。而且这种共有性是相对的共有，对内部人员即特定范围的权利人是共有性，但是对外仍具有专有性。主要表现在地理标志为特定地域范围内的权利人所共同占有，相关权利人共同垄断这种专有权利并且受到严格保护，没有法律规定或者特定权利人许可，任何人不得使用该地理标志。地理标志的这种专有特性也是商业价值的一种具体体现，地理标志区域内的集体或个人生产出符合地理标志特征的产品，才能拥有和使用该地理标志。如新疆哈密瓜，在新疆地区符合条件的个人和集体，都可以使用这种商标。

四、保护地理标志产品的意义

（一）保护地理标志产品的经济意义

在促进地方经济发展方面，越来越多的实践证明，虽然某些地理标志产品比同类一般产品的价格更高，但是由于产品本身具有优质的品质或者具有某些特别的自然因素和人文因素，再加上地理标志本身所带来的声誉加持，所以消费者愿意购买价格更高的高品质地理标志产品。通过销售地理标志产品促进当地经济发展是一方面。另一方面，地理标志作为一种集体性标志，保护较好的地理标志可以作为该地区"活名片"，以地理标志为散发点，吸引各方投资，也为投资该产品的企业背书。地理标志通过集体管理的方式，能够有效加强当地的合作与联系，通过挨家挨户的影响力的凝聚，有了不同于一般集体商标的更好的口头声誉。

（二）保护地理标志产品的社会意义

保护地理标志产品的社会意义主要体现在维护农村社会稳定和促进文化繁荣两方面，主要表现在增加工作岗位、维护乡村人口流动的稳定和保持文化的多样性。一方面，随着我国城镇化的不断推进以及农村和城市在基础设施和收入上的差异，越来越多的年轻农村人口涌入城市。另一方面，在我国严守耕地红线的大方针背景下，基于土地资源的有限性，随着科技的发展带来了农业生产效率的提高，相同面积的土地需要的劳动力日益减少。通过上文所述，保护地理标志不仅通过生产高品质产品提高经济附加值促进当地经济的发展，还通过地理标志的声誉优势吸引更多的投资，扩大生产和转换经济发展方式的同时带来了更多的就业岗位，可以有效地稳定农村人口的流出，进而促进社会稳定。乡村文化是传统文化的重要载体，随着工业化、城镇化、市场化的发展，以耕地为基础的乡村文化受到了强烈的冲击，由于土地并不是唯一的生存手段，所以乡村居民与土地的互动开始断裂，相比于现金而言，土地的魅力日渐暗淡。针对此类状况，保护地理标志产品在稳定乡村社会的同时，也为促进乡村文化多样性发展提供了肥沃的土壤。地理标志产品作为某个地方的传统特色产业，其独特的生产方式和产品特色都与当地的自然特色和人文状况息息相关。保护地理标志同时也是在对当地特色文化进行充分挖掘和利用，提高该地区的知名度，进而更加促进经济和文化的统一发展，例如国内目前发展较好的地理标志产品"蜀绣""宣纸"等富含传统文化的工艺品。

第三节　地理标志产品申报流程

根据《地理标志产品保护规定》第二章至第四章规定，地理标志产品的申报流程包括以下内容。

一、申请主体

地理标志产品保护申请，由当地县级以上人民政府指定的地理标志产品保护申请机构或人民政府认定的协会和企业（以下简称申请人）提出，并征求相关部门意见。

申请保护的产品在县域范围内的，由县级人民政府提出产地范围的建议；跨县域范围的，由地市级人民政府提出产地范围的建议；跨地市范围的，由省级人民政府提出产地范围的建议。

二、申请资料

有关地方政府关于划定地理标志产品产地范围的建议。

有关地方政府成立申请机构或认定协会、企业作为申请人的文件。

地理标志产品的证明材料，包括：地理标志产品保护申请书；产品名称、类别、产地范围及地理特征的说明；产品的理化、感官等质量特色及其与产地的自然因素和人文因素之间关系的说明；产品生产技术规范（包括产品加工工艺、安全卫生要求、加工设备的技术要求等）；产品的知名度，产品生产、销售情况及历史渊源的说明。

拟申请的地理标志产品的技术标准。

三、申请口径

出口企业的地理标志产品的保护申请向本辖区内出入境检验检疫部门提出；按地域提出的地理标志产品的保护申请和其他地理标志产品的保护申请向当地（县级或县级以上）质量技术监督部门提出。

四、受理

省级质量技术监督局和直属出入境检验检疫局，按照分工，分别负责对拟申报的地理标志产品的保护申请提出初审意见，并将相关文件、资料上报国家质检总局。

五、审核

国家质检总局对收到的申请进行形式审查。

国家质检总局按照地理标志产品的特点设立相应的专家审查委员会，专家审查委员会对没有异议或者有异议但被驳回的申请进行技术审查。

六、发布公告

审查合格的，由国家质检总局在国家质检总局公报、政府网站等媒体上向社会发布受理公告；审查不合格的，应书面告知申请人。

七、申请异议

有关单位和个人对申请有异议的，可在公告后的2个月内向国家质检总局提出。

八、标准制订及专用标志使用

在标准制订上，拟保护的地理标志产品，应根据产品的类别、范围、知名度、产品的生产销售等方面的因素，分别制订相应的国家标准、地方标准或管理规范。

在专用标志使用上，地理标志产品产地范围内的生产者使用地理标志产品专用标志，应向当地质量技术监督局或出入境检验检疫局提出申请。

第四节　地理标志产品专用标志的申报

一、地理标志专用标志的概念

为加强我国地理标志保护，统一和规范地理标志专用标志使用，国家知识产权局于2020年4月3日颁布《地理标志专用标志使用管理办法（试行）》。办法第二条所称的地理标志专用标志，是指适用在按照相关标准、管理规范或者使用管理规则组织生产的地理标志产品上的官方标志。

二、使用地理标志专用标志的意义

（一）质量监控

地理标志专用标志具有对地理标志产品的质量和特性进行监控的功能。《地理标志专用标志使用管理办法（试行）》第九条规定："地理标志专用标志合法使用人未按相应标准、管理规范或相关使用管理规则组织生产的，或者在 2 年内未在地理标志保护产品上使用专用标志的，知识产权管理部门停止其地理标志专用标志使用资格。"这样一来，地理标志专用标志的使用资格与其所生产的地理标志产品是否符合其应有的质量和特性等相互关联起来了，地理标志专用标志也就具有了质量监控的意义。

（二）区别同类产品

地理标志专用标志的申请须通过层层审核，符合要求才可使用，使用后可在市场上有效区分同类产品。

（三）专属的专用标志名片

每家企业均有自己的地理标志专用标志下载口令，配合企业信用代码使用。

三、地理标志专用标志的使用

（一）申请主体

按《地理标志专用标志使用管理办法（试行）》第五条规定批准的合法使用人执行：

经公告核准使用地理标志产品专用标志的生产者；

经公告地理标志已作为集体商标注册的注册人的集体成员；

经公告备案的已作为证明商标注册的地理标志的被许可人；

经国家知识产权局登记备案的其他使用人。

（二）申请材料

1. 生产者申请条件

地域范围：产品产自地理标志产品保护公告规定的特定地域范围；

质量要求：产品符合地理标志产品保护公告规定的质量技术要求；

产品标准：产品有已批准发布的相关标准（地方、团体、行业、国家）；

企业信用：未被列入经营异常名录/近 3 年未被市场监管部门行政处罚过。

2. 企业提供的材料

企业申请使用地理标志专用标志应提供的材料见表 6-1 所示。

表6-1　企业申请地理标志专用标志所需提供的材料

序号	地理标志保护产品专用标志的申请	地理标志证明商标专用标志的申请
1	企业简介、联系人及联系方式、营业执照复印件（有效期内）（企业盖章）	企业简介、联系人及联系方式、营业执照复印件（有效期内）（企业盖章）
2	企业生产许可证复印件（有效期内）（企业盖章）	企业生产许可证复印件（有效期内）（企业盖章）
3	企业产品的检测报告复印件（近2年内，检测结果合格、产品名称与地理标志产品一致）	企业产品的检测报告复印件（近2年内，检测结果合格、产品名称与地理标志产品一致）
4	企业产品图片（企业盖章）	企业产品图片（企业盖章）
5	企业生产车间、环境或生产线图片（企业盖章）	企业生产车间、环境或生产线图片（企业盖章）
6	地理标志专用标志申请书（企业盖章）	地理标志专用标志申请书（企业盖章）
7	产品地方标准（如果有，网上下载即可）	企业商标许可备案证明复印件（国家知识产权局核准）
8	企业地理标志产品年产量××，年产值××	企业地理标志产品年产量××，年产值××

（三）申请流程

地理标志专用标志申请流程大致为：申请人（企业）→地方市场监督管理局（核验并提交核验报告、汇总表、申请请示）→省级市场监督管理局/国家知识产权局（审核并公告）。具体流程见图6-2。

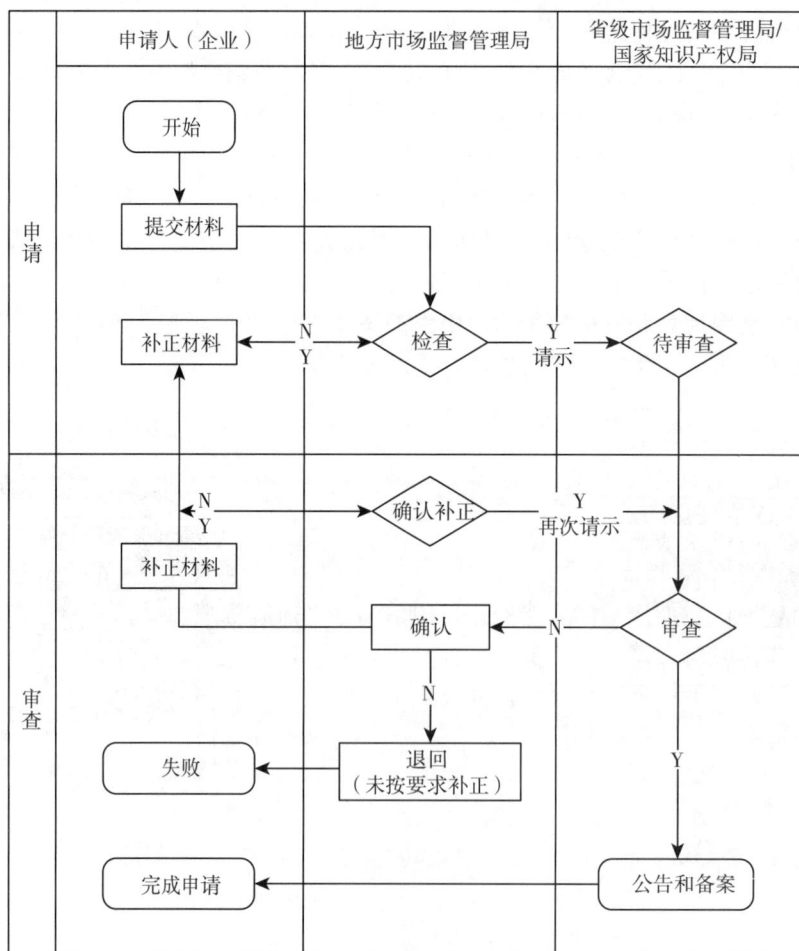

图6-2　地理标志专用标志申请流程

（四）专用标志下载使用流程

地理标志专用标志下载流程大致为：合法使用人→省级知识产权管理部门（核验并将材料录入系统）→国家地理标志保护管理部门（审核并生成专用标志）。具体流程见图6-3。

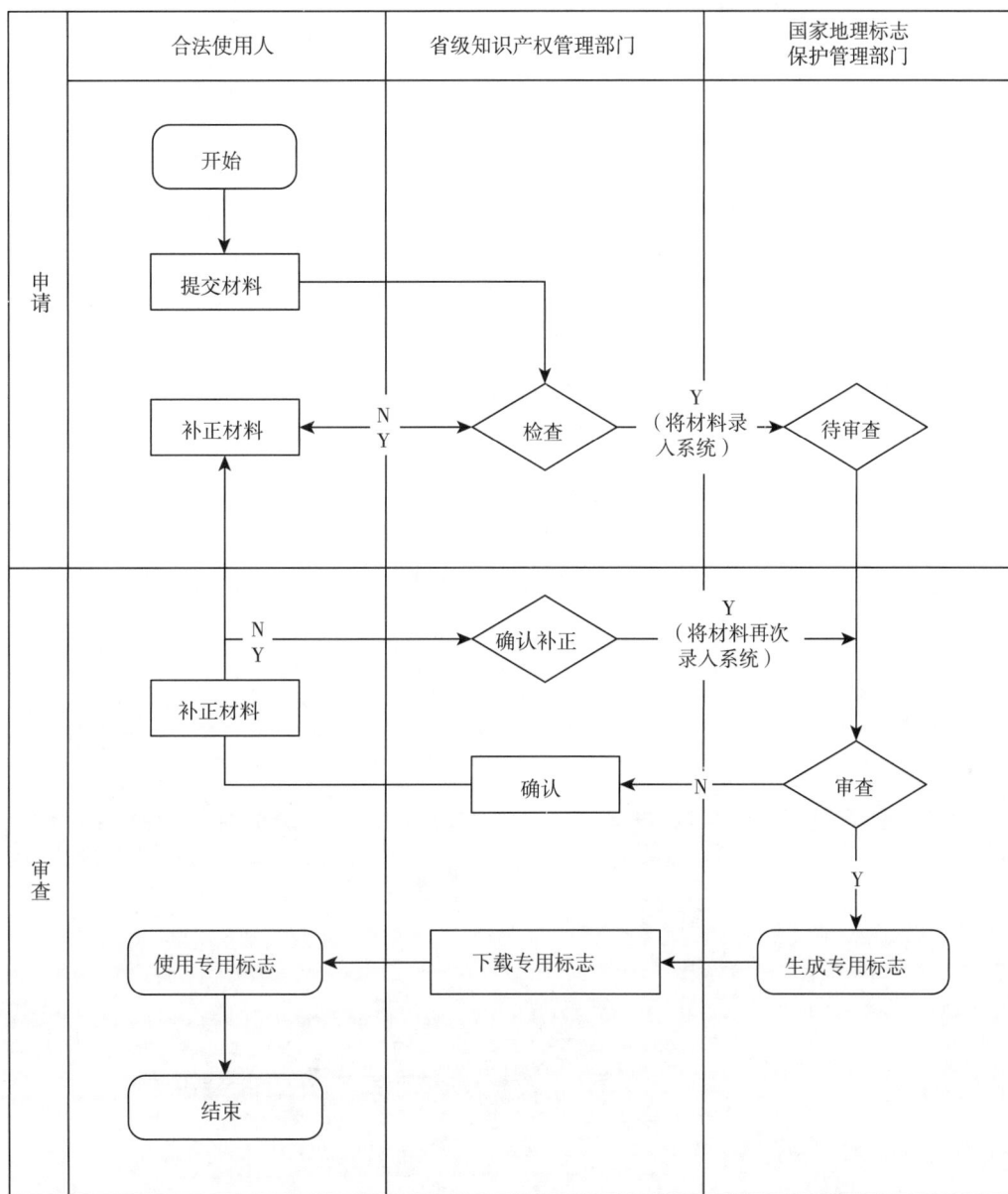

图6-3　地理标志专用标志下载使用流程

地理标志专用标志纸质版样图，如邓村绿茶和蕲艾的专用标志见图6-4。生产包装上用到的地理标志专用标志示例，如保山小粒咖啡、普洱茶和西湖龙井见图6-5。

图 6-4 邓村绿茶和蕲艾地理标志专用标志
（图源引自网络）

图 6-5 保山小粒咖啡、普洱茶和西湖龙井产品地理标志专用标志的使用案例
（图源引自网络）

(五) 专用标志使用要求

按《地理标志专用标志使用管理办法 (试行)》第六条规定
要求执行:

地理标志保护产品和作为集体商标、证明商标注册的地理标
志使用地理标志专用标志的,应在地理标志专用标志的指定位置
标注统一社会信用代码。国外地理标志保护产品使用地理标志专
用标志的,应在地理标志专用标志的指定位置标注经销商统一社
会信用代码。图样见图6-6。

地理标志保护产品使用地理标志专用标志的,应同时使用地
理标志专用标志和地理标志名称,并在产品标签或包装物上标注
所执行的地理标志标准代号或批准公告号。

图6-6　地理标志专用标志

作为集体商标、证明商标注册的地理标志使用地理标志专用
标志的,应同时使用地理标志专用标志和该集体商标或证明商标,并加注商标注册号。

(六) 专用标志合法使用人履行的义务

按《地理标志专用标志使用管理办法 (试行)》第四条规定执行:

按照相关标准、管理规范和使用管理规则组织生产地理标志产品;

按照地理标志专用标志的使用要求,规范标示地理标志专用标志;

及时向社会公开并定期向所在地知识产权管理部门报送地理标志专用标志使用情况。

第五节　地理标志产品区域品牌建设

一、品牌

(一) 概念

"品牌"最早起源于古挪威,因当时西方游牧民族为区分彼此的财产而在各自的马背上面打上专
属的烙印而得名,具有"烙印"的意思。现代营销学之父菲利普·科特勒博士在他的著作《市场营销
学》中,将品牌定义为销售者向购买者长时间提供的具有特定的特点、利益和服务的整体承诺。从字
面上看,"品牌"二字可拆分为"品质"和"牌照","品质"指的是商品的质量,即原材料的质量、
生产过程中包含的工艺、商品的耐用性等可进行实质性衡量的实物维度。"牌照"即"标记",是由文
字、符号、象征、设计或由其组合而成的,体现着商品质量、商品价值、企业家精神文化等。因此,
我们可以将品牌定义为:区分于竞争对手的某个销售者或某销售者的商品、劳务的名称、标记符号、
设计或者是它们的组合,其实质是生产者与消费者之间的隐形契约。

(二) 品牌价值

品牌作为经济市场上的无形资产,拥有超越实物资产价值的经济价值潜力,主要体现为品牌
价值和品牌效益。其中,品牌价值分为用户价值和自我价值两方面,用户价值指的是品牌的功
能、质量和价值这三个内在要素;自我价值指的是品牌的知名度、美誉度和忠诚度这三个外在

要素。只有将用户价值和自我价值的三要素先紧密结合，再相互交融，才能真正实现、发挥品牌的价值。

（三）品牌效益

品牌效益是品牌价值的经济体现，即为消费者所接受、认可并由此产生购买欲望和消费行为，从而推动企业经济收入增加、规模扩大和市场占据。在这一环节，商品的品质是根本，发展战略是手段。

（四）品牌分类

对于品牌，根据行业划分为零售品牌和农产品品牌，根据品牌主体划分为个人品牌、组织品牌和区域品牌。通过层层细分的形式，能细化品牌目标客群，定义品牌内涵，从而开展精准营销，助力品牌效益的叠加发挥。

（五）品牌作用

增强辨识：这是品牌的基本作用。

传递信息：品牌名称、图案、颜色等都是品牌向消费者传递信息的重要载体，通过信息传递影响消费者的消费决策。

信用载体：品牌既包含企业的权益也代表着企业向消费者作出的承诺，二者在利益受损的情况下可以使用法律的手段维护自身合法权益，品牌的使用可以降低双方交易成本。

提高溢价：品牌将消费者与产品联系起来，起到中介作用，是影响消费者进行选择的外在条件，是能够为产品带来溢价能力的无形资产，具有品牌溢价功能，可以让产品卖出较高的、持续性的价格。

二、区域品牌

区域品牌（regional branding）也称为区位品牌或地区品牌。国外在 20 世纪 90 年代开始对区域品牌进行研究，在相关的英文文献中，regional branding、geo - branding、place branding 都是出现次数较多的关键词。Ashworth 等人最早提出区域品牌概念，认为区域品牌是对一个区域或主体及其区域产品进行品牌化建设的过程，区域产品的属性较为复杂，它既可以是实物产品，也可以是服务、文化等无形产品。聂锐认为来自同一地区的一类产品在市场上具有很高的知名度和信誉度，深受顾客的信赖，给顾客以安全的质量和良好的印象，可以产生区位品牌效应，节省营销费用，快速开拓市场。李亚林认为，区域品牌是行政区内与地区产品和特色文化密不可分的优势产业，是企业在经济市场拥有较高品牌影响力、所占市场份额、形象、服务等的集中表现。因此，区域品牌是指以一个地区内产业化、规模化的产品为基础，实现较高市场占有率，由在市场和顾客间拥有知名度和美誉的优势产品所形成的区域内公共品牌。

三、地理标志产品区域品牌

（一）农产品品牌

我国关于农产品品牌的研究起步较晚，从近 20 年才开始研究。农产品品牌是指农业生产者用来标记自己拥有的某种产品或服务，以达到区别于其他同类产品的作用，是生产者为了提升自身竞争力、增加消费者忠诚度的一种措施。农产品品牌也是由图案、文字、设计及其组合等一系列元素组成的，可以体现生产者与消费者之间的关系，也是生产者向消费者对其产品的品质进行保证的一种手段，是企业的一种无形资产。农产品品牌大多都具有鲜明的区域特征，这是由地域的自然条件与资源决定的，农产品品牌对其有高度的依赖性。农产品品牌建设的成功可以提高知名度，提升企业的影响力，有效占据市场份额。

农产品品牌具有四个基本特征，第一是体现地区专属自然资源、悠久的种养方法和加工工艺历史；第二是农产品商品化，质量在行业同类中排行靠前，生产经营效益好，市场占有率高；第三是以企业为载体，通过产业集群建设，科学分工，应用高新科技；第四是拥有公共性质。其主要表现形式为证明商标、集体商标、地理标志、无公害农产品等。

（二）农产品区域品牌

农产品区域品牌是指在特定区域内，借助一定的自然地理条件、人文环境因素生产或者加工的具有一定知名度的产品品牌，其构成形式为"产地名＋产品名"，如库尔勒香梨、西湖龙井、赣南脐橙等。这个地域一般为县级或地市级，这个品牌由该地域内的公众共同享有和使用。

农产品一旦形成区域品牌，就会比其他普通农产品更具优势。首先，当地农业资源的优势得到了利用，农产品的生长环境非常独特；其次，区域农产品最终收益不是属于个人单独拥有的，而是整个区域内的一系列相关主体的联合财产；第三，区域农产品是区域的代表，具有相当大的价值。目前，农产品区域品牌的创建得到了农业农村部的大力支持，在中国农业信息网设置了区域品牌专栏，研发出了具有中国特色的农产品区域品牌信息化推广系统，这是我国第一次在全国范围内系统性地宣传推广农产品区域品牌。

（三）农产品区域品牌的主要特征

1. 区域依赖性

区域依赖性指的是农产品品牌的建设受到当地独特自然环境以及地理位置的重要影响，一切农产品品牌的建设都是以良好的农产品生产环境为前提的，并在此基础上展开对农产品品牌的研究。一方面，区域的良好环境造就了优质的农产品品牌；另一方面，优质的农产品品牌也在一定程度上提高了区域的知名度并且大大推动了当地的经济发展。

2. 公共物品性

区域品牌的公共物品性指的是在一个区域内，一种农产品品牌的使用权、经营权归于该区域内各个企业、合作社、个体户等规模或大或小的组织机构，并且各组织之间不得相互干预。这有利于农产品品牌的推广和发展，但是缺陷也随之出现，一旦有了一个知名品牌，当地的组织机构往往会失去品牌建设的动力，使得品牌发展停滞不前。

3. 区域代表性

区域品牌顾名思义就是一个区域的品牌，往往是一个区域的象征，例如增城荔枝，它的命名既不是广东荔枝，也不是广州荔枝，而是增城荔枝。现在增城荔枝品牌建设已经相当成熟，当我们提到荔枝时，就会联想到增城这个区域。这就是在区域良好的自然条件基础上，赋予产品当地独特而悠久的文化历史，使得区域品牌的意义不再单一，而是变得独一无二、不可复制。

4. 文化加持性

农产品区域品牌在其赖以生存的自然环境条件下，以当地历史文化为载体，通过对传统文化加以修饰，附加在产品上，从而被市场上的消费者高度认可。同时，消费者也愿意为这种文化瑰宝买单，带来物质和精神的双向满足。因此，文化加持性也是农产品品牌建设过程中关键的一环。

（四）农产品区域品牌的建设

我国农产品区域品牌的构建一般从"三品一标"入手推进，即无公害农产品、绿色食品、有机农产品和农产品地理标志。无公害农产品强调农产品的质量安全，重视农产品生产场地环境和生产过程中的质量安全，从而给予农产品经国家安全认证机构颁发的安全证书，在产品包装上使用国家无公害农产品标志。绿色食品是从农产品可持续发展的角度出发，注重生产可持续发展和生态环境保护，从而生产出无污染、营养质量高、物美价廉的食品。有机农产品在可持续发展的基础上，更强调产品的纯天然、无污染、营养价值高，迎合消费者追求生态、环保的消费理念。农产品地理标志强调农产品生产于某一特定区域，具有独特的地方特色和品质特征，是农产品区域品牌建设和发展的基础。

（五）农产品区域品牌建设的发展模式

农产品区域品牌的建设发展主要分为3种模式。第一，人文历史传承型。强调以当地历史悠久的文化作为农产品区域品牌的打造基础。第二，特有自然资源型。强调利用当地独有的地理环境种植生产出优质的农产品，从而推动农产品区域品牌的打造，是农产品区域品牌建设的本质要求。第三，产业链型。强调农产品的规模化、产业化种植发展，通过投入使用现代科学技术以及现代管理模式的加持，创建"名优农产品"上、中、下游融合一体的产业集群。

四、打造地理标志产品区域品牌的意义

（一）促进农村地区发展，增加农民收入

2020年，云南香格里拉、怒江的农民人均可支配收入分别为9 547元、7 810元。农民人均收入的增长主要依赖于农户经营、外出务工收入的增加，其收入中农业收入所占比重较高。农产品区域品牌的建设和运营，可有力促进区域品牌在产品特色、市场认知和市场口碑上的提升，直接提高产品的价格及销售额，有效增加农民收入。

（二）满足市场供给及消费需求

如今，丰富的市场供给、日益多元的消费需求，对农产品的品质和安全提出了更高的要求。与此同时，农产品的品质、价格随着不同地域的地理资源禀赋、加工工艺而差异明显，消费者对农业品牌的忠诚度弹性很大，导致农产品生产销售企业的市场风险很高。创建特色农产品区域品牌，有助于消费者更好地用品牌"认证"，使品牌具备一定的市场认知度和品牌美誉度，保证农产品市场能够有相对持续稳定的生产和销售、降低市场风险等。

（三）促进农业经济和农产品生产经营的持续发展

创建农产品区域品牌时，农户负责农产品的种植生产，合作社或行业组织在农产品产、供、销各环节发挥作用，政府牵头创建农产品品牌，"对产品进行统一产品标准、统一质量管理、统一品牌标识的有序管理"。用品牌把区域、产品的形象树立起来，把生产和市场连接起来，实现规模经营。例如四川巴中的"巴食巴适"、浙江丽水的"丽水山耕"等，将地方多个产业、多品类产品和品牌统一打包推广。同时，政府在政策、资金、服务等方面给予支持，在旅游、文化、艺术资源方面做好挖掘和凝练工作，为区域内的农业经济可持续发展提供政策、物质保障。云南近几年加大以区域品牌为基础的产、供、销一体化运作，增加农产品附加值，地区经济得到快速发展，农民收入有了大幅提高。

例如 2021 年入围"云南日报 10 大名品"的 95 个候选品牌申报主体销售额年均增幅在 17％左右，2020 年累计销售额达 143.39 亿元，比 2019 年增长 16.71％。

（四）有助于提高特色农产品的国际竞争力

由于我国农业经营模式先天存在分散种植、产业落后、品牌弱小、行政分割、标准不一等多重问题，因此我国农业在国际市场竞争中常处于被动的地位。"创名牌"是进一步增强云南农特产品世界一流"绿色食品牌"影响力和美誉度的重要途径。"云南'十四五'期间茶叶、花卉、蔬菜、水果、坚果、咖啡、中药材、肉牛等八个重点产业发展步入快车道，产量和效益明显提升。"2020 年，云南出口农产品 323.8 万 t，出口额 360.7 亿元，同比分别增长 16.4％、8.9％。

第六节　云南地理标志产品区域品牌建设现状

一、国外地理标志产品保护现状

欧洲是最早使用地理标志系统的地区。目前已知的最早对商品来源地给予官方认可和保护的事例，是 1411 年法国国王查理六世关于罗克福蓝纹奶酪（le Roquefort）的一封书函，后来每任继位的国王都延续了这项举措，一直到路易十四世。此外，法国图卢兹高等法院（Parlement de Toulouse）于 1666 年 8 月 31 日首次判决隔邻的农场使用了该产地名称构成违法应予处罚，从此开启了法国的"原产地命名控制"（Appellation d'Origine Contrôlée，简称 AOC，英文译文是 controlled designation of origin）机制。后来，这个机制的涵盖范围逐步扩大，成为对各种奶酪、酒类、黄油（或牛油）和其他农业产品产地质量的认证与保护，通常会加上一个"受保护原产地名称"（Appelation d'Origine Protégée，简称 AOP，英文译文是 protected designation of origin 或 PDO）的特殊印记。目前 AOC 机制由法国的国家产地及品质管理局（Institut National de l'Origine et de la Qualité，简称 INAO）主管。后来，许多国家和地区仿效这套机制，AOC/AOP 也成为目前欧盟地理标志保护（Protected Geographical Indication，简称 PGI，含义更广）的一种类型（图 6-7）。

PDO　　**PGI**

图 6-7　欧盟地理标志保护专用标志

（图源引自网络）

二、我国地理标志产品区域品牌建设现状

（一）我国地理标志产品保护制度

我国地理标志产品保护制度起步较晚。1985 年我国成为《巴黎公约》成员国后，为建立符合公约的法律规则，于 1986 年在国家工商行政管理局商标局回复安徽省工商行政管理局的文件——《关于县级以上行政区划名称作商标等问题的复函》中表示，作为《巴黎公约》的缔约国，中国有义务遵守公约规定，应保护原产地名称，并认识到不能使用与之相冲突的行政区划作为注册商标。直到1994 年出台的《集体商标、证明商标注册和管理办法》才将地理标志纳入法律保护，并规定可以将其注册为证明商标以获得保护。为履行《TRIPS 协议》义务，我国在 2001 年修订《商标法》时首次将地理标志纳入了我国商标法保护体系。

1. 原国家质量监督检验检疫总局地理标志产品保护体系

1999 年，国家质量技术监督局发布《原产地域产品保护规定》；2001 年，国家出入境检验检疫局发布《原产地标记管理规定》及《原产地标记管理规定实施办法》，后者第四章规定了原产地认证标记的使用，第十四条中的第（一）条规定了标记图案 CIQ - Origin，标记图案为椭圆形，底色为瓷兰色，字体为白色。标记的材质为纸质，有耐热要求时为铝箔。标记的规格分为 5 个号，标记图案的长、短半径比例为 1.5∶1①。之后，原国家质量技术监督局与原国家出入境检验检疫局合并为国家质量监督检验检疫总局。

2005 年，国家质量监督检验检疫总局发布《地理标志产品保护规定》，将原产地域产品改为地理标志产品，建立了我国地理标志产品保护制度。2006 年，发布《关于发布地理标志保护产品专用标志比例图的公告》，规定地理标志专用标志图案。标志的轮廓为椭圆形，淡黄色外圈，绿色底色。椭圆内圈中均匀分布 4 条经线、5 条纬线，椭圆中央为中华人民共和国地图。在外圈上部标注"中华人民共和国地理标志保护产品"字样；中华人民共和国地图中央标注"PGi"字样；在外圈下部标注"PEOPLE'S REPUBLIC OF CHINA"字样。在椭圆形第四条和第五条纬线之间中部标注受保护的地理标志产品名称②。2009 年发布的《地理标志产品保护工作细则》中，地理标志专用标志图案沿用2006 年的公告。

2. 原国家工商行政管理总局地理标志产品保护体系

2003 年，国家工商行政管理总局发布《集体商标、证明商标注册和管理办法》，同时废止 1994年 12 月 30 日发布的《集体商标、证明商标注册和管理办法》，建立我国商标保护制度。2007 年，国家工商行政管理总局发布《地理标志产品专用标志管理办法》，第二条规定了专用标志的概念，是指国家工商行政管理总局商标局为地理标志产品设立的专用标志，用以表明使用该专用标志的产品的地理标志已经国家工商行政管理总局商标局核准注册。第三条规定：专用标志的基本图案由中华人民共和国国家工商行政管理总局商标局中英文字样、中国地理标志字样、GI 的变形字体、小麦和天坛图形构成，绿色（C：70 M：0 Y：100 K：15；C：100 M：0 Y：100 K：75）和黄色（C：0 M：20Y：100 K：0）为专用标志的基本组成色③。

---

① 《原产地标记管理规定实施办法》，2001 年 4 月 1 日起实施，国家出入境检验检疫局发布。
② 国家质量监督检验检疫总局 2006 年第 109 号公告《关于发布地理标志保护产品专用标志比例图的公告》。
③ 《地理标志产品专用标志管理办法》（2007 年 1 月 30 日）第二条规定：本办法所指的专用标志，是国家工商行政管理总局商标局为地理标志产品设立的专用标志，用以表明使用该专用标志的产品的地理标志已经国家工商行政管理总局商标局核准注册。第三条规定：专用标志的基本图案。

3. 原农业部农产品地理标志保护体系

2008 年，农业部实施《农产品地理标志管理办法》，随后颁布《农产品地理标志登记程序》和《农产品地理标志使用规范》，开始启动农产品地理标志登记认定工作。《农产品地理标志使用规范》第二条规定：农产品地理标志公共标识基本图案由中华人民共和国农业农村部中英文字样、农产品地理标志中英文字样和麦穗、地球、日月图案等元素构成。公共标识基本组成色彩为绿色（C100Y90）和橙色（M70Y100）①。

至此，我国形成了工商部门地理标志商标注册、质检部门地理标志产品认证、农业部门农产品地理标志登记认定三种并行的保护模式。这种多头保护模式虽然充分发挥了三个部门的职能优势，短时间内推动了我国地理标志事业的迅速发展，但是，因缺少顶层统筹协调，保护体系比较混乱，实务中容易造成权利冲突和执法冲突等问题，影响了我国地理标志产业的统筹协调发展。

4. 国家知识产权局保护体系

2018 年初，国家工商行政管理总局与国家质量监督检验检疫总局经新一轮国务院行政机构改革后统一合并为国家市场监督管理总局，下设国家知识产权局。经调整，原国家工商行政管理总局 GI 认定及管理职权与原国家质量监督检验检疫总局地理标志产品（Product of Geographical Indication，PGI）认定及管理职权统一交由国家知识产权局执行。为推进 GI 和 PGI 两套地理标志认定与管理体系在政策及保护标准上实现有效衔接，国家知识产权局一方面牵头制定地理标志专用标志且将其纳入官标保护范畴，另一方面积极推进专用标志更换工作与核准使用改革试点。2020 年，国家知识产权局发布《地理标志专用标志使用管理办法（试行）》，原地理标志产品专用标志同时废止，原标志使用过渡期至 2020 年 12 月 31 日。专用标志的图案以经纬线地球为基底，中文为"中华人民共和国地理标志"，英文为"GEOGRAPHICAL INDICATION OF P. R. CHINA"，"GI"为国际通用的"Geographical Indication"缩写名称，确保不同语言、文化背景的多层次消费群体直观可读，表现了地理标志作为全球通行的一种知识产权类别和地理标志助推中国产品"走出去"的美好愿景②（图 6 - 2）。

5. 农业农村部和国家知识产权局二元保护体系

2018 年，农业部机构调整后变更为农业农村部，负责农产品地理标志（Agro-product Geographical Indication，AGI）的认定及管理工作。由此，地理标志认定与管理工作从原先的三元管理模式变更为农业农村部、国家知识产权局主导的二元管理模式。

(二) 我国地理标志产品登记情况

根据国家知识产权局公布的有关数据显示，截至 2021 年底，我国累计批准地理标志保护产品 2 490 个，地理标志作为集体商标、证明商标注册 6 562 件，核准专用标志使用市场主体 17 692 家，建设地理标志产品保护示范区 74 个，其中 98.24% 的地理标志产品为涉农产品。

(三) 我国地理标志产品区域覆盖情况

我国地理标志产品注册数量最多的地区是西部地区，共注册了 2 395 件；其次是东部地区，共注册 2 289 件；中部地区的注册数量相对较少，共有 1 434 件；东北地区的注册数量是四大地区中最少

① 《农产品地理标志使用规范》（2008 年 8 月 8 日）第二条。
② 《新的地理标志专用标志官方标志发布》（2021 年 1 月 1 日，国家知识产权局），https://www.cnipa.gov.cn/art/2019/10/18/art_53_117565.html。

的，仅有 566 件（表 6-2）。需要注意的是，西部地区的地理标志产品注册数量在四大地区中最多，即西部地区拥有丰富的地理标志资源，但经济发展水平却相对滞后。可能的原因有两点：一是西部地区产业化发展仍处于较低水平，缺乏完整高效的产业链体系，尚未形成规模效应；二是品牌意识较为薄弱，市场机制不够完善，阻碍了地理标志产业的发展。

表 6-2　我国地理标志产品种类情况

单位：件

类别	地区			
	东部	中部	西部	东北
水果	591	258	566	103
茶	183	142	155	0
蔬菜	457	281	371	77
家禽牲畜	187	134	441	42
水产品	288	94	56	74
中药材	84	93	160	41
粮油	211	210	292	159
工艺品	91	61	65	14
花卉	53	38	54	4
其他	144	123	235	52
总数	2 289	1 434	2 395	566

注：引自王弘儒，秦文晋，《中国地理标志产品的空间分布与集聚特征研究》，2023。

三、云南地理标志产品区域品牌建设现状

（一）云南地理标志产品形成基础

1. 自然资源

云南地处中国的西南边陲，属于低纬度内陆地区，北回归线横贯云南南部地区。云南属山地高原地形，其中，中海拔区域面积占全省面积的 80% 以上，平均海拔达到 2 000 m 左右。云南气候基本属于亚热带高原季风型气候，气候类型众多，年温差小，日温差大，干湿季节分明，气温随垂直变化明显。此外，全省无霜期长，即使是在比较寒冷的滇西北和滇东北地区，无霜期也高于 200d。云南是全国植物种类最多的省，被誉为植物王国，从热带到寒温带的各类植物在云南均有分布。截至 2011 年，全省林地面积约为 2 667 万 hm²，约占云南国土面积的 70%。全省自然保护区面积约 300 万 hm²。云南植物类型多样，药用、香料、观赏植物等在全省范围内均有分布。云南良好的地理环境、气候条件和丰富的动、植物资源为云南拥有和培育地理标志保护产品打下良好的资源基础，涌现出一批优质、独有的农产品。

2. 历史文化

云南历史悠久，是人类重要的发祥地之一。自夏商以来，云南就已是中国的九州之一梁州。秦代朝廷向云南派官置吏标志着中央政府正式对云南开始统治。同时，云南有 52 个少数民族，是我国民族种类最多的省份。除汉族以外，有 26 个世代居住在云南的少数民族人口超过 5 000 人。其中，有 15 个民族为云南特有，人口数均占该民族全国总人口的 80% 以上。截至 2015 年末，全省少数民族人

口约 1 600 万人，约占全省人口总数的 33%，是全国少数民族人口数超过千万的 3 个省份之一。云南少数民族交错分布，表现为大杂居与小聚居，彝族、回族在全省大多数县均有分布。云南历史悠久的民族创造和传播了独特的历史文化，赋予云南地理标志保护产品以文化的内涵，产品的背后存在着一个个动人的传说和故事，使地理标志区域品牌在市场竞争中拥有了不可复制的文化优势，如呈贡宝珠梨相传为宋代宝珠和尚将树苗带到昆明而出现的；洱海梅子因梅姑娘眼泪的浇灌而重生，并且成为白族传统名特食品广泛传播。

3. 生产工艺

在云南独特的自然地理环境和多样的民族历史文化下，存在一部分独特性来源于生产工艺的地理标志保护产品（图 6-8），如普洱茶、宣威火腿、石屏豆腐等。普洱茶分为普洱生茶和熟茶，生茶是以云南一定区域内的云南大叶种晒青茶为原料，采用杀青、揉捻、解块、日光干燥、蒸压成形等特定加工工艺制成的紧压茶。而熟茶是采用特定工艺后经发酵加工形成的散茶和紧压茶。宣威火腿以身穿绿袍、肉质厚、精肉多、营养丰富、鲜嫩可口享誉中外，依托宣威独特的气候环境，仅采用食用盐腌制即可防止火腿变质的生产工艺使宣威火腿走向世界。石屏豆腐，采用石屏异龙镇的地下水点制而成，具有质地细腻、韧性高、清香细嫩、不易腐败的特质。独特的生产工艺加之地理环境和历史文化的影响，使云南地理标志保护产品有着鲜明的独特性和不可复制性，为地理标志区域品牌的发展打下了良好的基础。

图 6-8 云南名优地理标志产品展示（部分）
（图源引自网络）

（二）云南地理标志产品登记情况

随着我国地理标志保护制度逐步建立健全，云南各级政府及相关部门十分重视地理标志保护工作。云南地理标志保护工作始于 2000 年，第一个登记的地理标志产品是宣威火腿（2000 年），第一个申请地理标志证明商标的产品是普洱茶（2003 年）。近 10 年来，在各级相关部门共同推动下，云南地理标志登记数量总体呈快速增长态势。据统计，2010 年底云南共登记地理标志 54 个，2015 年底达到 252 个，2020 年底达到 429 个。其中，地理标志证明商标注册数量增长速度较为明显，2010 年全省地理标志证明商标仅有 19 个，2015 年底达到 135 个，2020 年底达到 282 个。

近年来，云南立足省情、结合实际，以强化地理标志培育、管理、运用与保护为抓手，实施地理标志运用促进工程、地理标志保护示范区建设，支持和推动以打造地理标志为核心的区域公共品牌建设，助力区域经济发展，取得了明显成效。截至 2022 年底，全省拥有的地理标志总数达 487 个，其中农产品地理标志 86 个、地理标志证明商标 336 个、地理标志保护产品 65 个[①]，位居全国第六位，实现了全省 16 个市（州）地理标志全覆盖，范围包括茶叶、中药材、禽肉类、水果、蔬菜、工艺品等多种特色产品，涉及养殖业、种植业、加工业等领域。使用专用地理标志市场主体达 572 家，年产值 134.24 亿元。

（三）云南地理标志产品区域覆盖情况

2023 年，云南地理标志保护区域覆盖全省 16 个市（州），各市（州）均有不同类型的产品开展了地理标志登记。截至 2022 年 12 月 30 日，登记最多的是大理和红河，分别是 54 个、50 个，其次是保山 45 个、昆明 38 个、楚雄 35 个、普洱 35 个、曲靖 34 个、玉溪 34 个、德宏 29 个、迪庆 27 个、西双版纳 25 个、文山 23 个、昭通 21 个、临沧 17 个、丽江 10 个、怒江 7 个（图 6-9）。在现行地理标志保护制度下，部分地区部分产品同时申请了多种类型的登记。据统计，云南各市（州）登记的地理标志中有 74 个产品同时申请了 2 种或 3 种类型的地理标志登记。

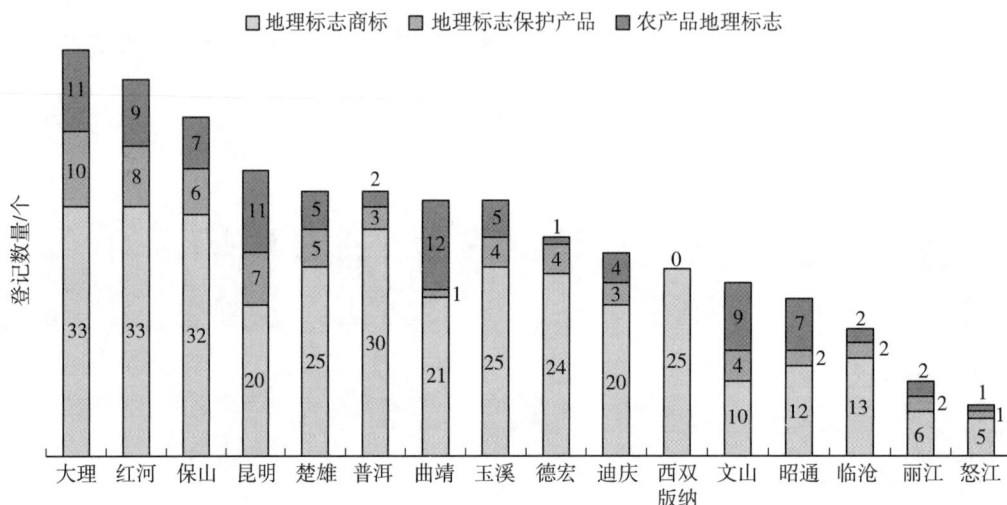

图 6-9　云南 16 个市（州）三大地理标志类型登记现状[②]

（四）云南地理标志产品种类情况

在知识产权体系中，地理标志最具有"亲农性"，这是因为地理标志由地理来源决定，蕴含了当地的风土特色、自然本质，无形中使农产品成为地理标志的主力军。云南已登记的 487 个地理标志中，涵盖了水果（69 个）、中药材（43 个）、家畜（43 个）、蔬菜（41 个）、茶叶（40 个）、粮油（25 个）、家禽（23 个）、加工食品（19 个）、坚果（14 个）、工艺制品（9 个）、花卉（8 个）、水产品（5 个）和其他农产品（28 个）等类别，去除同一种农产品同时含 2 种以上标志，共计 367 个（图 6-10）。地理标志产品涵盖种类较多，辐射带动范围广，对促进农民增收、农业增效和农村发展产生了重要的推动作用。

---

①② 数据主要参考：全国地理标志检索 & 认证评估系统，http：//www. zg-gi. com/index；中国绿色食品发展中心，http：//www. greenfood. agri. cn/xxcx；国家知识产权局，https：//www. cnipa. gov. cn/和全国农产品地理标志信息查询 https：//www. anluyun. com：8187/。

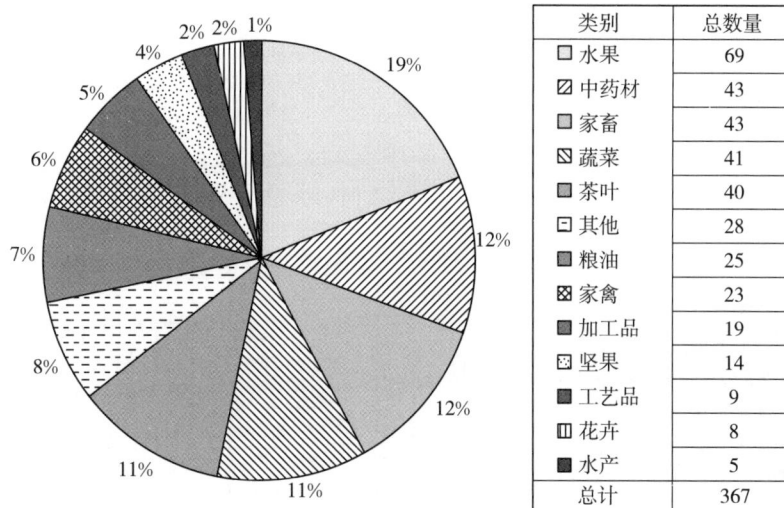

类别	总数量
水果	69
中药材	43
家畜	43
蔬菜	41
茶叶	40
其他	28
粮油	25
家禽	23
加工品	19
坚果	14
工艺品	9
花卉	8
水产	5
总计	367

图 6-10　云南省地理标志产品种类

（数据主要参考：全国地理标志检索 & 认证评估系统，http：//www.zg-gi.com/index；中国绿色食品发展中心，http://www.greenfood.agri.cn/xxcx/；国家知识产权局，https：//www.cnipa.gov.cn/和全国农产品地理标志信息查询，https://www.anluyun.com：8187/）

第七节　云南猕猴桃地理标志产品区域品牌建设现状

一、国外猕猴桃地理标志产品区域品牌建设现状

（一）国外猕猴桃种植历史

猕猴桃最早的产地可以追溯到中国。1904 年，新西兰从中国湖北宜昌引去了野生猕猴桃，然后开始驯化，直到人工栽培出品种优良的海沃德。之后，猕猴桃的种植开始出现在美国、英国等国家，国外的猕猴桃发展空前繁荣起来，在智利、日本等国家，猕猴桃的发展也相当繁荣。20 世纪 70 年代左右，南美洲和中东的部分国家也开始引进人工栽培的猕猴桃，到了 80 年代，猕猴桃种植开始大面积地在全球各地发展起来。目前，很多国家的猕猴桃种植已经成为一种规模化的栽培体系，成为一种效益显著的产业模式。

（二）国际猕猴桃栽培面积和产量

联合国粮食及农业组织（FAO）统计了 2010—2021 年全球 23 个国家和地区的猕猴桃生产数据，统计数据表明，2010 年以来全球猕猴桃生产基本呈稳步增长态势，收获面积由 17 万 hm² 增加到 28 万 hm² 以上（图 6-11），而产量由不到 300 万 t 增加到 400 万 t 以上（图 6-12）。就全球猕猴桃产量和单位产量来看，随着全球猕猴桃收获面积提升，全球猕猴桃产量稳步增长，从 2010 年的 279.3 万 t 增长至 2020 年的 430.9 万 t，2021 年产量提升至 443.2 万 t，相较 2020 年增长 2.85％。从单位产量来看，2010—2021 年整体上未有明显提升，甚至小幅度下降，主要由于部分主产国快速扩张面积但整体亩产未提升。2021 年全球猕猴桃贸易总额达 83.64 亿美元，较 2020 年增加了 15.34 亿美元，增幅达 22.46%，占全球果品贸易总额的 2.98%。

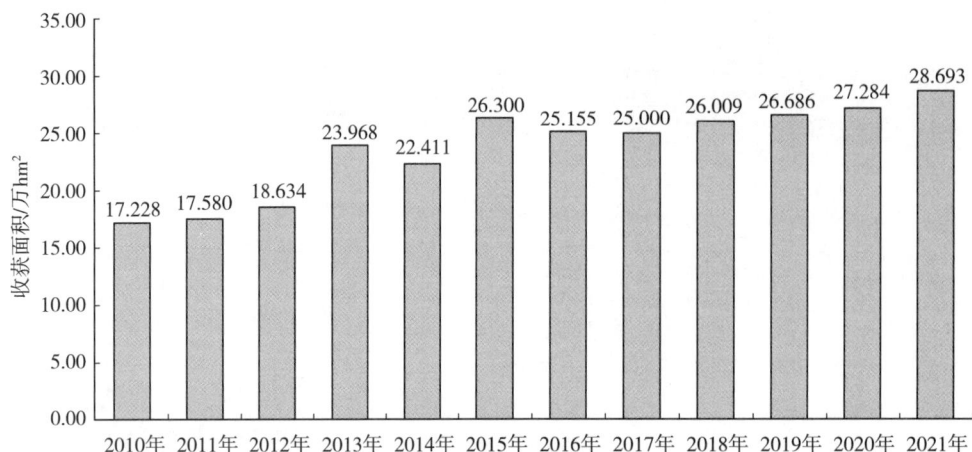

图 6-11 2010—2021 年全球猕猴桃收获面积走势

（来源：FAO，华经产业研究院整理）

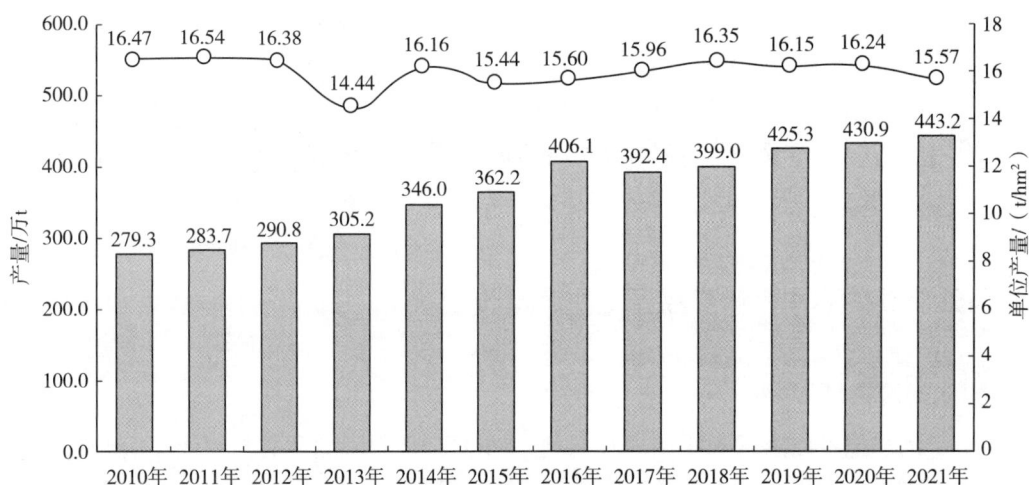

图 6-12 2010—2021 年全球猕猴桃产量和单位产量走势

（来源：FAO，华经产业研究院整理）

二、国内猕猴桃地理标志产品区域品牌建设现状

（一）国内猕猴桃栽培面积和产量

中国是猕猴桃起源地之一，自 1978 年来，经过 40 余年发展，成为世界上猕猴桃产业发展规模最大的国家。2009—2019 年，中国猕猴桃种植面积的谷值为 95 000hm²，峰值为 195 194hm²。种植面积从 2009 年的 95 000hm² 增长至 2019 年的 182 566hm²，增长了 87 566hm²，2019 年同比增长 4.35%（图 6-13）。

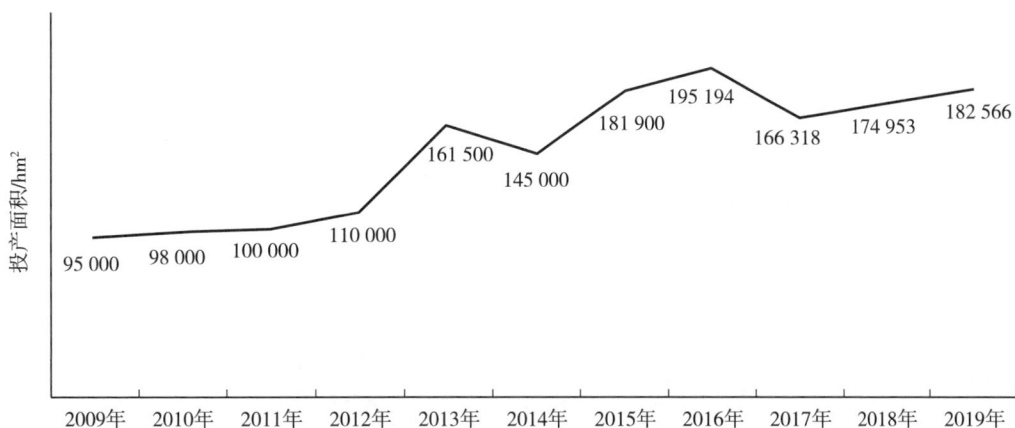

图 6-13　2009—2019 年中国猕猴桃投产面积
（来源：FAO，云果产业大脑整理）

　　根据农业农村部种植业管理司统计数据，到 2023 年，全国有 20 个省（市、区）种植猕猴桃。2016 年种植面积排名前五位的依次是陕西、四川、贵州、湖南、河南。2018 年陕西猕猴桃产量为 126.4 万 t，四川产量达 20.4 万 t，第三名的浙江产量为 17.5 万 t（图 6-14）。2016 年产量排名前五位的省依次是陕西、河南、四川、湖南、贵州，5 个省的栽培面积占全国总量的 77.2%，产量占 90.3%，其中，栽培面积和产量最大的是陕西，其 2016 年栽培面积和产量分别占全国的 32.07% 和 54.91%。截至 2018 年末，全国猕猴桃种植面积 24 万 hm²，挂果面积 1.58 万 hm²，总产量 255 万 t，占全球猕猴桃总规模的 72%，种植规模是意大利的 6.8 倍、新西兰的 13.9 倍。

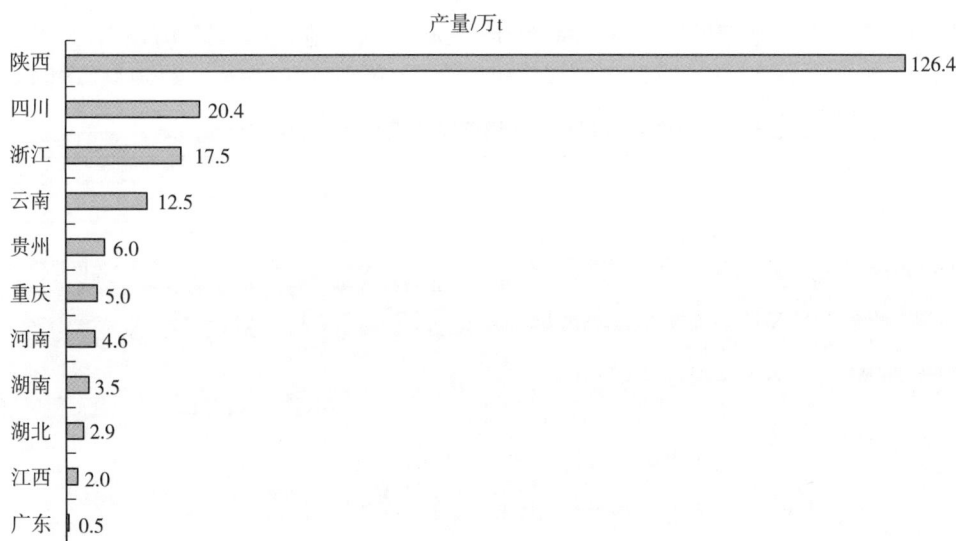

图 6-14　2018 年中国猕猴桃主要种植省份的产量
（来源：农小蜂，云果产业大脑整理）

　　2009—2019 年，中国猕猴桃总产量的谷值为 1 250 000t，峰值为 2 395 768t，均值为 1 793 651.18t。总产量从 2009 年的 1 250 000t 增长至 2019 年的 2 196 727t，增长了 946 727t，2019 年同比增长 3.91%（图 6-15）。

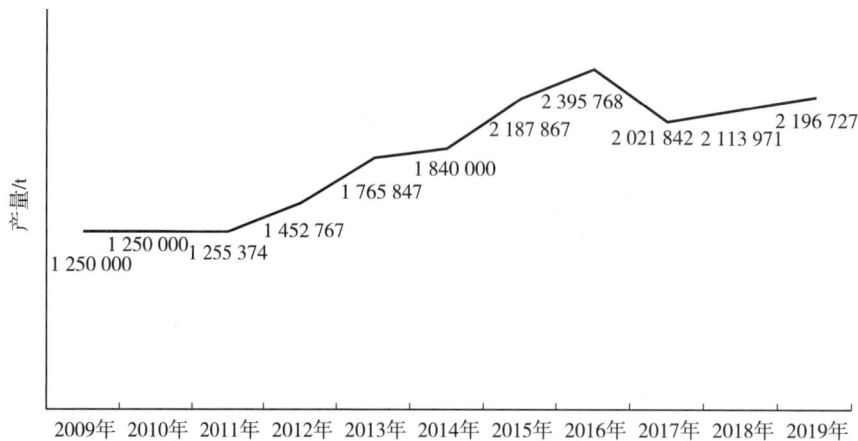

图 6-15　2009—2019 年中国猕猴桃总产量

（来源：FAO，云果产业大脑整理）

（二）国内猕猴桃地理标志产品登记情况

作为猕猴桃的种植大国和发源地，我国在猕猴桃地理标志方面拥有得天独厚的优势资源，在 1998 年我国启动地理标志产品认证以后，2004 年国家质量监督检验检疫总局正式批准对苍溪红心猕猴桃实施原产地域产品保护，这是中国实行原产地域产品保护制度以来，批准保护的第一个猕猴桃产品。后续又相继登记了一批猕猴桃地理标志产品，如周至猕猴桃、湘西猕猴桃、蒲江猕猴桃等。作为农业知识产权的一个重要组成部分，猕猴桃地理标志在农业经济发展和乡村振兴中扮演越来越重要的角色，也引起了科研工作者的高度重视。

据初步统计，截至 2023 年 7 月，全国拥有猕猴桃地理标志 54 个，其中农产品地理标志 25 个、地理标志证明商标 37 个、地理标志保护产品 16 个（表 6-3）。地理标志证明商标注册数量增长速度较为明显，2010 年全国地理标志证明商标未有登记，2015 年底达到 11 个，2020 年底达到 29 个。

表 6-3　猕猴桃地理标志登记情况（数据截至 2023 年 7 月）

序号	产品名称	所在地域	证书持有人	产品类别	地标类别	登记证书编号/申请注册号	年份/年
1	茂县猕猴桃	四川	茂县经济作物管理站	水果	a	48173163	2022
2	都江堰猕猴桃	四川	都江堰市猕猴桃协会	水果	abc	AGI03498	2022
3	西畴猕猴桃	云南	西畴县农业技术推广中心	水果	a	51589211	2022
4	古蔺猕猴桃	四川	古蔺县特色农产品产业发展服务中心	水果	a	40392415	2021
5	射洪红心猕猴桃	四川	射洪市新农界现代种养专业技术协会	水果	a	45482079	2021
6	察隅猕猴桃	西藏	察隅县农技推广服务站	水果	ab	52449715	2021
7	陇川猕猴桃	云南	陇川县农业技术推广中心	水果	a	33692921	2020
8	江山猕猴桃	浙江	江山市猕猴桃产业化协会	水果	ab	AGI02860/AGI02238	2020
9	岫岩软枣猕猴桃	辽宁	岫岩满族自治县软枣猕猴桃协会	水果	b	AGI02805	2020

（续）

序号	产品名称	所在地域	证书持有人	产品类别	地标类别	登记证书编号/申请注册号	年份/年
10	永顺猕猴桃	湖南	永顺县农业技术推广中心	水果	b	AGI02970	2020
11	兴仁猕猴桃	贵州	兴仁市农业技术推广中心	水果	b	AGI03040	2020
12	城固猕猴桃	陕西	城固县果业技术指导站	水果	b	AGI03072	2020
13	西峡猕猴桃	河南	西峡县农产品质量检测站	水果	abc	AGI02705	2019
14	凤凰猕猴桃	湖南	凤凰县经济作物技术服务站	水果	b	AGI02714	2019
15	黔江猕猴桃	重庆	重庆市黔江区农产品质量安全管理站/重庆市黔江区生态水果协会	水果	ab	AGI02735/21320442	2019
16	邛崃猕猴桃	四川	邛崃市猕猴桃产业协会	水果	b	AGI02736	2019
17	周至猕猴桃	陕西	周至县特色产业发展服务中心/周至县农产品质量安全检验监测中心	水果	abc	27653043/AGI02513	2019
18	垣曲猕猴桃	山西	垣曲县特色农副产品协会	水果	a	29312596	2019
19	建宁猕猴桃	福建	建宁县猕猴桃产业协会	水果	a	33266135	2019
20	恩阳猕猴桃	四川	巴中市恩阳区地方名特产品保护促进会	水果	a	23501197	2018
21	泰顺猕猴桃	浙江	泰顺县猕猴桃专业技术协会	水果	ab	23294342/AGI02186	2018
22	屏边猕猴桃	云南	屏边苗族自治县茶果站	水果	a	23295513	2018
23	奉新猕猴桃	江西	奉新县果业办	水果	ab	25111026/AGI01687	2018
24	郎岱猕猴桃	贵州		水果	c		2018
25	修文猕猴桃	贵州	修文县猕猴桃产业发展局	水果	abc	AGI02357	2018
26	本溪软枣猕猴桃	辽宁	本溪满族自治县农业技术推广中心	水果	b	AGI02385	2018
27	宜昌猕猴桃	湖北	宜昌市农业科学研究院	水果	b	AGI02485	2018
28	金寨猕猴桃	安徽	金寨县猕猴桃产业协会	水果	abc	AGI02018	2017
29	兴文猕猴桃	四川		水果	c		2017
30	武功猕猴桃	陕西	武功县果业局	水果	a	20418353	2017
31	凤凰红心猕猴桃	湖南	凤凰县旅游品牌发展协会	水果	a	15119692	2017
32	雾渡河猕猴桃	湖北	宜昌市夷陵区雾渡河镇猕猴桃专业协会	水果	a	15625339	2016
33	金寨猕猴桃	安徽	金寨县农业技术推广服务中心	水果	abc	15769581	2016
34	彭水猕猴桃	重庆	彭水苗族土家族自治县猕猴桃协会	水果	a	16425225	2016
35	乐业猕猴桃	广西	乐业县人民政府	水果	c		2016
36	马边猕猴桃	四川	马边彝族自治县猕猴桃行业协会	水果	a	13247575	2015
37	秀山猕猴桃	重庆	秀山土家族苗族自治县农业综合服务中心	水果	a	14420722	2015

（续）

序号	产品名称	所在地域	证书持有人	产品类别	地标类别	登记证书编号/申请注册号	年份/年
38	眉县猕猴桃	陕西	眉县果业服务中心	水果	ab	11838582	2014
39	万州猕猴桃	重庆	重庆市万州猕猴桃研究所	水果	a	12145092	2014
40	桓仁猕猴桃	辽宁	桓仁满族自治县农副产品行业市场协会	水果	a	12432101	2014
41	水城猕猴桃	贵州	水城县绿色产业服务中心	水果	ab	AGI01168	2014
42	金寨猕猴桃	安徽	安徽省六安市金寨县人民政府	水果	abc		2014
43	雨城猕猴桃	四川		水果	c		2014
44	黔江金溪红心猕猴桃	重庆	黔江区金溪镇农业服务中心	水果	a	11012683	2013
45	西峡猕猴桃	河南	西峡县猕猴桃生产办公室	水果	abc	9831623	2012
46	黑山谷猕猴桃	重庆	重庆市万盛经济技术开发区农产品技术推广协会	水果	a	8838303	2011
47	博山猕猴桃	山东	博山区有机猕猴桃产业协会	水果	a	9424081	2011
48	赤壁猕猴桃	湖北		水果	c		2011
49	蒲江猕猴桃	四川		水果	c		2010
50	建始猕猴桃	湖北	建始县益寿果品专业合作社联合社	水果	b	AGI00329	2010
51	沐川猕猴桃	四川	四川省沐川县农学会	水果	b	AGI00333	2010
52	紫云猕猴桃	四川	广元市昭化区紫云猕猴桃协会	水果	a	7051048	2009
53	湘西猕猴桃	湖南		水果	c		2007
54	苍溪红心猕猴桃	四川	苍溪县猕猴桃协会	水果	ac	7866425	2004

注：a 为地理标志商标，b 为农产品地理标志，c 为地理标志保护产品。

数据主要参考：全国地理标志检索 & 认证评估系统，http：//www.zg-gi.com/index；中国绿色食品发展中心，http：//www.greenfood.agri.cn/xxcx/；国家知识产权局，https：//www.cnipa.gov.cn/和全国农产品地理标志信息查询，https：//www.anluyun.com：8187/。

（三）国内猕猴桃地理标志产品覆盖区域情况

到 2022 年，我国猕猴桃地理标志保护区域覆盖 16 个省（市、区）。截至 2023 年 7 月，登记最多的是四川 16 个，其次是安徽 9 个、贵州 7 个、陕西 7 个、河南 6 个、重庆 7 个、浙江 4 个、湖南 4 个、湖北 4 个、辽宁 3 个、西藏 2 个、云南 3 个、江西 2 个、山西 1 个、福建 1 个、山东 1 个、广西 1 个（图 6-16）。在现行地理标志保护制度下，部分地区部分产品同时申请了多种类型的登记。据统计，全国各省（市、区）登记的猕猴桃地理标志中有 16 个产品同时申请了 2 种或 3 种类型的地理标志登记。

三、云南猕猴桃地理标志产品品牌建设现状

（一）云南猕猴桃产业发展优势

1. 生态环境优势

云南是一个低纬度高海拔的高原山区省份，地形错综复杂。调查发现，云南野生猕猴桃属植物垂

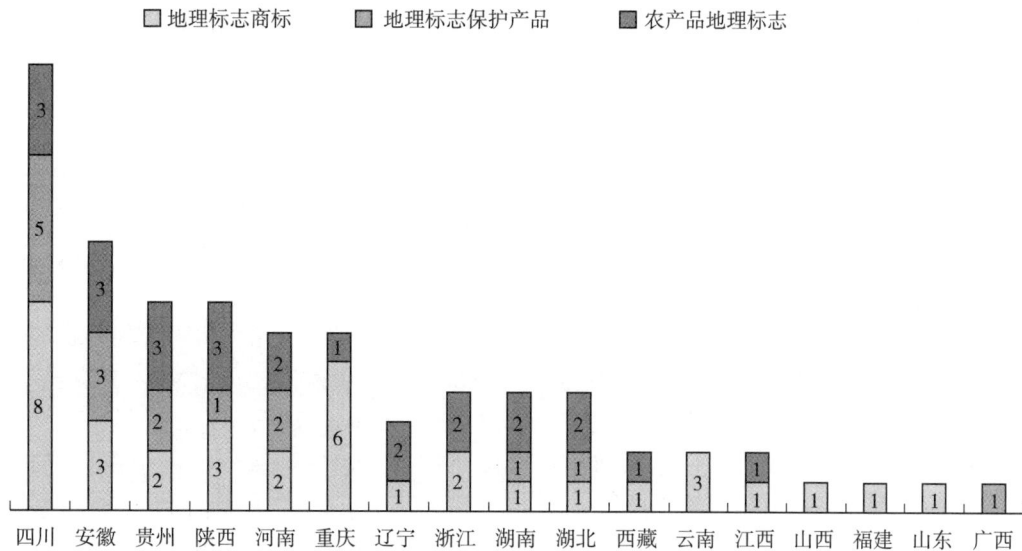

图 6-16 中国猕猴桃地理标志产品覆盖区域情况

（数据主要参考：全国地理标志检索 & 认证评估系统，http：//www.zg-gi.com/index；中国绿色食品发展中心，http：//www.greenfood.agri.cn/xxcx/；国家知识产权局，https：//www.cnipa.gov.cn/和全国农产品地理标志信息查询，https：//www.anluyun.com：8187/）

直分布于海拔 740 m 的昭通永善金沙江边到 3 480 m 的迪庆香格里拉空心树，但集中于海拔 1 100～2 500 m。由于极大的海拔高差，造就了云南独特的立体气候，年均气温 15℃ 左右，平均年降水量 583～2 747.6 mm，多数地区为 800～1 300 mm，昼夜温差大但年温差小。早春升温快，使得云南猕猴桃萌芽开花早。就云南栽培最广的红心猕猴桃红阳来看，与全国猕猴桃主产区陕西周至和贵州修文相比，整个物候期提前了 1 个月，具备优越的市场竞争力。自 2009 年以来，陕西、四川、贵州等猕猴桃主产区溃疡病蔓延迅速，危害较重。云南虽有发生，但整体危害相对较轻。而且云南冬季晴天多，光照充足，紫外线强，自然隔离条件优越，在一定程度上有助于病虫害的防治，有利于培养绿色无公害的猕猴桃产品。

2. 品种资源优势

云南是全国野生猕猴桃属植物种类最多的省份，是猕猴桃属植物重要的种质资源分布中心和多样性保存中心。调查发现，猕猴桃属净果组、斑果组、糙毛组和星毛组 4 个组的种质资源在云南均有分布，滇东北的昭通分布最多，有 23 个种、变种及变型，其次是文山、红河、大理等地。其中，净果组的猕猴桃资源具有丰富的育种潜力，而云南广泛分布有净果组猕猴桃资源。同时，云南还分布着 11 个独有种、8 个变种。独有种对生存环境的特殊要求和生态幅度窄的特点蕴藏着巨大的科学研究价值和经济价值，为打造具有云南高原特色的猕猴桃产业奠定了基础。

3. 区域优势

云南地理位置独特，境内向东与贵州、广西为邻，向北与四川隔江相望，西北紧靠西藏；境外向西与缅甸接壤，向南与老挝、越南毗连，具备优越的区位条件。经国务院批准在云南昆明举办的中国—南亚博览会，是扩大云南对外开放、促进多边多交战略实施的一个重要基地，有助于云南与国内外的经济交流。2015 年，习近平总书记对云南今后的发展给出了进一步定位——建设中国面向南亚东南亚辐射中心。"一带一路"倡议、长江经济带、孟中印缅经济走廊以及中国—中南半岛经济走廊的深入实施，使得云南的战略地位更加凸显，为云南的经济发展带来了巨大动力，也为云南未来的猕猴桃产业发展提供了前所未有的机遇。

（二）云南猕猴桃产业发展现状

1. 主栽品种和种植区域

云南早期发展的猕猴桃品种以世界主流品种海沃德为主，其次为地方品种会泽 8 号，随后增加了秦美、庐山香、魁蜜。2005 年以来，云南猕猴桃主要种植区便采取引种试种措施，文山西畴与四川中兴万邦农业科技有限公司合作引种新西兰黄肉猕猴桃 Hort16A，随后红河石屏也开始少量种植。曲靖与成都佳沃公司合作引种了东红、金艳。2006 年后，云南又引种红心猕猴桃，以红阳栽培最广。2009 年昆明安宁引入了黄肉猕猴桃 Kiwikiss。云南猕猴桃的种植区围绕昆明辐射分散，包括昆明安宁，红河泸西、石屏、屏边，曲靖麒麟、会泽、宣威，昭通昭阳、绥江、永善、大关，大理祥云，楚雄牟定、武定，德宏陇川，保山腾冲，文山西畴等地。其中主要种植区和示范区集中在昭通、曲靖、文山、楚雄和红河。

2. 栽培面积和经济效益

据 FAO 数据显示，2018 年，云南猕猴桃种植面积近 1.3 万 hm^2，占全国种植面积 17.6 万 hm^2 的 7.4%，产量达 0.47 万 t，占全国总产量 215.5 万 t 的 0.2%。2019 年，云南投产猕猴桃果园的平均亩产量为 200 kg，低于全国 800 kg 的平均水平。云南红肉猕猴桃品种的平均亩产值达 6 000 元，高于全国 5 760 元的平均水平，种植户年均每亩增收 4 000 元以上，种植效益相对较高，有利于农民增收，有助于产业扶贫。

（三）云南猕猴桃地理标志产品登记情况

通过查询地理标志检索评估系统（http：//www.zg-gi.com/index），中国绿色食品发展中心（http：//www.greenfood.agri.cn/xxcx/），国家知识产权局（https：//www.cnipa.gov.cn/）和全国农产品地理标志信息查询（https：//www.anluyun.com：8187/）等平台，截至 2023 年 7 月，云南猕猴桃地理标志产品登记数量仅 3 件，分别是 2018 年由屏边苗族自治县茶果站申报的屏边猕猴桃，2020 年由陇川县农业技术推广中心申报的陇川猕猴桃以及 2022 年由西畴县农业技术推广中心申报的西畴猕猴桃。总体上来看，云南猕猴桃地理标志产品登记数量极少，且起步较晚，与云南猕猴桃丰富的种质资源不匹配。

第八节　云南猕猴桃地理标志产品品牌建设存在的问题

一、地理标志产品数量少

截至 2023 年 7 月，云南猕猴桃仅有 3 件产品登记了地理标志产品。独特的地理特征为云南带来了较为丰富的农产品资源，但是地方发展限制与交通运输不便在一定程度上影响了农产品规模化生产，因此难以聚集形成附带地理属性的农产品，不利于地区农产品协调进步和聚力发展。

二、产品质量参差不齐，生态价值缺乏

农产品品牌的生态价值是指农产品的培育与建设依赖于地域独特的自然环境资源，农产品质量与

当地的生态环境质量相关，生态环境质量越好，其质量越有保障。由于一些品牌企业不重视地域资源和产品质量的结合，农产品品牌的生态价值直接受到重大影响，如曾经有着"中国第一米"之美称的原阳大米，就因为在产品质量上的不过关，让消费者对该品牌失去信心，品牌形象毁于一旦，逐渐失去了大米市场的主导地位，让东北大米和泰国香米迅速进入中国大米市场。

三、生产方式单一，社会价值缺失

农产品品牌具有一定社会公共属性，通过品牌建设，正向的原产地效应得以释放和强化，并对原产地区域内相关产品、品牌产生积极的作用，进而形成以地域农产品为中心的产业集聚，带动地域内产业发展从而带来相关就业岗位，拉动当地就业机会。现今云南大部分分散的农户未清晰认知地域资源优势，导致其生产规模极小且农产品单一化，不利于农产品品牌的打造，从而导致农产品品牌的社会价值也难以发掘。

四、产品包装无特色，情感价值匮乏

产品包装是品牌建设中重要的一环，是消费者与品牌沟通的桥梁。目前，从包装上看，设计形式过于单一，提取的图形元素过于简单，缺乏地域特色是云南猕猴桃地理标志产品品牌建设中的通病。这会导致无法在消费者心中树立品牌形象，农产品品牌的信任度无法提高，无法吸引消费者回购，农产品品牌从而失去核心竞争力。同时，在农产品品牌设计中缺乏人文关怀，没有考虑到消费者的个性和情感诉求，没有突出文化性，不利于品牌文化的衍生和强化消费者对品牌的印象。

五、区域品牌设计存在问题

（一）品牌理念缺失，文化价值短缺

在农产品品牌设计中，某些品牌过分强调产品部分元素，缺少地域文化对产品品牌内涵的影响，导致企业品牌特色、文化价值弱化。主要原因在于设计时，没有抓住农产品品牌地域文化特色。一个好的品牌理念有利于企业品牌文化的表达，从而促使消费者产生情感共鸣，加强对品牌的联想，加深对品牌的印象。

（二）缺乏创新性

云南的农产品区域品牌设计大多缺乏整体规划，缺乏创新，未能采用个性化、差异化的方式进行品牌设计的创新，很多农产品品牌设计从产品命名、产品包装设计到设计策划模仿同类型设计，难以显现区域农产品的独特资源禀赋或产品的个性特点，市场形象严重同质化，在认知度、知名度、忠诚度等方面均达不到预期效果，严重影响品牌传播宣传的效果。

（三）缺乏良好的设计管理

设计管理包含执行和战略两个层面，包括企业内、外部的设计项目和设计组织管理，也包含设计与创新的管理。现实是部分地方政府作为区域品牌的管理主体，未对区域品牌进行有效管理，品牌设计缺乏持续稳定且有效的传播宣传。大多云南农产品品牌设计缺乏管理意识，管理决策缺乏科学性，设计结果缺乏一贯性，在分析、设计、开发、评估、反馈等设计流程上缺乏规划、策略及原则的管理，同时在品牌建设的其他环节，比如产品的质量监督、商标设计注册等方面都缺乏专业性。

六、销售方式滞后，经济价值难以实现

产品销售量是验证品牌建设成果的重要方式，而媒介是传播销售信息的主要载体。随着信息传播

方式的不断更新，农产品品牌的信息载体依然落后。目前，云南大部分农产品品牌宣传方式还是电视广告、纸质印刷、线下展会或超市促销等传统渠道。传统的销售和传播方式不利于产品曝光，大大降低了消费者的体验感与参与感，导致农产品销量被拉低。

第九节　云南猕猴桃地理标志产品区域品牌建设建议

一、国内外建设经验借鉴

（一）国外经验借鉴

1. 新西兰猕猴桃品牌建设经验

新西兰地区的猕猴桃品牌建设意识非常超前，他们所选择的培育方式主要是商业化的发展模式，这在全球为首创。在前期培育品种的过程中，当地人已经发现了猕猴桃可能存在的商业价值，并且展开了规模化运营。这是在新西兰地区经过长期实践后最终形成的。在国际市场的发展过程中，新西兰并未停止脚步，而是不断拓展和提升产品的科技含量。从栽培技术上看，无论是果农还是专家，抑或是科研机构，从未停止研究这一课题。从商业运营的角度来看，当地人还拥有着超前的思维模式，特别是在国际市场上，新西兰保持了贸易顺差。如果仅仅将目光停留在国内市场，新西兰的猕猴桃种植产业势必会出现供过于求的局面。因此，新西兰将目光投向出口，并且在早年便确定了这一发展方向。从 2014 年猕猴桃种植面积为 12 081hm²，总产量达 403 337t，到 2018 年猕猴桃种植面积达 11 576hm²，总产量达 414 261t，在这 5 年间，新西兰的猕猴桃总产量处于增长状态，这一切都得益于当地超前的发展思维。

（1）将猕猴桃产业按照更加高端的出口路线进行发展。在新西兰，猕猴桃的种植及销售其实是一个起步较晚的产业，但是因为当地主导的路线是走高端发展路线，在产业发展之初就已经将目光聚焦于国际市场。从 2014 年开始，在全世界范围内，做猕猴桃出口生意最大的国家便是新西兰。在随后的发展过程中不仅取得了较高的利润，而且其种植规模也呈现直线上升的趋势。与此同时，新西兰地区在国际市场上也沿着更加高端的方向进行发展，开始实施绿色发展计划，通过更加有机的环境和更低的农药残留，吸引了国际市场中越来越多更具消费能力的群体，这样的销售方式也逐步拉开了竞争差距。以此带给云南猕猴桃一条发展思路：高端外销，利用地理位置与气候优势抢占国内高端市场及东南亚市场，吸引更具消费能力的群体，有效提高产业竞争力。

（2）不断创新管理机制。新西兰当地政府持续关注着猕猴桃产业的发展，因为最初规划该产业时就将目光着眼于出口贸易，并且可以为当地提供更多的就业机会，为整个国家外汇层面的收入带来巨大的经济效益。当不同时期该产业发展不适应市场时，当地政府会制定、出台相应的转型策略，以此来保证各项措施能够跟上市场发展的步伐，为该产业进出口贸易提供良好的发展环境。在新西兰当地，涉及猕猴桃产业进出口贸易的一切环节，都逐渐朝着更加标准、规范的方向不断拓展。在新西兰，专业从事于猕猴桃产业的公司都依托于网络信息时代带来的便捷，一旦在任何环节出现问题，该问题所涉及的各类详细信息均会通过互联网的方式反馈到公司。这样的管理方式有助于在不断变迁的市场环境下，始终创新管理机制，让企业的运营领先于世界各地。云南猕猴桃产业想要得到成熟的发展，势必需要一个完善的管理机制，以此来保障产品的整体质量。在时代不断变迁的管理需求下，如果产业的管理机制跟不上时代的变迁，势必会影响后续的可持续发展。

（3）扶持真正的龙头企业。西方国家的农业产业化是一个农业逐渐附属于产品的产业化模式过程，是一个依赖其他经济部门投入（如机器、种子、肥料和农业化学品）、生产要素替代、专业分工、厂商化和机械化的具有规模经济的过程。规模经济总是与垄断联系在一起的，规模经济具有通过实现产品规格的统一和标准化来提高产品质量，通过大量采购原材料折扣来降低生产成本、增进效率，通过管理人员和工程技术人员的专业化和精简来降低管理成本，为改进技术、研究开发新产品、产品行销宣传提供资金等优势，而重组或并购可以形成规模经济。农产品市场结构近乎完全竞争，并购或垄断形成的规模经济，在对外贸易中可以提高中小经营者经营效率，增强中小经营者的谈判地位。现有的新西兰奇异果国际有限公司（以下简称奇异果公司）是产权 100％ 归于果农的企业①。它是果农自己的企业，作为新西兰奇异果市场的龙头，垄断着新西兰奇异果的出口渠道，作为国际猕猴桃市场的寡头连接着新西兰果农与国际市场。为保证奇异果在国际市场上的出口持续发展，奇异果公司聘请了职业经理人团队管理经营公司的运转，产、销各环节实现专业经营。例如，他们每年不惜花重金进行市场调研，以确定不同国家消费者在口味、大小、种类和成熟程度上的需求情况；针对零售销路的特别需求，设计不同的产品和服务。其充足的供应量，完善的运、销、配送系统以及价格优势，加上包括媒体广告、公关宣传、巡回促销活动的行销计划，正是因为规模上的优势公司才可以开展这些工作。企业间并购或垄断的意义在于它可以避免企业间的过度竞争，有助于谋求在行业共性技术和基础技术上的合作与提高，共同对付国外产品的竞争。正是奇异果公司的垄断经营使新西兰摆脱了原先 2 000 多名果农相互间无序竞争的泥潭，拥有的定价权则成功规避了需求大国——美国的反倾销贸易壁垒，资金优势又使其能够承担在国际市场推广所需的巨大成本支出。

（4）通过立法和完善管理制度来保证产品质量。新西兰经济体量小、严重依赖外需的特点，使得该国极其注重农产品质量安全。为了加强奇异果的品牌建设，新西兰人通过一系列的立法和完善管理制度来保证农产品质量及其生态环境的安全。例如，政府规定只有身形圆润、毫无瑕疵的一级果才可以出口。新西兰奇异果产业的绿色环保计划规定了严格的产品检验标准与最少的农药剂量，使消费者可以安心食用，同时也确保新西兰奇异果在栽培、包装、运送的过程中不会对地球生态环境造成伤害。农产品质量安全可追溯体系的使用使得所有销往国外的奇异果均印有该箱产品果农许可证编号，无论质量、级别、大小还是品种等出了问题，只要一查编号，便对其产地和果农甚至是哪一棵果树都一目了然。在 70 多年经验的基础上，奇异果公司对果园选择、土壤管理、枝条定位、成熟采收等方面严格控管；开发出独特的虫害管理技术，将化学药剂用量降到最低；为了保持奇异果的新鲜美味，从品种选育、采收、包装、储藏、运输到送货都有严格的管理制度，奇异果公司还专门派出训练有素的人员负责执行与监督。奇异果公司对产品质量的管控使得严格的国际产品质量标准也无可"找茬"。

（5）为品牌附加情感源泉。情感对消费行为有极大的影响，情感品牌化能成为当今深具影响力的品牌管理方式的原因在于消费者的情感是形成品牌附加值的源泉。奇异果的品牌名充满了人文主义特色，自然、健康，而又与地域文化相结合。公司并没有仅用地域名称作为产品的品牌名，为了延续其市场形象，更鲜明地表达新西兰奇异果健康活力、营养美味及充满生命力与乐趣的特点，公司投入巨额资金广泛调研奇异果在消费者心中的形象和食用感受，通过电脑程序模拟奇异果品牌名称所要传达的需求信息形式和内涵，程序自动生成的"ZESPRI"，这样一个新词，成为奇异果的唯一品牌。品牌的中文名称"佳沛"一词则取意于"佳境天成，活力充沛"，既能反映其产品特点又具有让人浮想联翩的美丽意境，极富时代感和亲和力。ZESPRI 供给的不仅是产品，而且志在传递一种追求时尚新鲜而又积极的生活方式的理念。在奇异果的食用方法上，倡导人们用调羹舀着吃，更显优雅与品位，使之成为众多女性消费者茶余饭后的最佳"甜品"，真正地乐在其中，这些行为无一不影响着消费者对其品牌的情感。

---

① Zespri Kiwifruit（佳沛）: https://www.zespri.com.cn/zh-CN/Newsroom。

2. 意大利猕猴桃品牌建设经验

（1）积极开拓市场。早在 20 世纪 80 年代，意大利就围绕猕猴桃的生产促销拓展国内市场。作为欧盟的成员国，意大利开始将目光投向欧洲各国。在该国生产的猕猴桃里，约八成的果品都属于出口贸易，其中近一半销往德国、美国、日本、加拿大等国，这些是意大利出口猕猴桃的目标国家；还有一部分猕猴桃销往新西兰。

（2）不断提升科研技术水平。意大利拥有水果类研究所 23 个，其研究领域主要集中在：第一，改良出更优质的品种；第二，针对病虫害方面的问题，提前做好遗传育种；第三，对现有栽培技术不断改良；第四，开展生物技术类试验。现阶段，海沃德是意大利主要的猕猴桃品种。但当地的科研目标是绝不满足于单一的品种，不断开拓新品种。其今后培育新品种的方向主要确定为以下几个方面：第一，品种要优于当前市场中的品种；第二，该品种应当表皮无毛；第三，果实体积较大；第四，成熟期早。

（3）严格把控猕猴桃生产管理技术。意大利的猕猴桃生产都是以 T 形作为架构，雌雄按照 7∶1 的比例进行培育，一株猕猴桃与另一株之间的间距掌握在 3m 左右。意大利在管理猕猴桃种植的过程中，格外注重枝叶修剪和肥水两个环节。前者主要是为了让主干接收到更充足的光照，并且拥有更适宜的温度和气候。不仅如此，还坚持保持树冠良好的体型，利于今后果实采摘和管理；修剪枝叶的过程也是帮助不同枝干吸收相应营养的过程，这样也可以保证果实无论是口感还是体积均符合标准。对于肥水的管理，采用的是滴灌的方式，整个产业园区的肥水管理均通过计算机来实现，不但可以控制量，还可以为今后的技术管理提供科学而精准的数据，这样的方式不仅可以节约化肥，按照一定的科学比例配备有机肥，还可以及时除草，避免杂草吸收多余的肥料。

（二）国内经验借鉴

1. 陕西周至猕猴桃区域品牌建设经验

陕西西安周至地处秦岭北麓腹地，是国内最大的猕猴桃天然基因库之一，为周至猕猴桃新优品种选育提供了不竭的源泉。经过 40 年的发展，目前周至猕猴桃形成了主、辅品种层次分明，早、中、晚熟合理搭配，红、黄、绿果肉色彩各异，鲜果、储藏、加工、销售一体化发展格局，猕猴桃种植面积 2.88 万 hm²，年产鲜果 55 万 t，产值 60 亿元，鲜果和储藏销售额达 38 亿元，果区人均年收入超 1.5 万元。源于秦岭山麓的小小猕猴桃已经成为繁荣农村经济、带动农民增收致富的"金果果"，猕猴桃产业已然成为周至促进乡村振兴、带动县域经济高质量发展的"新引擎"。2017 年，周至县政府与浙江大学区域品牌研究中心签订合作协议，为周至量身打造具有周至浓厚地域特色的猕猴桃区域品牌设计元素标识。2018 年，周至猕猴桃区域公用品牌 logo 及设计系列图案新闻发布会召开，周至猕猴桃区域品牌设计元素正式投入应用环节。其后周至县政府投入大量人力、物力、财力对周至猕猴桃区域公用品牌进行宣传推广。

（1）统一规划示范园区。在周至当地规划了 1.2 万 hm² 的猕猴桃示范园，园区内的猕猴桃种植基地都按照国际标准搭建蔬果大棚，灌溉模式上配备节水型灌溉示范区，在园区内针对果品的研发设置推广中心、栽培育种实验基地、成品展示区、旅游采摘区以及野生猕猴桃展览区。该园区如今已经成为多维一体高标准园区，在这里可以实现种植、科研、休闲、旅游等多项功能。依托 1.2 万 hm² 标准化果园，通过实施"优品种、提品质、做品牌"战略，探索建立"公用品牌＋企业品牌＋产品品牌"经营机制，擦靓做强"道地好果，鲜甜自有道"周至品牌。强化科技支撑，提升高端果品品质。合作共建中国科学院猕猴桃产业技术周至示范基地、中国航天育种中心等 8 个科研机构、10 个科技成果转化基地，示范推广猕猴桃优质生产技术，0.67 万 hm² 猕猴桃获得绿色食品认证，66.67 hm²

猕猴桃获得欧盟良好农业操作规范认证。扩大品牌效应，做大家庭农场、农民专业合作社等新型农业经营主体，引导西安市聚仙食品有限公司、西安市周一现代农业有限公司等猕猴桃产业龙头企业做强，在全省率先实施猕猴桃规模化"订单农业"，果品销往国内外。周至猕猴桃鲜果销售产值超过28亿元，现有17个现代农业果业园区、96个"一村一品"村，瑞玉、翠香等新品种种植区人均猕猴桃年收入超过2万元；带动全县1.13万户贫困户发展猕猴桃种植近0.27万hm²，实现从纯粮到猕猴桃种植人均年收入4 500元的增长，猕猴桃已成为广大果农的主要经济来源和农民增收的主要途径，为县域经济发展提供了强大内生动力。

（2）坚持创新型发展模式。周至的万亩示范园区在发展初期，便由龙头企业引领，在当地选择示范基地，按照标准的体系进行管理和维护。这种方式的优点显著：首先，当地的龙头企业，对种植户来说具有一定的引导作用，很多龙头企业都会及时发布市场变动的相关信息，种植户可以通过这样的渠道及时获取更丰富的市场变化内容，在种植的过程中更加规范；其次，从基础设施层面来讲，这种基地种植方式便于统一规划，并且配备了必要的基础设施，实现了整个种植、采摘、加工过程的一条龙管理；第三，果品质量在标准的管理体系之下更有保障，还可以通过企业树立的品牌效应提高经济效益。

（3）打造全产业链，构建一体化发展格局。随着猕猴桃种植技术和产品标准体系的成熟规范，周至围绕主导产业，打造全产业链，构建一体化发展格局，成立产业发展、种植、储藏、加工、花粉、营销和包装七大协会，服务产业各个环节。促进"农业设施＋农村基础"相互完善，大力推进产业升级配套的道路、水利、冷藏库等基础设施和加工厂、仓储等附属设施的建设。全县累计修建猕猴桃储藏库2 680座，其中，库容千吨级以上42座，年储藏能力35万t，实现了猕猴桃鲜果错峰销售，将翠香、徐香等优质果品销售单价由储藏入库时的每千克5元提升到秋冬节庆时节的每千克10～15元，大幅度增加了销售收益。突出精深加工，提升产品附加值。周至现有猕猴桃深加工企业26家，年加工果干、果膏、果酒、果酱、饮品、凉果等各类产品15万t，产值达18亿元。以西安市亿慧食品有限责任公司为代表的产业链龙头企业，以年生产猕猴桃凉果3 380t、产值6 160万元的实绩为特色农业增效，促进农民增收，带动县域经济高速增长，形成了县域经济良性互动、和谐发展新格局。

（4）拓展市场，为经济注入活力。坚持多轮驱动，向上争取、向下整合，向外引进、向内挖掘，鼓励和引导社会资本进入农业农村，进入猕猴桃全产业链。对内举办猕猴桃主题年会、猕猴桃电商艺术节等活动，组织猕猴桃专业合作社、经营企业与国内外客商积极对接，洽谈猕猴桃营销加工、投资建厂等合作业务，2个京东云仓、32个天猫优品服务站已相继落户周至，建成电商体验中心（猕猴桃主题馆）和电子商务公共服务中心并投入运营。对外培育发展猕猴桃出口企业12家（鲜果类4家，加工企业类8家），在北京、上海、乌鲁木齐、沈阳、呼和浩特、福州、淄博、嘉兴等大中城市开办直营店20余家，猕猴桃鲜果以及深加工产品远销中东、西班牙、俄罗斯等地，年出口量超过1.6万t。

（5）政府投入大量人力、物力、财力对周至猕猴桃区域公用品牌进行宣传推广。一是开展"走出去，请进来"系列推介活动，宣传周至猕猴桃区域公用品牌。在全国各大中城市举办周至猕猴桃专场宣传推介活动，扩大区域品牌及企业品牌影响力。活动中大量使用区域公用品牌元素，营造浓厚的区域品牌文化氛围，令参会嘉宾深刻体会周至猕猴桃区域公用品牌所带有的深厚人文历史底蕴。二是广泛利用各类媒体加强对外宣传，提升品牌影响力。通过举办新闻媒体采风、果区记者行、网红直播等多种活动，发挥新闻媒体行业的喉舌作用，推进周至猕猴桃产业持续健康发展。同时，举办周至猕猴桃摄影大赛、评优大赛、园区采摘等活动，使消费者近距离感受采摘的乐趣、品鉴猕猴桃的喜悦，提升周至猕猴桃品牌知名度。三是借助影视明星的号召力，推动区域品牌宣传深入人心。2019年，利用星动陕西宣传活动，邀请影视明星张嘉译代言周至猕猴桃，借助这一宣传形式，融入区域品牌元素，进一步推广周至猕猴桃区域公用品牌，使其更加深入人心。四是设立广告宣传标识，树立周至猕猴桃良好形象。在周至猕猴桃主销城市的水果销售市场，进行植入式广告宣传，使"周至猕猴桃，鲜甜自有道"处处有痕迹。县域内，在旅游景区及交通要道处，设立大型周至猕猴桃区域品牌标识宣传牌；县域外，在地铁、高速公路等醒目位置进行周至猕猴桃区域品牌标识公益广告宣传。广泛宣传区域品牌，提高公众认知度。

（6）推广标准化生产管理技术，不断巩固周至猕猴桃区域品牌优势。周至县结合生产实践，总结出"单枝上架、配方施肥、定量挂果、生物防治"四大技术。同时，摸索出"人工授粉、果园生草、增施有机肥、病虫综合防控"等16项栽培管理措施，开展基地规范化生产管理。在全国率先制订了《周至县猕猴桃鲜果等级标准》《周至县猕猴桃贮藏技术规范》等地方标准，实施标准化冷库储藏和分级销售，为周至猕猴桃区域品牌的推广提供了强有力的基础保障。

（7）实行标识授权使用管理，依托区域品牌打造知名企业品牌。对周至县猕猴桃销售企业实行区域品牌标识授权使用管理。2018年授权使用企业31家，2019年授权使用企业14家；鼓励企业建立周至猕猴桃直营店，统一门店设计、统一分级标准。重点打造周至猕猴桃知名企业品牌，如"周一村""异果园"等鲜果销售企业品牌，"亿慧""山美"等加工品企业品牌，以区域品牌助推企业品牌发展壮大。

2. 苍溪猕猴桃区域品牌建设经验

四川广元苍溪由于其优越的地理位置以及丰富的灌溉水源，成长为我国人工栽培猕猴桃的主要县（市、区）之一。随着当地政府对于猕猴桃产业的支持力度不断提高，以及当地农户和企业的不断努力，目前当地猕猴桃产业中，红心猕猴桃产品已经处于该类猕猴桃产品市场的第一位。根据苍溪县年鉴的数据资料得知，截至2020年，苍溪县猕猴桃产业已经覆盖31个乡（镇），建成现代农业猕猴桃园区13个，乡（镇）自建园区66个，种植大户369个，种植专业合作社110个，家庭农场138个，种植农户3.8万户。每年能够为周边区域提供超过12.6万t的猕猴桃，为当地创造46亿元经济收益。红心猕猴桃的种植和销售已经逐渐成长为当地农户发家致富的重点产业。猕猴桃产业不仅为当地带来巨大经济收入，还为当地提供大量就业岗位。资料显示，2019年苍溪猕猴桃产业从业人员超过23万人。近年来，苍溪的猕猴桃种植面积处于不断扩大中，整体的种植面积保持持续增长状态，截至2019年，苍溪猕猴桃种植面积已经高达26 333.47 hm²。

（1）区域品牌管理主体。苍溪红心猕猴桃标识使用实行统一领导、分级负责的管理机制。猕猴桃产业发展局负责全县猕猴桃产业发展工作的统筹协调。猕猴桃产业发展局作为苍溪红心猕猴桃的行政主管部门，负责猕猴桃技术创新及推广、产品研发、猕猴桃产销市场对接和信息发布，以及品牌建设、文化建设和行业管理。四川苍溪红猕王猕猴桃协会负责苍溪红心猕猴桃标识管理具体工作，对苍溪红心猕猴桃地理标志享有专用权和管理权，是证明商标的注册者；协会服务于全县猕猴桃产业发展，有专职管理和技术人员38名，企业会员39个，合作社会员156个，家庭农场和普通会员31 863个。凡在苍溪县境内采购的红心猕猴桃裸果，所使用的包装物必须经四川苍溪红猕王猕猴桃协会审定备案，方可使用包含"苍溪红心猕猴桃"商标和地理标志的标签、果箱或果盒，规范包装后进入市场流通。

（2）地理标志保护政策。苍溪县率先在我国猕猴桃市场中打响品牌战略。2003年，苍溪县人民政府发布《关于苍溪猕猴桃原产地域产品保护范围的通知》，划定苍溪猕猴桃原产地域范围，覆盖范围为永宁镇、鸳溪镇、五龙镇、浙水乡等26个乡（镇）现辖行政区域，占整个苍溪行政区域的67%。2004年，国家质量监督检验检疫总局正式批准对苍溪红心猕猴桃实施原产地域产品保护，这是中国实行原产地域产品保护制度以来，批准保护的第一个猕猴桃产品。2010年，苍溪红心猕猴桃正式注册为地理标志证明商标，对促进产业发展，提升苍溪品牌形象起着积极作用。

（3）专项资金支持政策。苍溪县制定出台了多项有利于猕猴桃产业区域公用品牌发展的优惠政策。2015 年，苍溪县政府出台《关于加快推进猕猴桃产业发展的意见》，每年预算 500 万元产业发展专项资金，统筹 2 000 万元产业建设资金用于支持猕猴桃产业发展。2015 年，出台《苍溪县支持工业经济稳增长促转型九条措施》，加大对品牌政策扶持，若获得市名牌产品、四川名牌产品，分别按每项 1 万元、5 万元给予一次性补助。通过优惠政策的实施，苍溪猕猴桃企业发展壮大，形成了品牌效应，带动了猕猴桃产业发展。

（4）产业标准化建设。为夯实猕猴桃品牌基础，苍溪县坚持以农业标准化促进农业品牌化，为苍溪红心猕猴桃区域公用品牌的构建与发展提供产品和质量保障。一是促进猕猴桃种植标准化。苍溪县委、县政府制定了《苍溪红心猕猴桃证明商标的管理使用办法》《保护苍溪红心猕猴桃品牌的通告》《关于进一步加大猕猴桃生产投入品使用和监督管理工作的通知》等文件，修订了《红阳猕猴桃生产技术规程》《猕猴桃综合防控措施》等技术标准和规程，要求种植业主按照生态、安全、优质、高效的要求进行标准化生产，保证猕猴桃质量达标。二是促进猕猴桃包装标准化。县级相关部门联合行文《关于进一步规范苍溪红心猕猴桃鲜果包装制作使用的通知》，共同制订了苍溪红心猕猴桃鲜果包装制作统一规范，在包装制作上采用"母子商标"体系，具体做到"六个统一"，确保猕猴桃商标管理制度化、规范化。

（5）质量可追溯体系。苍溪县建立品牌使用追溯管理体系。一是完善品牌使用备案农资店网络追溯配置，对接品牌使用。全县猕猴桃品牌使用备案农资店已基本完成 POS 机、收银管理软件、条码扫描枪的配备，进出货物清单可以通过网络查看，实现农产品管理的可追溯。二是建立多功能质量追溯交易中心，完善品牌质量监督。建成了集质量追溯、检验检测、信息发布、市场监管、交易会展诸多功能于一体的猕猴桃交易中心，成为我国最大的红心猕猴桃综合交易管理平台，真正实现苍溪猕猴桃生产可视、质量可溯、全程可控的无缝衔接和管理。三是实现种植全过程追溯，保证品牌生产管理。以县级猕猴桃协会为统揽，在全县建立 43 个出口备案基地，统一挂设出口基地标识标牌，与所辖企业、电商、合作社签订"苍溪红心猕猴桃"商标使用许可合同，建立包装使用台账和早采早购投诉登记簿，联合四川华朴科技有限公司、苍溪日昇农业科技有限公司等一批出口企业与业主建立起产品二维码追溯体系，实行由"田间"到"餐桌"的全程监控。

（6）营销推广体系。苍溪县政府通过参与各类展销会以及与媒体合作，扩大猕猴桃区域公用品牌的影响力。一是与主流媒体建立深入合作，发挥媒体网络的宣传作用。一方面与电视媒体合作，与省、市、县级电视台长期合作，定期、及时发布猕猴桃产业资讯；另一方面与腾讯、新浪等新兴媒体合作，在网络媒体的传播推广下，帮助品牌提高知名度，建立良好形象，促进品牌又好又快发展。二是积极组织企业和商家参与农产品展销会。一方面，苍溪县政府积极组织猕猴桃龙头企业广泛参加国内外农产品展销活动；另一方面，苍溪县政府成功在苍溪召开中国·苍溪红心猕猴桃国际订货会和猕猴桃采摘节等活动。这些举措对提高苍溪红心猕猴桃区域公用品牌影响力，促进苍溪红心猕猴桃的成交量，完善品牌营销网络发挥了重要作用。

二、促进云南猕猴桃地理标志产品区域品牌建设的对策

（一）提升地理标志产品品牌忠诚

地理标志农产品感知价值对品牌忠诚的影响是积极显著的。地理标志农产品是区域公用品牌，从政府的角度来讲，首先，可以通过政策上的引导扶持，促进地理标志产品品牌发展；其次，可以借助地域文化来推广地理标志产品；最后，通过建立溯源体系，来保证地理标志产品质量。

1. 政府引导扶持，促进地理标志农产品品牌发展

地域价值对消费者的态度忠诚有影响。政府应牢固树立依托地域价值提升地理标志产品品牌的发

展理念，在区域内部对地理标志产品的发展进行统一规划。成立由农业部门牵头，相关部门协同的地理标志产品品牌建设小组，每一年度应制定地理标志产品品牌建设发展规划，包括长期、中长期、近期的发展规划，明确品牌建设总体目标，细化品牌建设具体方向，将地理标志产品质量品质、品牌设计、品牌营销、品牌宣传、市场拓展等品牌声誉相关内容全部纳入规划中，完善品牌的价值链和产业链。品牌建设过程中，品牌建设小组还应做好统筹和协调，深入挖掘地理标志产品的地域价值，提高品牌意识。例如，为地理标志产品设置统一的能体现地域文化或地域环境的标志包装，让消费者将地理标志产品与普通农产品区分开来，用鲜明的标志吸引消费者，避免在消费过程中始终犹豫不决。通过统一包装，使消费者逐步认识并深入了解地理标志产品，让顾客在消费过程中更加主动，增加购买的欲望，提升品牌忠诚。

经济价值对消费者的行为忠诚有影响。政府应从政策、资金、金融、税收等方面着手，全力扶持，以促进地理标志产品品牌建设，帮助地理标志产品形成一个合理的价格，提升消费者对地理标志产品经济价值的感知。一是政府应设立专项建设资金，用于地理标志产品的研发、品牌设计、品牌宣传、品牌营销等方面，建设地理标志产品品牌。二是政府应提出相关金融扶持政策，为地理标志产品相关的企业、农民专业合作社、家庭农场等提供低息贷款，用于生产主体开展科研创新、产品研发、品牌保护和品牌传播，对具有品牌辐射带动能力的龙头企业应重点扶持。三是政府应该制定出台新的税收优惠或减免政策，调动农业企业、农民专业合作社等生产主体对地理标志农产品品牌建设和经营的积极性，鼓励引导生产主体按照市场需求方向建设和发展地理标志产品品牌。

2. 借助地域文化，推广地理标志农产品品牌

地域价值、情感价值和社会价值都对地理标志产品的品牌忠诚有一定影响。政府可以通过各种渠道对地理标志产品的相关知识进行普及与宣传，以此提升消费者对产品地域价值、情感价值和社会价值的认识。地理标志产品最鲜明的特征就是其地域价值，通过对地理标志产品所在地域文化以及环境的大力宣传，可以让消费者感受到地理标志产品的独特性，提升消费者对地理标志产品地域价值的感知，同时让消费者在购买地理标志产品时有一个轻松快乐的情绪。一方面，政府可以依托地域环境和地区文化，不断挖掘和深化地理标志产品本身蕴含的优秀文化、传统习俗，找出与之相关的名人故事、历史传说来不断丰富地理标志农产品的文化内涵，用地域文化带动产品品牌，与人文典故、山水风光、民俗文化、特色美食相结合，展现地理标志产品的人文魅力，彰显出地理标志产品的自然环境气息，引起消费者共鸣。另一方面，设立品牌文化节，组织企业、合作社、家庭农场开办农家乐等活动，让消费者游乐于乡村田间，品尝地理标志农产品的同时享受其带来的乐趣。鼓励支持企业挖掘品牌文化，建立地理标志农产品品牌文化博物馆，展示地理标志农产品的历史文化、产品变迁史以及辉煌成就，输出地理标志农产品的地域文化，用品牌文化凸显产品的竞争优势。最后，积极参与国家举办的各种农产品品牌评价活动，通过农产品品牌评价机构的宣传带动地理标志农产品发展。邀请大型经营企业参加推介会，为企业提供签约平台，实现"农超对接""农餐对接"的营销模式，生产基地、合作社、品牌三方紧密联系，推动地理标志农产品走出区域，走向更广阔的市场。

3. 建立溯源体系，保证地理标志产品质量

地理标志农产品的经济价值、功能价值对消费者行为忠诚的影响最大。消费者对地理标志农产品的品质有较高的要求，为消费者提供与地理标志产品价格相符的产品价值，让消费者感受到地理标志产品定价的合理性，可以通过建立地理标志产品全产业链安全信息溯源体系来实现。地理标志产品的溯源体系囊括整个产业链，在5G技术的支持下，可以实现对产业链各个环节的实时监控，实现全产业链过程的信息化和透明化。消费者在消费时可以通过网络、手机App和其他手段，实现完整的全程视觉跟踪，查看农产品的质量和安全状况，能够有效提升消费者对地理标志产品经济价值的感知。

同时，地理标志产品全产业链溯源体系的实现，能有效打击市场中的假冒伪劣产品，从而提升消费者对品牌整体质量的感知。

具体来讲，地理标志产品全产业链溯源体系包括安全生产管理系统、物流管理系统、安全监管系统、安全追溯查询系统四个部分。

安全生产管理系统是地理标志产品全产业链溯源体系的基石，通过它来记录生产的基本信息。包括地理标志产品的品类、生产情况、农药化肥的使用等。对生产信息材料进行记录和上传，能有效规范地理标志农产品的生产。同时，数据可以自动上传、批量管理、自动保存，并上传至监管平台。这样的安全生产管理系统是地理标志农产品良好的宣传材料，通过对生产过程的跟踪，提供良好的客户体验。

物流管理系统是对地理标志产品流通的过程进行监管，从而实现信息在流通过程中的追溯。依靠专业的冷链运输技术和成熟的 GPS 定位和跟踪系统，提供准确的农产品地理位置信息，补充了诸如运输环境、配送方式之类的信息。

地理标志产品安全监控系统是地理标志产品全产业链体系的重要组成部分，通过收集质量安全信息，并对其进行监控、分析、识别和预警，从而捕捉危险信息，及时发现问题，并进行风险水平评估，及时实施预警和问责处理。

安全追溯查询系统是地理标志产品全产业链溯源体系中的最后一个环节，消费者可以通过互联网终端、移动应用程序等登录账户，查询并验证农产品的溯源代码和所购农产品的生产、销售信息，验证所购买地理标志产品的真实性，并确保所购买的是真正安全的地理标志产品。

（二）完善生产标准和技术规程

针对云南猕猴桃薄弱的科研支撑力量，一方面，政府应给予专项支持，鼓励科研单位发挥所长，加强对猕猴桃资源的研究，包括猕猴桃的资源收集与保存、新品种选育、病虫害防护、配套栽培管理技术、储藏技术、深加工等领域的研究。另一方面，应积极组织研讨会、培训班等，加强科研人员之间、科技人员与果农之间的交流，各级部门应相互协作支持技术推广，促进科研成果的转化，培养专职专业人才走进果园，实地操作，提升果农素质。同时，适宜的生产标准和技术规程是猕猴桃产业发展的保障。应根据当地具体的气候条件和适种的猕猴桃品种，制订符合云南自身特点的省级、县级猕猴桃种植生产标准和技术规程，并积极推广落实。

（三）增强龙头企业带动力，突出企业品牌

要想实现猕猴桃经营规模化，龙头企业的示范带动作用是核心要素。一个地区产业的发展水平如何、规模如何，一定程度上取决于当地龙头企业的强弱和多少。

首先，政府要不断坚定企业发展的信心，帮助企业了解当前运行的新技术，使更多的企业得到快速发展。其次，对已经形成的龙头企业，要及早针对企业发展遇到的瓶颈问题出台更多扶持政策，让他们得到一定的科技支持或专项资金支持，还可以加大政府对相关企业的政策服务力度，随时掌握企业发展所需所求，帮助他们寻找前景更加广阔的重点发展方向。最后，培育更多龙头企业，可以通过招商等渠道，将更多企业培育成龙头企业，或者鼓励龙头企业多与国际国内知名企业合作，在不断交流中提高自身的发展水平，对接更大的市场，提高整体发展的效益，为企业争取更多利益。

企业应制订品牌建设的战略规划，结合企业自身情况，明确企业的品牌建设目标、品牌形象、市场定位、营销策略等。加大与科研机构、高等院校的交流合作，和高校联合开设与集群企业相关联的专业，开展品牌知识、品牌经营等方面的培训，组织员工进修，到外界参观学习等。此外，企业应加强技术升级改造，提升产业附加值，加强对猕猴桃产品的开发研究，促进产业的更新升级，以提高品

牌的影响力和市场竞争力。

（四）加大品牌宣传力度，拓宽销售渠道

好的品牌需要加大宣传，需要品牌维护，以获得可持续的发展竞争力，将品牌打造成代表区域特色产业和优质农产品的符号。除了加大在电视、广播、报纸等传统渠道上的广告投入外，还要借助"互联网＋"的线上渠道，如微信、微博、QQ、抖音、快手等。同时，还要加大走出去的步伐和力度，利用中国—南亚博览会场馆，建立线下云南猕猴桃地理标志产品馆，让消费者亲身体验产品的生产流程，展示产品的独特魅力，提高知名度和美誉度。

在宣传方面，政府要注重以下几点。第一，注重宣传为地理标志农产品文化、地域买单的消费观念，地理标志产品的地域价值由其独特的区域环境和文化决定，其独特的区域环境与绿色有机有着天然的联系，如今公众的消费能力持续提升，越来越多的消费者愿意进行消费观念的转变。所以，在宣传过程中，应将地理标志产品与这种不断升级的消费观结合起来，提升消费者对地理标志产品"地域环境、地域文化"的认知，进而带动整体的消费氛围。第二，将部分环境污染的现状通过更多的媒体渠道直观地展现在社会公众面前，与地理标志产品独特的环境形成鲜明对比，提升消费者对地理标志产品社会价值的感知。第三，在宣传的过程中，抓住地理标志产品区别于其他产品的典型特征——地域环境和地域文化，设计朗朗上口且记忆性强的宣传语句，通过广告词的持续传播，强化地理标志农产品在消费者心中的地域形象。

地理标志农产品品牌的销售应充分结合地域优势，而不应局限于简单的"线上＋线下"销售渠道。云南以其丰富的旅游资源为该地地理标志农产品品牌的建设提供了更多的可能性，"三产"融合发展已经成为地理标志农产品品牌发展的重要手段。营销推广是提高品牌知名度的有效措施之一，地理标志产品品牌可以通过广告宣传、事件营销、关系营销等手段进行区域品牌传播，塑造品牌形象。消费者在购买精致的农产品时，除了关注农产品本身的质量外，更多的是追求农产品所承载的情感因素和文化因素。因此，云南猕猴桃地理标志产品品牌在挖掘农产品文化内涵的同时也要讲好品牌故事，在进行产品销售的同时也要建立起与消费者之间的情感纽带，培养品牌的忠实顾客。

（五）优化品牌建设环境，加强交通物流网络建设

作为地理概念的区域，除了地理区域位置的含义外，还包括区域内的产业、企业等。区域共同发展不仅强调区域内产业在政策资源、市场资源方面的协调发展，更强调在产业的延伸、产品的研发创新、区域内资源抱团发展上。要借助区域经济发展项目，如乡村振兴示范片区、美丽乡村建设特色村庄、农村电商示范村、农业品牌建设推进项目等，完善区域内道路等基础设施建设，以农产品企业抱团组合形式，打造休闲农业与乡村旅游示范项目，撬动上级项目资金的杠杆作用。

农产品销售面临的最大问题是农产品配送，即物流问题。要发挥产业集群优势，通过区域内企业的互相合作，降低交易成本。在交通设施完善的基础上，依托农业部门的职能资源、网络媒体资源，建立涉农信息的交流共享机制，实现商贸、供销、邮政、电商互联互通，实现资源有机整合，加强物流配送渠道建设，将传统销售模式与电商销售模式相结合。引进电商公司、快递行业、物流企业，加强与电商合作，成立村级配送站点，发展网商、微商，组织农村信息员、农情信息员开展体验，邀请专家演示。借助淘宝、天猫、京东等大型电商的品牌优势，搭建线上云南猕猴桃地理标志产品馆等。政府部门要在农产品信息化发展中发挥主导作用，在人力资源、资金上进行保障。依托"农业12316"综合服务平台，发挥其在政务信息、农事指导、农情直播、电子商务等方面的作用，提高信息的时效性。

主要参考文献

曹哲，2022. 我国农村一二三产业融合发展的基本样态与创新路径研究［J］. 西南金融（7）：30－41.

曹贞艳，2022. 湖北省地理标志农产品区域品牌建设影响因素研究［D］. 湖北：长江大学.

常晓，2023. 云南农产品区域品牌设计对策研究［J］. 曲靖师范学院学报，42（2）：109－113.

陈晖，伽红凯，高芳，2021. 国内外地理标志保护管理体制的演变与趋势［J］. 世界农业（10）：33－40，127.

程志强，王忠明，马文君，2018. 浅析我国农林产品地理标志知识产权的保护概况［J］. 中国林副特产（1）：92－94.

崔致学，孙旭绍，黎晔，等，1990. 云南省猕猴桃种质资源［J］. 作物品种资源，3（3）：1－3.

国家知识产权局，2020. 地理标志专用标志使用管理办法（试行）［J］. 中华人民共和国国务院公报，（18）：65－67.

胡晓云，2016. "品牌"定义新论［J］. 品牌研究（2）：26－32，78.

胡晓云，2018. 农业品牌及其类型［J］. 中国农垦（5）：51－53.

胡忠荣，袁媛，易苟文，等，2003. 云南野生猕猴桃资源及分布概况［J］. 西南农业学报（4）：47－52.

江芳婷，裴艳刚，2019. 四川省猕猴桃产业经济发展的问题及对策［J］. 广西质量监督导报（10）：17－18.

江然，2013. 新西兰奇异果产业的成功经验对中国茶叶产业的启示［J］. 经济视角（下）（5）：79－82.

蒋卓成，2019. 全省已有81个农产品地理标志产品［EB/OL］.（2019－04－27）［2024－04－03］. https：//www.kunming.cn/news/c/2019－04－27/12633655.shtml.

赖栩栩，2011. 地名商标问题研究［D］. 重庆：西南政法大学.

雷睿，刘琴，秦资源，等，2023. 湘西地区地理标志农产品品牌化策略研究［J］. 南方农机，54（12）：40－42，46.

李佛莲，陈大明，孔维喜，等，2017. 云南猕猴桃产业发展现状、存在问题及建议［J］. 中国果业信息，34（9）：21－24，63.

李刚，2022. 地理标志品牌忠诚度研究［D］. 昆明：云南大学.

李军，2020. 从云南典型分析全国地理标志保护和使用中存在的普遍问题及对策［J］. 中国民商（1）：121.

李坤明，胡忠荣，陈伟，2006. 昭通地区野生猕猴桃资源及其利用评价［J］. 中国野生植物资源，25（2）：39－41.

李丽琼，陈大明，王永平，等，2020. 云南猕猴桃产业发展现状分析［J］. 农业科技通讯（10）：4－7.

李亚林，2010. 农产品区域品牌：内涵、特征和作用［J］. 企业导报（2）：107－108.

李艳辉，宋广智，陈婷婷，等，2017. 云南省发展地理标志产品的启示［J］. 农业科技与装备（6）：65－66.

梁露，2020. 浏阳市农产品区域品牌建设研究［D］. 长沙：湖南农业大学.

刘春田，2014. 知识产权法［M］. 北京：中国人民大学出版社.

刘金花，刘洁，吉晓光，2016. 基于原产地效应的地理标志农产品品牌建设研究［J］. 农业经济与管理（2）：74－79.

刘素芳，张立，2020. 地理标志司法保护的域外借鉴及启示［J］. 法制与社会（26）：3－4.

刘鑫淼，2020. 如何看待我国农产品区域公用品牌模式［J］. 农产品市场（8）：18－19.

龙友华，张承，吴小毛，等，2015. 10个猕猴桃品种在贵州主产区的引种表现［J］. 贵州农业科学，43（7）：5－8.

罗玉凤，2022. 增城荔枝区域品牌建设研究［D］. 广州：仲恺农业工程学院.

罗志斌，2023. 福建省农产品区域品牌发展路径探析［J］. 对外经贸（2）：41－43，58.

吕娟莉，葛天伟，陈小平，等，2010. 六个猕猴桃品种的生物学特性比较［J］. 西北园艺（果树）（6）：38－39.

吕涛，聂锐，2005. 区位品牌的形成与维护［J］. 当代经济管理（3）：111－113.

马晓莉，2003. 地理标志立法模式之比较分析：兼论我国地理标志的立法模式［J］. 电子知识产权（1）：52－56.

牟郁笛，2022. 基于消费者行为的吉林大米区域品牌建设研究［D］. 长春：吉林农业大学.

齐秀娟，郭丹丹，王然，等.2020. 我国猕猴桃产业发展现状及对策建议［J］. 果树学报，37（5）：754－763.

钱琳刚，江波，杨肖艳，等，2022. 云南省地理标志保护现状及对策［J］. 农业展望，18（3）：73－79.

瞿艳平，徐建文，2005. 区域品牌建设与农产品竞争力［J］. 中国农业科技导报（4）：65－67.

饶丁毓，2021. 苍溪县猕猴桃产业发展对策研究［D］. 成都：四川农业大学.

宋丽影，2013. 农产品区域品牌竞争力评价研究［D］. 哈尔滨：东北林业大学.

孙远钊，2022. 论地理标志的国际保护、争议与影响——兼论中欧、中美及相关地区协议［J］. 知识产权（8）：15－59.

谭珍珍，2021. 地理标志农产品感知价值对品牌忠诚的影响研究 [D]．长沙：中南林业科技大学．

唐开学，李学林，钱绍仙，等，2003. 云南野生果树资源及其分布特点 [J]．西南农业学报，16（1）：108-112.

同安鸽，2022. 农产品区域品牌建设中的地方政府作用及其优化研究 [D]．西安：西北大学．

王弘儒，秦文晋，2023. 中国地理标志产品的空间分布与集聚特征研究 [J]．世界地理研究，32（6）：157-166.

王连润，万红，陶磅，等，2022. 云南野生猕猴桃资源调查及遗传多样性研究 [J]．植物遗传资源学报，23（6）：1670-1681.

王莲峰，2005. 制定我国地理标志保护法的构想 [J]．法学（5）：69-74.

王森培，郭耀辉，2020. 中国猕猴桃国际贸易竞争力分析 [J]．农学学报，10（8）：83-88.

王淑娟，2021. 做好"三农"工作推进乡村振兴 [EB/OL]．（2021-01-23）[2024-04-03]．https://baijiahao.baidu.com/s? id=1689635779898326160&wfr=spider&for=pc.

王蔚，2020. 法国对原产地名称/地理标志的特殊保护：原则与案例 [J]．中华商标（Z1）：112-115.

王晓艳，2019. 论我国地理标志的保护模式 [J]．知识产权（11）：59-68.

王笑冰，2019. 经济发展方式转变视角下的地理标志保护 [M]．第1版．北京：中国社会科学出版社．

王馨胤，2019. 苍溪猕猴桃区域公用品牌建设研究 [J]．农村经济与科技，30（13）：193-194，197.

吴玉琼，2016. 新西兰猕猴桃产业发展史研究 [D]．南京：南京师范大学．

肖晶秋，2012. 地理标志国际保护的冲突与协调 [J]．科技创新导报（11）：254-256.

徐瑶，2022. 凤凰县落潮井镇特色农产品区域品牌建设研究 [D]．湘西：吉首大学．

徐志明，2021. 农村一二三产业融合发展的路径选择 [J]．江南论坛（4）：4-6.

杨雨薇，2020. 广东省和平县猕猴桃产业发展研究 [D]．广州：仲恺农业工程学院．

姚宗祥，2020. 周至猕猴桃："走出去，请进来"奏响品牌最强音 [J]．中国合作经济（11）：23.

张放，2022. 近十年全球猕猴桃生产与贸易变动简析 [J]．中国果业信息，39（10）：24-41.

张裴丹，2022. 潮州凤凰单丛茶区域品牌建设研究 [D]．广州：仲恺农业工程学院．

张伟君，2020. 浅论我国地理标志管理体制的完善 [J]．知识产权保护（4）：8-12.

赵玉山，2023. 陕西：猕猴桃产业带动周至县农业经济高质量发展 [J]．中国果业信息，40（3）：50-51.

钟彩虹，黄文俊，李大卫，等，2021. 世界猕猴桃产业发展及鲜果贸易动态分析 [J]．中国果树（7）：101-108.

周晖，孔明忠，黄伟光，2020. 运用供应链金融推动农业产业联盟发展 [J]．农业发展与金融（9）：17-20.

朱丹，2022. 用活地理标志 做强特色产业 [N]．云南日报，2022-12-04.

朱小玲，2005. 地理标志的法律保护研究 [D]．南宁：广西大学．

Ashworth G，Voogd H，1990. Can places be sold for tourism? [M]//Ashworth G，Goodall B. Marketing Tourism Places. London：Routledge.

Bowler I R，2014. The geography of agriculture in developed market economies [M]．London：Routledge.

Keller K L，Lehmann D R，2003. How do brands create value? [J]．Marketing management，12（3）：26.

Li Z Z，Man Y P，Lan X Y，et al，2013. Ploidy and phenotype variation of a natural *Actnidia arguta* population in the east of Daba Mountain located in a region of Shaanxi [J]．Scientia Horticulturae，161：259-265.

第七章 云南猕猴桃产业标准化建设

第一节 农业标准化概述

一、农业标准化

（一）标准化的概念

标准化是人类的一项活动，是指"为了在既定范围内获得最佳秩序，促进共同效益，对现实问题或潜在问题确立共同使用和重复使用的条款以及编制、发布和应用文件的活动"。标准化活动确立的条款，可以形成标准化文件，包括标准和其他标准化文件。标准化的主要效益在于为了产品、过程或服务的预期目的改进它们的适用性，促进贸易、交流以及技术合作。

（二）农业标准化的概念

农业标准化是指以农业为对象的标准化活动。为了农业参与者的利益，对农业经济、技术、科学、经营管理活动中需要统一、协调的各类对象，制订并实施标准，使之实现必要且合理的统一的活动。农业标准化根据市场要求，运用简化、统一、协调、优选的原理，针对农业生产产前、产中、产后全过程，制订并实施相关的系列标准，加速先进农业科技成果的推广应用，进而确定最佳经济、社会和生态效益。

农业标准化具有的特点：一是目的，旨在农业生产范围内获得最佳秩序，促成最大社会效益；二是农业标准化活动有具体的范围；三是标准化活动共同遵守的准则，是为了实现某种目的，以进行的农业生产、管理、经营活动或其结果为标准对象，可以重复实施。

（三）农业标准化的意义

农业是国民经济的基础，农业标准化是现代农业的重要标志和重要基石。农业标准化一肩挑两端，一端保障质量安全，一端促进产业发展，既是发展农业产业化的需要，也是农业现代化的一项重要内容。在农业现代化高度发达的国家，农业标准化的程度普遍较高，从农产品生产、储藏、加工到运销，以及生产资料的供应和技术服务等，全过程实现了标准化。农业标准化已成为世界农业发展的趋势，代表了现代优质、高效农业发展的方向。

第一，实施农业标准化，是保障农产品质量和消费安全的基本前提。"民以食为天，食以安为先。"农产品质量安全一直是国家重视、国民关注的问题。诸多因素，如环境污染、农药残留、检测机制、监督机制等都会影响农产品的质量和安全。解决该问题的一个重要前提，就是要建立起与中国农业和农村生产力发展阶段相适应的农产品质量安全标准体系、检验检测体系和认证认可体系。其中，贯穿农产品产前、产中、产后各项指标的农产品质量安全标准体系，是农产品质量安全的基础和保证。

第二，实施农业标准化，有利于促进农业和农村经济结构战略性调整，增强农产品的国际竞争力。随着经济全球化的日益加深，标准化的高低很大程度决定了市场主导权和话语权。以农业标准化带动农业生产专业化和区域化，推动农业结构的战略性调整，实现粗放型生产方式转向集约型生产，促进农产品生产及加工、流通的标准化，实现中国农产品从"量"向"质"的转变，全面提高农产品的质量和安全，让中国农产品走出国门，增强国际竞争力。

第三，实施农业标准化，是建设现代农业、推进质量兴农和乡村振兴的现实选择。现代农业，不仅要求农产品品种标准化、农业生产技术标准化，农业生产管理也要标准化，还要求农业市场规范、农村经济信息建设也要标准化。推行农业标准化发展，有利于促进农业科技转化为生产力，推动农业供给侧结构性改革，提高农业生产效率，将大力推进农村各项产业发展，保障地区特色优势农业高效优质发展，有力促进质量兴农和乡村振兴。

二、农业标准化的具体任务

（一）完善农业标准化体系建设

制订和实施标准体系规划。根据国家和行业发展需要，明确标准体系建设的整体目标、路线图、分期实施计划等，建立起标准体系建设的考核评价体系，落实标准体系建设各个环节的进度、质量、效益等指标。

国家农业标准体系建设要以农业投入品、产地环境、农产品流通、质量控制和检验检测、疫病防控、生物安全、生态保护等方面为重点，加强标准的制订和修订。

地方农业标准体系建设，应围绕地区主导产业、特色产业和重点领域，以促进产业发展、提升产业技术水平、规范市场行为、提高产业竞争力等为目标，在品种改良、安全高效生产技术规程、良好操作规范等方面，围绕产前、产中、产后全产业链加强标准的制订和修订，建立适应本地区农业发展的农业标准体系。

（二）加强农业标准化实施

1. 创新标准化实施方式

在农业产业发展的相关领域，重点抓好主要环节和关键环节，突破薄弱环节。例如，在生产领域，重点抓好产地环境标准、良好农业规范的实施，强化农药、化肥等农资的合理使用和安全控制，以及检疫、防疫等标准的实施；在加工领域，重点加强加工场地环境、加工操作规范、安全卫生等加工标准化标准的实施；在流通流域，重点组织产品包装材料、运输器具、仓储设备及场地环境卫生、市场准入等标准的实施，建立完善的农产品质量溯源制度，以保障农产品安全和满足新形势下的农产品贸易需要。

2. 建立健全标准化实施保障机制

（1）建立完善的标准制订和修订机制。简化、高效化相关标准的制订流程和程序，规范相关标准的制订群体和责任群体。在制订和修订的过程中，邀请实施人员、科研人员等相关人员参与，制订出行之有效的标准。

（2）优化标准化检测运行机制。建立标准化检测机构和专业检测人员队伍，优化检测设备和技术，保障检测结果的准确性和可靠性。

（3）加强行政和立法监督。完善农业标准化的执行、监督和奖惩机制，综合利用现场巡查、随机抽查等方式，确保农产品符合相关的规范和标准要求。鼓励认证体系建设，设立农业标准认证机构，为符合标准的产品颁发证书，提升市场竞争力。

（4）加强农业标准化宣传教育。多渠道、多形式进行农业标准化宣传教育，形成更高的参与度和更广泛的认同度，提升农业标准化的推广力度。

（三）加强农业标准化人才培养

制订标准化人才目录，确定农业标准化人员的职业能力要求和分类标准；实施标准化人才评价和认证体系，对标准化人才进行分类、评价和认证，并建立人才库，提高标准化人才的整体素质和水平。

推行标准化人才培训计划，开展农业标准化人员职业技能、资格培训，加强培训评价、竞赛评比，增强标准化人才的竞争力和实际能力。

鼓励专业学校开展标准化人才培养。开发标准化课程和教材，推行实践教学，向农业标准化人员提供系统化、全面性的职业技能培训，增强学员在标准化生产和管理中的理论和实际应用能力。

建立标准化人才培养实训基地，帮助标准化人才熟悉农业标准化技术和理念，并提供相应的实践机会；植入科技创新，结合现阶段农业生产实际需要，促进标准化人才与现代科技相结合，引导参与科技创新活动，在实际应用中提高标准化人才的实践能力和市场竞争力。

（四）加强农业标准化示范区建设

农业标准化示范区是将农业生产与标准化相结合的农业经济发展模式，是按照一定的种植或养殖标准组织生产和管理，使产品达到相关质量标准要求，对周边地区起到示范和带动作用的农业示范区，是实施农业标准化生产的有效手段。

建设农业标准化示范区，可以有效提升农产品的品质和竞争力，加快地方农业品牌化和产业化进程，有力推动规模化生产、品牌化运作和产业化经营，有效促进农业增效和农民增收。

建设农业标准化示范区，要注意借鉴先行地区的有效经验，第一，加强制度建设和制度化管理，针对项目预报、储备、考察评价、中期评估、退出等环节，组织制订示范区管理办法和管理制度，并加强过程和目标的后续管理，避免重申报轻建设，确保项目建设有始有终；第二，创新经营理念，采取"示范基地＋"的新型农业主体经营模式，紧密联结多方优势力量共同发力；第三，强化标准体系建设，加强标准顶层设计，如建立技术标准、管理标准、工作标准相结合的示范区标准体系；第四，完善社会化服务体系，建立标准化主管部门联动机制，加强综合协调，保障国家大政方针与地方建设同部署齐推进，促进示范区建设与美丽乡村建设等同步实施。

第二节　猕猴桃产业标准化现状

一、我国猕猴桃标准发布实施时间序列

我国加入世界贸易组织（WTO）以后，标准化概念开始进入农业和林业工作范畴，制订和实施

标准等一系列标准化工作逐步走向正轨。截至 2023 年，共检索到与猕猴桃直接相关的国内现行标准 452 项（检索数据来源于全国标准信息公共服务平台），其中国家标准 3 项，行业标准 20 项，地方标准 180 项，团体标准 63 项，企业标准 186 项。图 7-1 显示，2009 年及以前施行的猕猴桃标准数为 12 项，2010—2019 年现行标准数量为 101 项，2020 年以来的标准数量为 339 项，分别占总数的 2.65%、22.35%、75.00%。说明我国猕猴桃产业标准在发布时间上整体较新，跟产业的发展轴线和重视程度密切相关。

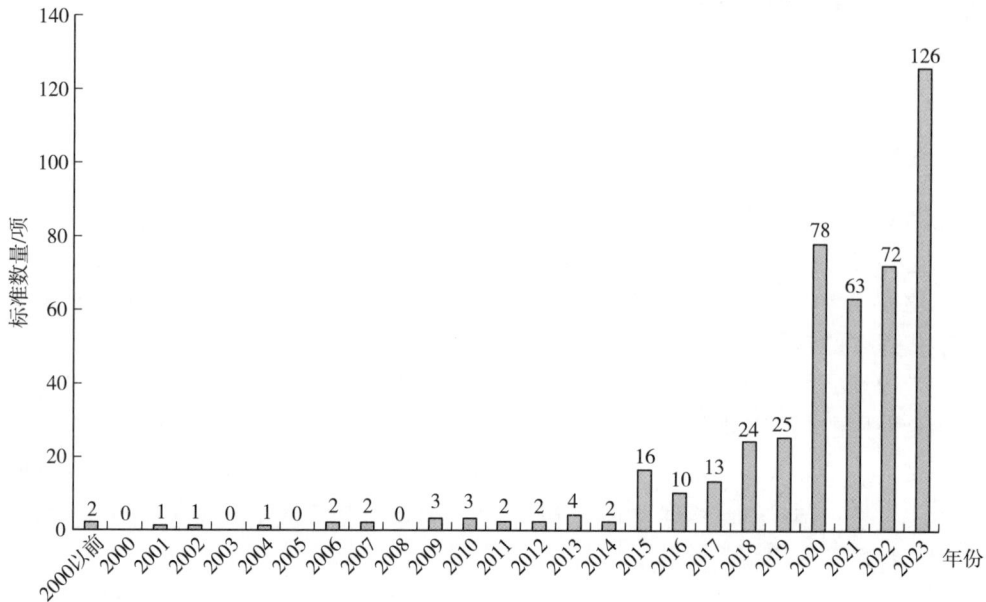

图 7-1 我国猕猴桃现行标准发布数量及时间

2015 年，《深化标准化工作改革方案》发布，要求针对标准老化缺失滞后、标准交叉矛盾、标准体系不合理、标准化协调推进机制不合理等问题进行改革，之后，现行标准的发布数量快速增加，2015—2023 年现行标准数量占总现行标准数量的 94.46%，仅 2020—2023 年现行标准的数量便占到总现行标准数量的 43.81%。图 7-2 显示，我国猕猴桃现行地方标准数量较 2015 年之前增长了

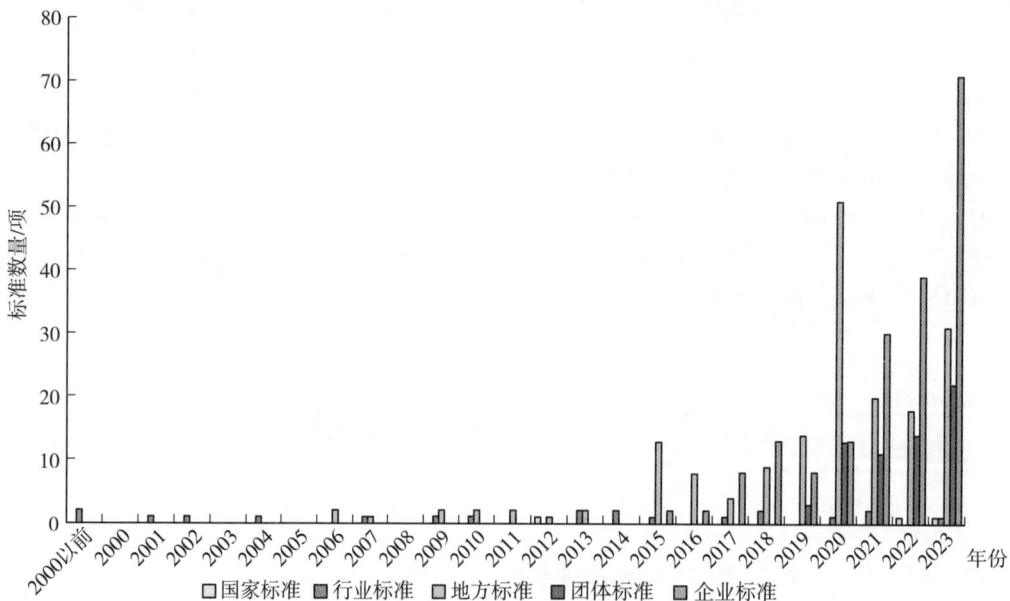

图 7-2 我国猕猴桃现行标准类型及发布时间

17.08 倍，企业标准首次突破 0 项，实现年平均 20.67 项的增长速度。2018 年 1 月，《中华人民共和国标准化法》修订施行，确立了团体标准的法律地位。猕猴桃团体标准从 2019 年开始正式发布实施，从 2020 年开始发布实施量快速增长。说明产业的标准化程度，与国家的重视程度和相关政策法规的颁布休戚相关。

我国是猕猴桃世界第一种植大国和消费大国。2019 年全国猕猴桃收获面积大约 18.26 万 hm²，较 2009 年的 7 万 hm² 增长 160.86%，较之 2000 年的 4.8 万 hm² 增长 280.42%，说明近 10 年来猕猴桃产业在我国发展迅速，猕猴桃收获面积从 2009 年至 2019 年大幅增长。与此同时，我国猕猴桃标准数量伴随着猕猴桃产业的发展壮大而增加，反映了产业发展对技术标准的需求及满足状态。

二、猕猴桃标准的区域发展情况

猕猴桃地方标准和企业标准的发布数量为 363 项，占猕猴桃标准总数 80.31%。从地方标准和企业标准的分布区域（图 7-3）来看，其中陕西（55 项）、四川（57 项）、贵州（59 项）、湖南（3 项）、江西（18 项）、河南（13 项）、浙江（13 项）、重庆（6 项）8 个猕猴桃主栽省（市）共有标准 224 项，占地方标准和企业标准总数的 61.71%。

在其他一些省份，地方标准和企业标准数量近 2 年也逐渐增多，如云南（28 项）、湖北（18 项）、辽宁（15 项）、安徽（14 项）、河北（11 项）、广西（6 项）、江苏（15 项），除了反映出猕猴桃地方标准和企业标准的数量与各省的产业规模基本一致外，也与当地重视程度和栽培与加工技术水平相关。其中，贵州、云南、四川三省的地方标准和企业标准数量占总数的 39.67%，说明就整体而言，南方地区对猕猴桃标准引领产业发展的举措，具有更高的积极性，也体现了南方产区猕猴桃产业的强劲发展势头。

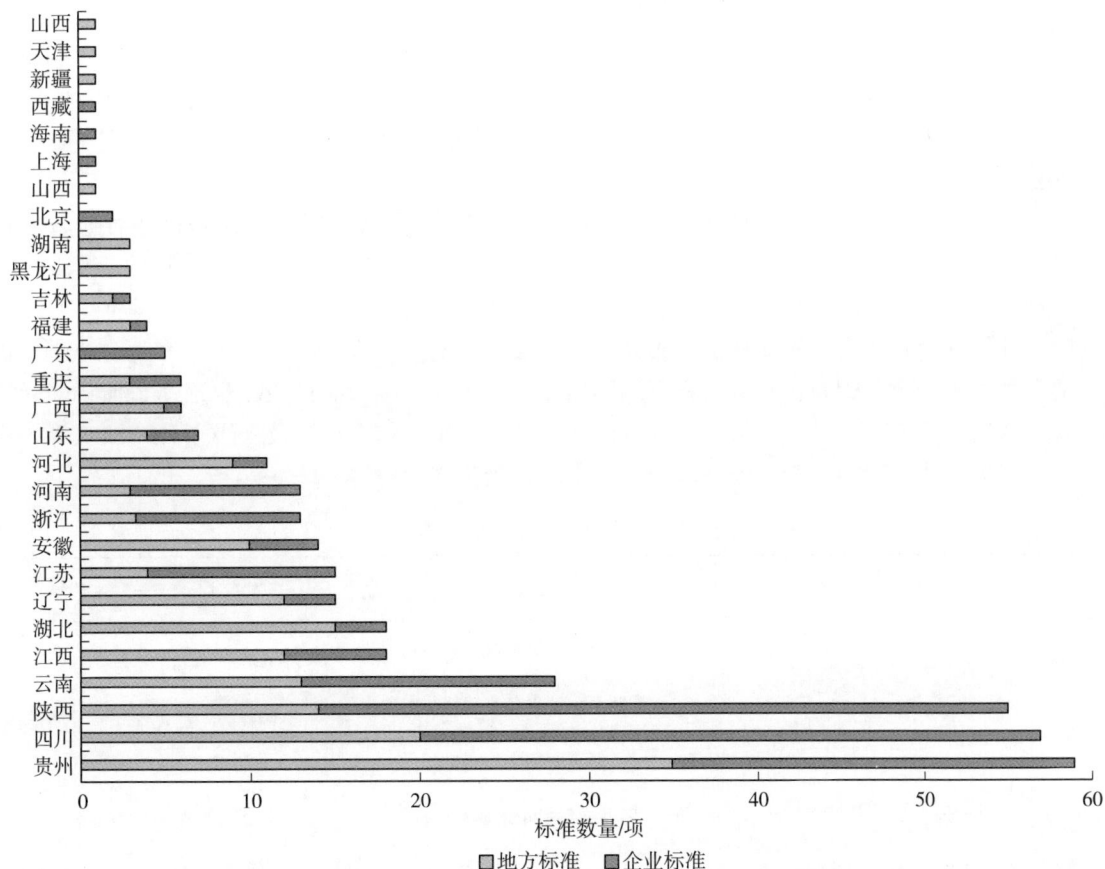

图 7-3 地方标准和企业标准发布数量的区域分布

三、我国猕猴桃标准涉及的产业链环节

从产业链环节看，现行的 452 项标准主要涉及产地环境、种质种苗、生产技术（建园、栽培、授粉、施肥）、疫病防控、等级规格、产品质量、采收储运、追溯、检测等多方面，基本实现了全产业链的全覆盖。从各环节标准数量来看，产前、产中、产后各个环节的标准数量和标准化程度存在差异：主要集中于包括优良品种选用及优质苗木培育在内的栽培管理、果品收储等产前、产中环节，而产品深加工、流通、营销、品牌创建等产后环节以及宏观产业发展与标准体系建设、省力化、智能化、质量安全管理、追溯体系应用服务等方面的标准还比较缺乏，体现了目前猕猴桃以鲜食为主的产业现状，产业管理的整体水平不高，制约着猕猴桃产业的高质量快速发展，也表明在猕猴桃深加工产业链方面存在较大的延伸空间。

国家标准方面，仅有 3 项与猕猴桃直接相关的国家标准《猕猴桃苗木》（GB 19174—2010）、《猕猴桃质量等级》（GB/T 40743—2021）、《植物品种特异性（可区别性）、一致性和稳定性测试指南 猕猴桃属》（GB/T 19557.11—2022），在其他方面缺少国家层面对猕猴桃产业的统一标准，不利于猕猴桃产业统一规格、品质、质量，建议加强生产种植方面国家标准的研制。

第三节　云南猕猴桃产业标准化

一、云南猕猴桃产业标准现状与特点

截至 2023 年 12 月 31 日，云南全省共发布与猕猴桃产业直接相关的标准 36 项，仅次于四川、贵州、陕西，在全国排名第四位，占比 7.96%，其中包括地方标准 13 项，团体标准 7 项，企业标准 15 项，以及云南省第一个与猕猴桃直接相关的行业标准《猕猴桃种质资源描述规范》（NY/T 2933—2016），由云南省农业科学院园艺作物研究所发布于 2016 年。

从表 7-1 可以看出，虽然云南猕猴桃标准数量在全国的整体排名靠前，但是存在着地域分布不均的情况，13 项地方标准中有 12 项分布在昭通，企业标准主要为云南天质弘耕科技有限公司（7项）、楚雄绿巨人生物科技有限公司（3项）、云南源盘果业有限公司（2项）三家公司所包揽，占比80%。标准数量的分布与猕猴桃的种植分布和当地相关部门的重视程度有关；对于红河、屏边、楚雄等地，主要因为生产企业的介入和重视意识的逐渐深化，企业标准的制订数量也逐渐增加。从标准的内容来看，多集中在苗木质量、栽培管理等方面，对猕猴桃采后储藏运输及等级划分、加工等方面涉及较少，体现了产业发展的重心仍围绕产前、产中的初级生产阶段。

表 7-1　云南猕猴桃标准一览

序号	标准号	标准名称	发布年	生产环节
1	NY/T 2933—2016	猕猴桃种质资源描述规范	2016	种质资源
2	DB5303/T 16—2017	猕猴桃园套种鲜食豌豆栽培技术规程	2017	生产管理
3	Q/YBL 01—2018	猕猴桃专用生物有机肥	2018	物资投入
4	DB5306/T 56—2020	昭通猕猴桃苗木质量要求	2020	苗木培育
5	DB5306/T 54—2020	昭通猕猴桃生产技术标准体系	2020	生产管理

（续）

序号	标准号	标准名称	发布年	生产环节
6	DB5306/T 55—2020	昭通猕猴桃优质苗木繁育技术规程	2020	苗木培育
7	DB5306/T 57—2020	昭通猕猴桃建园技术规程	2020	建园
8	DB5306/T 58—2020	昭通猕猴桃土壤管理技术规程	2020	生产管理
9	DB5306/T 59—2020	昭通猕猴桃肥水管理技术规程	2020	生产管理
10	DB5306/T 60—2020	昭通猕猴桃整形修剪技术规程	2020	生产管理
11	DB5306/T 61—2020	昭通猕猴桃花果管理技术规程	2020	生产管理
12	DB5306/T 62—2020	昭通猕猴桃主要病虫害控制技术规程	2020	生产管理
13	DB5306/T 63—2020	昭通猕猴桃主栽品种果实采收指标和要求	2020	采收储运
14	DB5306/T 64—2020	昭通猕猴桃主栽品种鲜果质量要求	2020	果实品质
15	DB5306/T 65—2020	昭通猕猴桃贮藏保鲜与运输技术规程	2020	采收储运
16	T/HHJH 004—2021	红河州农产品流通规范：猕猴桃	2021	采收储运
17	Q/YTZ 011.1—2021	猕猴桃 第1部分：化肥施用限量	2021	生产管理
18	Q/YTZ 011.2—2021	猕猴桃 第2部分：病虫害防治	2021	生产管理
19	Q/YTZ 011.3—2021	猕猴桃 第3部分：品质控制	2021	果实分级
20	Q/YTZ 011.4—2021	猕猴桃 第4部分：产品分级	2021	质量等级
21	Q/YTZ 011.5—2021	猕猴桃 第5部分：保鲜贮藏	2021	采收储运
22	Q/YTZ 011.6—2021	猕猴桃 第6部分：包装	2021	包装储运
23	Q/YTZ 011.7—2021	猕猴桃 第7部分：生物质还田	2021	生产管理
24	Q/YPNK 001—2021	猕猴桃雄株种植技术规程	2021	生产管理
25	Q/YNSNKY－CXLJR—2022	云南省猕猴桃种植技术规程	2022	生产管理
26	Q/CXLJR2021－2—2021	徐香猕猴桃果实质量分级标准	2022	采收储运
27	Q/CXLJR2021－1—2021	徐香猕猴桃种植技术规程	2022	生产管理
28	Q/CXLJR2021—2021	中猕猴桃果实质量分级标准	2022	采后分级
29	Q/RJS006—2023	怒江猕猴桃高产栽培技术规程	2023	生产管理
30	Q/Q/WXNY003—2023	猕猴桃种植	2023	生产管理
31	T/YGIIA 011—2023	西畴猕猴桃绿色生产技术规程	2023	生产管理
32	T/YGIIA 010—2023	西畴猕猴桃山地建园技术规程	2023	建园
33	T/YNYY 010—2023	猕猴桃组培苗生产技术规程	2023	苗木培育
34	T/YNRZ 012—2023	滇东南地区红阳猕猴桃避雨栽培技术规程	2023	生产管理
35	T/YNRZ 011—2023	猕猴桃促花调控技术规程	2023	生产管理
36	T/YNRZ 012—2023	滇东南地区红阳猕猴桃栽培技术规程	2023	生产管理

二、猕猴桃标准化应用现状及影响因素

（一）应用现状

截至2023年12月，云南共建设有各类国家级农业标准化示范区199个，在全国各省（市、区）的国家级标准化示范项目建设中排名第十位，其中建设有水果类国家级标准化示范区29个，但是尚未查询到云南有猕猴桃相关的国家级、省级或者市级标准化示范区项目建设。整体而言，云南猕猴桃

生产主体标准化意识比较淡薄，猕猴桃产区标准化应用程度不高，多存在着重申请、轻应用的现象。在实际过程中，多是根据长期以来的经验进行生产，并未严格按照标准程序进行生产应用。主要原因是云南猕猴桃产业化生产基础比较薄弱，多数生产者还处于不断试错和总结经验的过程中，全省猕猴桃科技研究投入不足，技术集成化程度较低。

（二）标准化应用影响因素

1. 环境条件

环境条件是实施标准化的先决条件，直接影响标准化的实施面积和实施程度。气温、土壤、地形、光照、降水等自然气候条件的差异会给农业标准化的实施带来一定的限制和影响。一方面，云南低纬高原地形特征和丰富的气候类型，决定了云南地区标准的制订和应用推广具有明显的地域性特征，标准只能根据对应产区的实际情况进行制订；另一方面，地形地貌条件的复杂程度，也影响了生产物资获得、农业生产信息化、农产品与外界交流的难易程度等。以上两个方面都在一定程度上，增加了标准化实施的难度和成本。

2. 资金投入力度

高原农业标准化资金的投入，是影响云南标准化生产的重要因素之一，包括政府投入力度和生产者投入力度。农业生产系统较为庞大，生产及加工的每个步骤都涉及大量资金投入，包括土地、农用物资、设施设备、人力等方面。由于高原地区属于经济欠发达地区，政府在农业生产标准化种植及产品加工上投入的资金有限，生产者的资本禀赋差异等直接影响生产者参与标准化生产的积极性和标准化应用程度，导致种植加工的产品在质量、规格等方面参差不齐。

3. 政府支持力度

政府对猕猴桃产业的认识高度影响其对产业发展的支持力度。猕猴桃作为高端水果的特质，及其在云南的产业优势、特点和产业潜力，决定了其发展成为高原特色农业的潜质。在产业发展之初，形成完善的政府干预管理机制，有利于形成良好的产业结构和产业链良性循环。而集中社会相关产、学、研力量，对区域规划、种植用地、园区基础设施、储运设施设备、服务指导、市场开拓与维护、信息传导、监督约束、命令性规范等方面开展全方位的设计与支持，都会影响生产者自觉遵从标准化生产程度。

4. 生产者素质与组织化程度

生产者素质，如年龄、健康状况、经济状况、种植年限、当地劳动力数量等因素，对猕猴桃生产者是否愿意进行标准化生产具有显著影响。这些情况良好时，表现为从事标准化生产的意愿较高。较为集中的生产面积，便于开展规模化和标准化生产。农业生产合作组织、龙头公司等新型农业主体，从事标准化生产的意识和自觉性较强，而传统的小农式生产不利于标准化的实施。

（三）推进猕猴桃产业标准化生产的建议

1. 加快培育生产主体，提高组织化水平，加快猕猴桃标准化示范区的建设

猕猴桃生产龙头企业、专业经济合作社等新型生产主体，既是推进猕猴桃产业标准化经营的重要载体，也是带动猕猴桃标准化生产的主要力量。因此要加快培育壮大经营主体，提高猕猴桃生产组织化程度。

示范推广是猕猴桃标准化栽培技术推广的关键。可以在红河屏边及昭通、楚雄、昆明等猕猴桃优势产区，开展猕猴桃标准化示范区建设，积极宣传标准化生产的益处，如统一种苗的购置、种植、施肥、病虫害防治、供销保障、统一的技术培训等，通过标准化示范区的带动，促使生产者充分认识到标准化生产带来的益处，提高生产者对农业标准化的认识，推动农业标准化工作进程。

2. 加强农产品质量安全检测与执法监管

建立和完善猕猴桃检测体系，加强猕猴桃产品质量安全检测工作。加强对检测人员的培训，购置和更新检测设备，逐渐实现检测设备的现代化，保证检测过程和结果的准确性和可重复性。制订相应的检测制度，鼓励生产者积极参与检测。

建立监管体系，完善相应的法律法规，加强农产品质量安全的监督工作。督促生产者建立生产档案记录制度、农产品标志管理制度、产地追溯制度等。定期或不定期对相应产品、产地、物资投入情况等进行随机抽检，确保农产品质量符合相关的质量安全标准，生产符合相关的安全生产标准，激励机制与约束机制并行，根据检测情况落实相应的责任追究和奖惩。

3. 加大政府支持力度和完善保障机制

政府加大对标准化示范区的资金扶持力度，设立专项资金，定期给予农资、农机、农补等支持。从生产、流通、销售等环节入手，通过政府补贴或鼓励购买农业保险等，降低农户参与标准化生产的风险、成本。同时积极鼓励龙头企业、专业合作经济组织、新型农业主体和其他生产大户加入农业标准化体系中，逐渐扩大示范区的范围。

建立社会标准化公共服务组织，完善标准化运营保障制度，包括信息化部门、检测部门、标准化推广部门、监督执法部门完善的绩效考核奖惩机制等。政府通过各种途径拓宽销售渠道，并大力宣传农业标准化的重要性，增强全省人民对农业标准化实施的责任感，让农业标准化实施成为日常自觉行为。

4. 加强品牌建设，提升产品竞争力

品牌是产品增值的无形资产。目前市场上猕猴桃品牌多而杂，云南区域性知名品牌较少，没有突显出云南猕猴桃的品质优势，尤其跟国外知名品牌相比，存在较大的价格差异。想要提高产品销售价格，提升产品竞争力，需要在提高产品质量的基础上加大品牌建设，不断加大品牌培育和宣传力度，提高生产企业和消费者品牌意识，以品牌效益带动标准化，推进产业化。

三、云南猕猴桃产业标准体系构建

（一）构建思路

以习近平新时代中国特色社会主义思想为指导，全面贯彻党的十九大、二十大精神和习近平总书记对"三个定位"建设（即云南民族团结进步示范区、生态文明建设排头兵、面向南亚东南亚辐射中心）的要求，牢固树立"绿水青山就是金山银山"的发展理念，紧密围绕中共中央、国务院《关于全面深化农村改革 加快推进农业现代化的若干意见》以及云南高原特色现代农业发展规划的相关要求，完善云南猕猴桃标准体系，支持猕猴桃产业标准化生产。

围绕产业关键环节、技术、模式、产品的创新攻关，及时做好相关技术、模式等的完善、总结、提炼等标准转化准备工作，秉持"有标贯标、缺标补标、低标提标"的原则，梳理已有猕猴桃标准体系成果，宣传贯彻国家和行业基础性标准，评估综合性标准，整合共性标准，完善地方标准，强化团体和企业等市场化主体标准，构建猕猴桃产业标准有机综合体，以高标准体系倒逼产业升级，推动科

技创新、结构调整和产业发展。

（二）基本框架

农业标准体系是指在一定范围内的农业标准按其内在联系形成的有机整体。按照此构建原则及要求，结合猕猴桃产业的特点，将猕猴桃产业标准体系分为产前、产中、产后3个子体系（图7-4）。

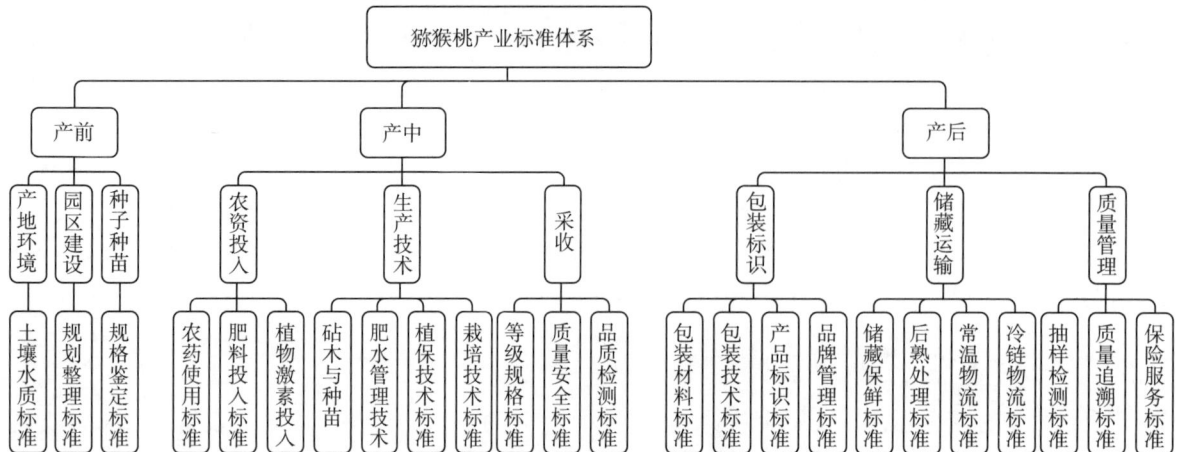

图7-4 猕猴桃产业标准体系框架

在产前子体系的产地环境板块中，常规标准主要对土壤、水质进行了要求。本体系中加入园区建设板块，主要考虑到选址、地形、地势、降水、气候等因素对于猕猴桃产业成败具有重要的影响。种子种苗板块在此处主要是涉及品种的鉴定与苗木的规格等指标。

在产中子体系中，农资投入板块主要包括农药、肥料、植物生长调节剂等农资的供应标准，从源头上保障终端产品的绿色生产。猕猴桃生产技术板块主要包含砧木与种苗、肥水管理、植保管理、栽培技术4个方面，具体又可以细分为种苗检疫、种苗繁育、苗木定植管理、灌溉系统建设、水肥施用、病虫害鉴定检疫、监测预警、防控技术、树体管理、花果管理、整形修剪等具体的实施措施标准。猕猴桃采收板块主要涉及等级、果品安全和品质检测方法3个方面的标准，具体可以实施为不同品种采收规格与指标、采收要求、果实无害化处理、营养品质检测等方面的标准。

在产后子体系的包装标识板块中，除了常规的包装材料、包装技术、产品标识外，增加了品牌管理标准，从优质猕猴桃品牌的定位、规划、形成、运营以及维护等方面进行全面管理，以保障品牌价值和产品核心竞争力。储藏运输板块除了常规储藏保鲜、常温物流、冷链物流标准外，增加了果实后熟处理标准，为解决猕猴桃硬果采摘后，实现市售即食提供技术指导。质量管理板块主要涉及果品质量的抽样检查、质量追溯以及由于自然灾害发生的保险赔付等标准。

主要参考文献

曹娟，2022. 我国农业标准化示范区建设的经验和启示 [J]. 中国标准化 (20)：140-143.

刘岩，朱加虹，胡桂仙，等，2022. 猕猴桃全产业链标准化体系构建 [J]. 浙江农业科学，63 (3)：583-589.

沈晓君，陈君，刘蕊，等，2022. 海南省椰子产业标准体系解析 [J]. 食品工业，43 (2)：235-238.

王淦，2017. 四川猕猴桃种植户标准化生产参与度研究 [D]. 雅安：四川农业大学.

杨冬，2018. 农业标准化的意义及建议 [J]. 现代化农业 (1)：40-41.

杨明春，任清，薛慧，2023. 我国猕猴桃标准数量结构分析 [J]. 陕西林业科技，51 (1)：142-145.

钟彩虹，黄文俊，李大卫，等，2021. 世界猕猴桃产业发展及鲜果贸易动态分析 [J]. 中国果树 (7)：101-108.

第八章　云南猕猴桃品牌建设及销售

第一节　云南猕猴桃品牌建设

云南地处低纬高原，立体气候多样，生态环境优越，物种资源富集，素有"植物王国、动物王国"的美誉，更是高原特色水果之乡。充足的阳光、充沛的热量、清新的空气、无污染的水源、肥沃多样的土壤，赋予了云南水果与生俱来的发展优势，让云南成为中国水果资源较为丰富的区域之一。云南提出打造世界一流"绿色食品牌"，将"云果"作为8个优势产业之一进行重点打造（表8-1）。2018年以来，云南水果产业创新发展模式，推进"大产业＋新主体＋新平台"模式和"科研＋种植＋加工＋流通"全产业链发展模式，瞄准高端市场、国际市场，占领行业制高点，突出云南高原水果产业绿色、优质、特色、品牌的几个特点，通过引领示范、体系建设，提出打造若干个千亿产业目标。云南高原特色水果产业发展有效助力了当地脱贫攻坚，推进了云南农村现代化发展，促进了农民收入的快速增加。

截至2017年，云南已建成农业部标准果园10个，创建面积达0.12万 hm^2；建成省级高标准果园示范基地36个，建设面积0.45万 hm^2；示范带动全省标准化果园25.3万 hm^2，通过"三品一标"认证面积达18万 hm^2。全省水果产业获"国家农业产业化重点龙头企业"2家、"中国驰名商标"4个、"省级龙头企业"20余家、"省著名商标"认定36个。蒙自石榴、元谋葡萄、华宁柑橘、华坪杜果、丽江雪桃、石屏杨梅、开远鹰嘴桃、绥江半边红李子、保山甜柿、河口香蕉、泸西高原梨等农产品区域公用品牌具有较高知名度。随着"云果"口碑的建立，市场认可度也在持续升温。2020年，云南水果产业综合产值达892.95亿元，在云南"绿色食品牌"重点产业中位列第五，居生猪、蔬菜、中药材、茶叶产业之后。以蓝莓、草莓、树莓为代表的小浆果类，以沃柑为代表的柑橘类，以昭通苹果为代表的温带水果，成为全国中高端果品的代表。卓莓、科思达等世界水果巨头纷纷落地云南，云南成为世界水果行业公认的"果业天堂"，水果成为云南农产品出口创汇第一大品类，出口额居全国第一。与此同时，水果与相关产业的融合也在加快，"旅游＋水果"的新业态正在蓬勃发展。

云南猕猴桃产业发展起步较晚，总体规模较小，龙头企业较少，品牌建设相对滞后，2022年Maigoo公布的全国50家猕猴桃品牌中，云南占2家，分别是"卓易农业科技"和"浩弘农业"。2019年"晨滇滇"牌红阳猕猴桃被评为云南"10大名果品牌"。近年来，云南猕猴桃企业大力开展绿色食品认证、有机食品认证和商标注册，种植企业和专业合作社中，80％开展了绿色食品认证、有机食品认证，60％注册了商标。西畴猕猴桃获得国家知识产权局颁发的地理标志证明商标。石屏县卓易农业科技开发有限公司的猕猴桃品牌"滇猴王"，在销售市场上影响较大，成为云南猕猴桃的代表性品牌。该公司2015年入选农业部优质农产品开发服务中心的"全国名特优新农产品目录"，2013年开始获得国内有机认证，2015年获得欧盟有机食品认证。云南源盘果业有限公司的"源盘"猕猴桃荣获第十三届中国昆明国际农业博览会优质农产品金奖。文山浩弘农业开发有限公司注册的"浩弘猕"和"奇异之园"猕猴桃正在市场上宣传推广。

表 8-1　云南农业品牌建设情况

品牌	相关政策	概况	时间
绿色食品牌	《云南省"绿色食品牌"品牌目录管理办法》	为提升云南农业品牌集群数量和品类，引领全省农业生产绿色有机高质量发展，提升世界一流"绿色食品牌"整体影响力，由云南省农业农村厅印发的管理办法。目前全省共有519个"绿色食品牌"产品，包括8个关于水果的"绿色食品牌"产品	2021年
10大名品	《云南省绿色食品"10大名品"评选管理办法（试行）》	为了促进"绿色食品牌"建设，提升云南绿色食品在国内外的知名度和影响力而开展的关于茶叶、花卉、蔬菜、水果、坚果和中药材在内的6个产业的农产品评选活动。2021年云南水果类"10大名品"评选出了苹果、蓝莓、葡萄、石榴、杧果、冰糖橙6个种类的水果	2021年
10佳水果品牌	《云南省名优农产品品牌评选办法（试行）》	为提升云南优质特色农产品品牌知名度和市场占有率，发布了该管理办法。2018年评选的"10佳水果品牌"包括苹果、葡萄、杧果、冰糖橙、柑橘、石榴6个大类的水果	2018年
绿色食品"20佳创新企业"	《云南省绿色食品"10强企业"和"20佳创新企业"评选管理办法》	为深入贯彻落实云南省委、省政府打造世界一流"绿色食品牌"决策部署，加强"10大名品"管理，迅速提升云南优质特色农产品品牌知名度和市场占有率，而制订的评选管理办法	2021年
云南省"名优农产品品牌"	《云南省名优农产品品牌评选办法（试行）》	为提升云南优质特色农产品品牌知名度和市场占有率，发布了该管理办法。云南目前共评选出24个关于水果的名优农产品品牌	2019年
农产品地理标志产品	《农产品地理标志管理办法》	农产品地理标志产品是指产自特定地域，所具有的质量、声誉或其他特性本质上取决于该产地的自然因素和历史人文因素，经审核批准以地理名称进行命名的产品	2007年
农产品区域公用品牌	《关于开展中国农业品牌目录2019农产品区域公用品牌征集工作的通知》	农产品区域公用品牌是指在一个具有特定、历史人文因素的区域内，由相关组织所有，由若干农业生产经营者共同使用的农产品品牌。中国目前共有1 786个农产品区域公用品牌，云南有30个	2019年
一县一业	《云南省人民政府关于创建"一县一业"示范县加快打造世界一流"绿色食品牌"的指导意见》	"一县一业"是指一定区域范围内，以区县为单位，按照国内外市场需求，充分发挥本地资源优势，通过大力推进规模化、标准化、品牌化和市场化建设，使一个区县（或几个区县）拥有一个（或几个）市场潜力大、区域特色明显、附加值高的主导产品和产业。云南目前共有40个"一县一业"示范县	2019年

第二节　云南猕猴桃销售

云南水果销售以传统渠道为主，依靠果商和水果市场、农产品市场销售。近年来，新兴的网络销售渠道也成为云南水果外销的新路径。2020年，云南通过淘宝、天猫等电商平台销售水果产值占总产值的11.90％，其中面向"北上广"等大中城市的销售产值占60％以上。

云南猕猴桃是最近几年快速发展的特色高端水果。云南猕猴桃作为特色水果，其发展面积、产量均排在大宗水果的后面。但云南猕猴桃具有因昼夜温差大而甜度高、成熟早的特点，在全国市场上形成差异化竞争优势，平均价格高于全国同品种价格30％以上，如四川产红阳猕猴桃平均价格为每千克10元，而云南为每千克16元，一级果在云南果园的产地批发价格能够达到每千克24～28元，且供不应求。2020年，云南红阳猕猴桃电商销售价格为每千克18～30元，上海超市供货价格为每千克22～24元，产地零售价格为每千克20～32元。2020年国庆节前，云南省内大部分猕猴桃生产商的猕猴桃已售空，基本没有库存。

云南猕猴桃产业，随着科技创新和种植水平提高，将迎来新的发展，预计今后10年内，云南猕猴桃种植面积将突破2万hm^2，综合产值达到50亿元以上，在全国占有一席之地。云南猕猴桃的销售可参考以下几种模式。

一、直销模式

生产者自己负责销售，把产品直接销售给消费者。直销的方式主要有3种途径，一是本地设点销售，一般在果园、果园附近的交通要道或乡（镇）等地设点；二是电商销售，通过电商配送到消费者手中，电商销售是目前发展较快的重要直销模式，通过自己的客户群和宣传，直接快递给消费者；三是批发销售给果商，再由果商利用自己的渠道销售。

二、合作社模式

成立合作社，由合作社统一销售。目前，这种销售模式在云南发展较少。

三、自有基地＋收购销售模式

一部分龙头企业，创立自己的品牌，依托面积在20hm^2以上的自有基地，建立销售渠道，并与周边的种植户签订购销协议。如云南睿树农业科技有限公司，自有基地80hm^2，创立了睿树品牌，成立了销售公司，同时与种植户合作，达成购销协议，2021年其自产产量达到200t，种植户产量200t，年销售额达900多万元。云南源盘果业有限公司自有基地40hm^2，带动红河屏边发展了2 000hm^2，依托自有基地，创建了源盘品牌，年销售额达到3 000多万元。石屏卓易农业科技开发有限公司自有基地66.7hm^2以上，带动周边发展，收购周边种植户生产的水果，年销售3 000余t，销售额突破7 000万元。

四、采摘园模式

一些交通条件好、距离城市较近、有旅游条件的基地，采用了采摘园的模式。基地位于文山西畴兴街镇的文山浩弘农业开发有限公司，依托国家石漠公园申报了3A级景区，针对游客开展采摘活动，取得了较好的经济效益。

五、混合模式

大部分基地和公司都同时采用多种销售模式，基地设点销售、电商销售、批发销售 3 种销售方式混合进行。石屏县卓易农业科技开发有限公司和文山浩弘农业开发有限公司采用基地零售、批发、电商、代理商销售等多种模式进行销售。

六、销售新模式

直播带货：由当地的县长、名人等进行直播带货。红河石屏，文山马关、西畴进行了直播带货销售的尝试，取得了一定效果。

基地认购：消费者到基地认购果树，由基地负责进行管理，等果子成熟后，客户自己来采摘或者由基地采摘了快递给客户。红河建水、文山西畴一些果园尝试了该销售方式，但没有大量推广。

订单销售：种植户获得订单，根据订单销售。种植水平高、果品质量好的果园易获得订单。例如云南源盘果业有限公司、石屏县卓易农业科技开发有限公司每年都能够获得较多订单，客商提前打款下订单。

体验式销售：建立体验式销售店。与餐饮、酒店、咖啡店、茶店等渠道合作，进行体验消费，获取订单。

扶贫产品销售：申报扶贫消费产品，通过扶贫部门组织或提供的渠道进行销售。近年来，通过滇沪对口援建组织的上海农产品展销会，为云南猕猴桃进入上海市场提供了较好的机会，取得了一定成果。

第三节　云南猕猴桃代表性企业

云南猕猴桃分 4 个生产区域：滇东南地区、滇东北乌蒙山区、滇中地区、滇西地区。各地区均有猕猴桃种植代表性企业和种植大户。

一、文山浩弘农业开发有限公司

文山浩弘农业开发有限公司成立于 2013 年，经营范围包含水果种植，豆类种植，油料种植，薯类种植，蔬菜种植，园艺产品种植；农业园艺服务，农作物病虫害防治服务，农业专业及辅助性活动，农产品的生产、销售、加工、运输、储藏及其他相关服务；农业科学研究和试验发展等。

公司的猕猴桃种植基地位于文山西畴兴街镇三光村委会，园区面积 333.33hm^2，猕猴桃实际种植面积 220hm^2，引进试验种 10 余个，主栽品种为伊顿 1 号、东红、金艳、翠玉、翠香。园区为国家石漠化公园 3A 级景区，设有西畴精神展览馆、现代农业园区展览馆、观光栈道等旅游设施。配套建设有 2 000t 容量冷库和水果分选线、田间农产品交易市场。猕猴桃获得有机食品认证和绿色食品认证，并获得西畴猕猴桃地理标志产品使用权。注册商标有"浩弘猕""奇异之园"等。该企业为省级林业产业化龙头企业、科技型中小企业、扶贫企业。

二、石屏县卓易农业科技开发有限公司

石屏县卓易农业科技开发有限公司成立于 2012 年，企业经营范围包括造林苗、城镇绿化苗、经济林苗种植、销售，猪饲养、销售，水果、农产品种植、销售，园林绿化。

公司 2011 年引进种苗，与云南省农业科学院签订合作协议，2015 年 1 月与西北农林科技大学签

订校企合作协议，并成立云南高原猕猴桃专家工作站。公司的高原猕猴桃基地属于云南省农业科学院重点扶持项目之一，以共同开发云南高原特色生态有机红心猕猴桃种植及猕猴桃种植推广为目标。主要任务是研究繁育适宜云南本土生长的猕猴桃品种，并着力将基地打造成为云南最大的优质猕猴桃生产基地。通过公司员工的不懈努力，当前，公司现已成为集猕猴桃的种植、储藏、加工、科研、销售、冷链配送为一体的云南农业产业化重点龙头企业。

公司于 2013 年成立猕猴桃专业合作社，现有社员 100 余户，种植面积已经超过 200hm²。截至 2023 年 12 月，公司已实现猕猴桃年产量突破 1 000t，实现产值 2 500 万余元，直接或间接带动1 000 余户近 4 000 余人增收，并且连续 3 年实现当年盈利，目前公司已进入良性发展阶段。建设有冷库和分选线，为科技型中小企业、省级农业科技园区。注册商标"滇猴王"，已经成为云南猕猴桃的代表性品牌。公司主栽品种为红阳猕猴桃，另外新发展的黄肉猕猴桃表现良好。公司是水肥一体化技术运用较好的种植基地，打药也采用了固定管道加移动喷头的方式。

三、建水县西庄镇正奇家庭农场

建水县西庄镇正奇家庭农场成立于 2017 年，经营范围为水果种植、销售。

农场的猕猴桃种植面积 3.33hm²，年产量 100t，品种为红阳猕猴桃。主要采用防风网种植，是云南早熟猕猴桃标志性示范种植基地，生产管理水平较高。7 月底至 8 月初猕猴桃上市，连续 3 年平均亩产达到 2t，产地统果收购价达到每千克 15～22 元，企业效益较好。农场联系带动了周边 30 余户 200hm² 以上猕猴桃发展。

四、建水县良丰农业科技有限公司

建水县良丰农业科技有限公司成立于 2018 年，经营范围包括水果种植，坚果、蔬菜、花卉的种植；果品、蔬菜销售，互联网销售；林木育种和育苗；农业技术的研究、推广及应用；信息技术咨询服务。

公司建设有种植面积 13.33hm² 以上的猕猴桃基地，主栽品种为红阳，技术上主要采用了水肥一体化和管道打药，为云南红阳标准化示范果园。

五、云南源盘果业有限公司

云南源盘果业有限公司是一家从事水果种植、中草药种植、蔬菜种植等业务的公司，成立于 2014 年。经营范围包括水果种植，中草药种植，蔬菜种植；农产品的生产、销售、加工、运输、储藏及其他相关服务。

公司的猕猴桃种植基地面积 14.67hm²，主栽品种为东红猕猴桃，建设有猕猴桃品种园 1 个，引进试验示范品种 20 余个。公司建有避雨大棚生产示范，采用了水肥一体化技术。公司注册商标"源盘"，取得了有机食品认证。销售以电商为主，除自产自销外，还收购部分种植户的猕猴桃。公司与中国科学院武汉植物园建立了科企合作关系，建有钟彩虹专家工作站。

六、楚雄绿巨人生物科技有限公司

楚雄绿巨人生物科技有限公司成立于 2014 年，经营范围包括技术服务，技术开发，技术咨询，技术交流，技术转让，技术推广；水果种植，蔬菜种植，花卉种植；食用农产品批发，农副产品销售，食品销售（仅销售预包装食品）；农产品的生产、销售、加工、运输、储藏及其他相关服务；农业科学研究和试验发展。

公司自有猕猴桃种植面积 33.33hm² 以上，主栽品种为徐香、中猕 2 号，以生产绿肉系列高品质猕猴桃为主。公司为科技型中小企业，注册商标为"彝运""绿汇通"。

公司与中国农业科学院郑州果树研究所建立了科企合作关系，建设有云南省方金豹专家工作站和云南省齐秀娟基层科研工作站，并作为主要参与单位成立云南省科学技术协会科技专家服务站，推动楚雄猕猴桃产业的发展。公司先后被认定为国家知识产权优势企业、国家高新技术企业、国家科技型中小企业、云南省农业产业化省级重点龙头企业、云南省科技型中小企业、云南省成长型中小企业、云南省知识产权优势企业、云南省专精特新"成长"企业、云南省创新型中小企业、楚雄州农业产业化经营州级重点龙头企业、楚雄市带贫企业等。

公司坚持科技引领，创新发展，秉持绿色发展理念，采取"公司＋专家站＋协会＋贫困户"的经营模式及"入股＋分红＋劳动力投入＋猕猴桃种苗扶持＋科技培训"等方式，与群众建立稳定帮扶利益联结机制。

七、宣威市宣硕农业科技开发有限公司

宣威市宣硕农业科技开发有限公司成立于 2015 年，经营范围包括水果、农作物种植及销售；家禽、家畜养殖及销售；农业技术咨询；农业观光；农用物资销售。

公司自有的猕猴桃生产基地面积 66.67hm² 以上，主栽品种为红心猕猴桃东红和黄肉猕猴桃。配套建设有 3 000m² 的分选车间和 1 500m³ 的冷藏保鲜库、喷滴灌、水肥一体化及远程控制系统、办公区等。公司注册有"宣硕"商标 1 个，先后荣获宣威市、曲靖市农业产业化市级重点龙头企业，被中国绿色食品发展中心认定为绿色食品 A 级产品，销售到全国各地，形成产供销一体化的市级龙头企业。

八、威信家银种植专业合作社

威信家银种植专业合作社成立于 2017 年，经营范围：水果种植；新鲜水果批发，新鲜水果零售；农产品的生产、销售、加工、运输、储藏及其他相关服务。

合作社的猕猴桃种植基地面积为 13.33hm² 以上，与昭通市农业科学院合作建有引种试验示范园 1 个，保存品种 20 多个，通过省级鉴定登记品种 5 个，公司主栽品种为贵长猕猴桃。合作社的猕猴桃基地是昭通市猕猴桃种植管理较好的基地。

九、威信亿丰农业发展有限公司

威信亿丰农业发展有限公司成立于 2017 年 9 月，经营范围包括农产品的种植、加工及销售；家禽、家畜、鱼类的养殖、加工及销售；农业旅游资源的开发及经营管理；文化传播；园林绿化等。现主营业务是猕猴桃的种植、生产、加工及销售。公司通过流转土地和吸纳农户入股的发展模式，连片种植猕猴桃 45.33hm²，主栽品种为贵长猕猴桃。

十、永善辉腾农业有限公司

永善辉腾农业有限公司成立于 2019 年，经营范围包括水果种植；新鲜水果批发，新鲜水果零售；农产品的生产、销售、加工、运输、储藏及其他相关服务。2019 年 12 月，采取"公司＋村集体经济＋农户"的方式，与细沙乡大同、黄金两村集体经济签订猕猴桃产业项目投资合作协议，村集体从农户手中流转 42.36hm² 土地，种植猕猴桃。2021 年 1 月，公司与中国科学院武汉植物园签订了猕猴桃科技示范与试验基地合作协议。2022 年 3 月，与昭通市苹果产业发展中心签订合作协议，建立了 0.33hm² 野生猕猴桃资源圃。设立有云南省全勇专家基层科研工作站，昭通市钟彩虹专家工作站。

十一、永善县成林生态种植农民专业合作社

永善县成林生态种植农民专业合作社成立于 2019 年，主营猕猴桃的生产管理和销售。2019 年 10

月，合作社流转黄金村的土地 12.82hm²，发展猕猴桃种植。合作社与永善县森茂种养殖专业合作社合作，共同创建了"憨猴园"贵长、翠玉、金梅 3 个绿色食品认证品牌。合作社以"支部＋合作社＋农户"的模式，建好园区，带动全村大力发展猕猴桃，种植的品种为红阳、翠玉、贵长、东红。合作社与中国科学院武汉植物园合作建立了 3.33hm² 猕猴桃生产试验示范基地。

第九章 云南猕猴桃产业发展状况及展望

第一节 云南猕猴桃发展状况

一、云南猕猴桃发展历史

云南种植猕猴桃历史较为悠久。在 20 世纪 80 年代以前，人民群众在生产生活中，自觉地通过移栽、扦插、实生播种野生猕猴桃等方式，将野生猕猴桃的优良株系栽植在房前屋后。

1982 年，由云南省农业科学院园艺作物研究所通过全国猕猴桃区域试验引入了 21 个优良株系（20 个雌株，1 个雄株），经过 8 年的试验研究，从中选出了适合云南省内种植的 79 - 02、79D - 13、78 - 7 及华光 5。1983—1991 年，猕猴桃科研协作组在曲靖会泽的茶桑果站果园内种植 0.33hm²（275 株）进行优良株系的比较试验，并以当时主栽品种新西兰海沃德猕猴桃为对照，经过比较试验，从 11 个单株中选育出 2 个优良单株，其中 1 个命名为会泽 8 号。会泽 8 号在会泽表现优良，在 1995 年第二届中国农业博览会上获得银奖。会泽 8 号在会泽的 4 个乡（镇）广泛种植，在 2009 年时栽培面积约 200hm²。

2005 年，文山砚山的华侨农场与四川中兴万邦农业科技有限公司合作，引种新西兰黄肉猕猴桃 Hort16A，随后红河石屏也开始少量种植，同年曲靖与成都佳沃公司合作引种了东红、金艳。2006 年，红阳猕猴桃从四川苍溪引入云南，先后在红河屏边、石屏，楚雄市、德宏，昆明安宁等多地试种，表现出早熟、丰产、品质优的特点。2009 年，云南红梨科技开发有限公司从新西兰引入黄肉猕猴桃 Kiwikiss 在昆明安宁进行试种，通过 2009—2013 年的观察，Kiwikiss 表现较好。2018 年，张龄元等比较了种植在红河石屏坝心镇十字坡猕猴桃种植基地的从西北农林科技大学引进的 G3、金艳、金桃、脐红、861 等 6 个品种的品质，金艳猕猴桃综合性状表现较好。2022 年，杨永超等对文山西畴石漠化地区引进的东红、金艳、翠玉、寻猕 196 等品种的物候期、生长特性、品质等进行了分析，发现这 4 个品种均能在该地正常生长及结果，均可用于滇南猕猴桃产业，其中东红综合表现优于其他 3 个品种。另外，云南源盘果业有限公司建有 0.33hm² 猕猴桃品种种植圃，引进了米良 1 号、江山娇等猕猴桃品种。经过科研单位及农业企业多年的努力，云南省内保有国内多数猕猴桃品种。

二、云南猕猴桃产区

根据联合国粮食及农业组织数据，2020年全球猕猴桃种植面积为28万 hm^2，产量460万 t，其中中国猕猴桃种植面积为18.47万 hm^2，产量223万 t。中国猕猴桃种植面积及产量均占世界第一位。云南猕猴桃产业发展起步较早，但早期发展较为缓慢。根据张鸣报道，2015年云南猕猴桃种植面积0.49万 hm^2，产量4 744t，在国内排名分别为第十二位和第十七位。

为了更准确掌握云南猕猴桃产业发展相关数据，2019年6月20—28日，云南省农业科学院热区生态农业研究所联合文山州农业科学院、重庆文理学院以及猕猴桃产业链领域从事绿色防控、水肥一体化、知识产权服务公司的相关专家及代表，组成了"猕猴桃产业技术联合调研团队"，在云南猕猴桃主要产区开展调研考察交流活动。此次考察先后到昭通绥江、威信，曲靖会泽、师宗、麒麟，玉溪新平、峨山，红河建水、屏边等猕猴桃代表性种植产区，通过与种植大户、种植企业及销售服务企业深入交流，在种植基地了解建园水平、种植面积、品种类型、长势、挂果情况、病虫害等来评估种植水平，在此基础上以图全面了解云南猕猴桃产业发展现状，摸清猕猴桃产业发展过程中遇到的技术难题，收集对云南猕猴桃产业发展的积极建议和想法，共商具有较强竞争实力的高原特色猕猴桃产业发展之路。根据此次调研结果，截至2019年6月，云南猕猴桃种植面积为1万 hm^2 左右，挂果面积近0.53万 hm^2。云南猕猴桃的种植区域围绕昆明辐射分散，包括昆明，红河泸西、石屏、屏边，曲靖麒麟、会泽、宣威，昭通昭阳、绥江、永善、大关，大理祥云，楚雄牟定、武定，德宏陇川，保山腾冲，文山西畴等地（表9-1）。但主要集中在红河、曲靖和昭通，种植面积在333.33 hm^2 以上的县（区）有屏边、石屏、麒麟、绥江、威信、西畴。

表9-1　云南猕猴桃分布及种植品种

市（州）	县（区）	面积/667 m^2	品种	产量/t
玉溪	峨山	3 472	红阳	24
	其他	6 528	红阳	
红河	建水	3 500	红阳、海沃德	1 125.5
	屏边	28 869	红阳	1 500
	石屏	20 000	红阳	800
曲靖	麒麟	6 049	海沃德、红阳、东红、金艳	25
	师宗	2 241	海沃德、红阳、东红、金艳	3 328
	宣威	1 700	海沃德、红阳、东红、金艳	1 360
	会泽	2 739	海沃德、川猕2号、秦美、会泽8号	2 100
昭通	绥江	18 450	红阳	800
	威信	11 559	贵长、红阳	
文山	西畴	5 200	红阳	
	马关	1 700	红阳	
楚雄		5 000	红阳	
昆明		10 000	红阳	
大理		5 000		
德宏＋保山		20 000		
合计		152 007		

三、云南猕猴桃产业特点及优势

（一）云南猕猴桃产业特点

1. 产地集中，主攻红肉品种

云南猕猴桃产地主要分布在云南中部、东北部、南部及东南部地区的昭通、昆明、红河、曲靖，其种植面积占云南猕猴桃种植面积的 60% 以上。主栽品种为早熟红阳猕猴桃，特别是在云南中南部地区。近年来，为避免红阳猕猴桃大量上市，形成区域内竞争，滇南地区不少猕猴桃果园开始发展成熟期较红阳猕猴桃晚的东红猕猴桃。在各有关单位和猕猴桃从业者的努力下，滇东南地区有望成为以红阳、东红猕猴桃为代表的红肉猕猴桃新的优势产区。

2. 普遍采用公司＋合作社＋农户的发展模式

目前，云南猕猴桃产业一改往昔农户单打独斗的发展模式，多采用公司＋合作社＋农户的发展模式，将种植管理技术迅速推广给农户，督促农户完成农事操作，确保种植管理技术能得到落实。同时，公司能够安排专人组织营销工作，解决了当地农户的销售难题。另外，各公司均注册商标，积极开展"三品一标"的认证工作，走品牌化经营的道路。

3. 果品成熟期早，品质优

在滇中南地区，早春气温升高较快，猕猴桃的萌芽、开花、成熟等物候期均早于四川及贵州等红肉猕猴桃产区，部分营销能力较强的企业能在这个时间差内将猕猴桃销售出去，在避开竞争的同时获得较高的利润。云南夏无酷暑，昼夜温差较大，利于猕猴桃糖分积累及红肉猕猴桃着色，出产的猕猴桃果品品质较好。李林等考察了红阳猕猴桃在红河石屏的坝心镇和屏边的玉屏镇、文山州文山市的小街镇、德宏陇川的户撒乡、楚雄牟定的戌街乡、昆明安宁的八街街道等地引种表现，发现红阳猕猴桃在上述地点均能正常生长及结果，1 月 10—15 日树液开始流动，2 月 20—25 日萌芽，3 月 15—20 日开花，5 月中上旬至 6 月中上旬果实膨大，7 月 29 日至 8 月 14 日成熟，果实发育期为 125～134 d；单果重 52.9～65.1 g，可溶固形物含量 17.52%～20.95%。近年来，对云南源盘果业有限公司、建水县西庄镇正奇家庭农场等滇南主栽红阳猕猴桃的果园销售情况的调查表明，均未出现果品积压、滞销等现象。

（二）云南猕猴桃产业发展优势

1. 地理优势

云南地处云贵高原和青藏高原南缘的接合部，属低纬度高原，其西北部是高山深谷的横断山区，地势较高，东部和南部是云贵高原，地势较低。境内海拔差较大，地形复杂，地貌多样，山地、丘陵、盆地、河谷皆有。土壤类型丰富，有 18 个土类、288 个土种，适农土地类型多、面积广，适合多种作物生长，农业发展潜力巨大。云南水资源丰富，境内有 6 大水系、40 多个天然湖泊、11 座大型水库、235 座中型水库，为高原特色农业发展提供了优越的水资源条件。在高原山地之中存在断陷盆地，地势较为平坦，被称为"坝子"，云南全省面积在 1km² 以上的坝子共有 1 445 个，面积在 100km² 以上的坝子有 49 个。这些地理条件为不同品种、不同类型猕猴桃的良好生长提供了地理条件。

2. 气候优势

云南属低纬高原季风气候，由于地形复杂和垂直海拔差大等原因，有寒、温、热3个气候带和北热带、南亚热带、中亚热带、北亚热带、南温带、中温带和高原气候区7个气候类型，"一山分四季，十里不同天"的立体气候特征明显。大部分地区平均年降水量在1 100 mm以上。全省年均温差10～14℃，无霜期较长，尤其是南部边境全年无霜，偏南地区无霜期为300 d以上。北回归线横贯全省，光热充足，雨热同季，春早冬晚，冬暖夏凉，在许多区域农产品可常年种植。

云南气候类型的复杂性和多样性，给猕猴桃属植物的不同种群提供了不同的生态环境。研究人员根据种植户、企业及科研单位多年引种试验发现，由于气候的原因，云南猕猴桃萌芽开花早，较陕西、贵州等猕猴桃产区能提早上市。例如，云南栽培最广的红心猕猴桃红阳，与全国猕猴桃主产区陕西周至和贵州修文相比（表9-2），整个物候期提前了1个月。另外，在云南，果实成熟期昼夜温差大（通常可达6～12℃），有利于糖分积累，可溶性固形物含量比其他省份高出2个百分点。云南冬季气温比较温和，正常年份不会有冻害发生，生长期空气湿度较小，紫外线辐射较强，也不利于真菌、细菌性病害的发生，所以溃疡病发生率较低。

表9-2　云南、陕西、四川、贵州主产区红阳猕猴桃的物候期

产区	萌芽期	始花期	果实成熟期
云南屏边	2月下旬	3月中旬	8月初
陕西周至	3月中旬	4月中旬	9月下旬
四川都江堰	3月初	5月初	8月底至9月初
贵州修文	3月初	4月中旬	9月上旬

3. 猕猴桃种质资源优势

云南是全球生物多样性最为富集和独特的地区之一，是我国重要的生物多样性宝库，素有"植物王国""动物王国""药材宝库""香料之乡""天然花园"等美誉。

云南猕猴桃野生种质资源丰富，并分布于云南省内各地。对于云南省内猕猴桃野生种质资源研究最早可追溯到1979年，云南省农业科学院园艺作物研究所与中国农业科学院郑州果树研究所合作，对云南境内38个县的猕猴桃野生资源进行调查研究，发现云南野生猕猴桃分布海拔在350～3 485 m，在700～2 700 m分布较为集中，并在1987—1989年间共采集到了猕猴桃单株435份，制作了大量的腊叶标本、浸泡标本。1995年蒋华曾报道了云南绥江的重瓣猕猴桃（*Actinidia multipetaloideis* H. Z. Jiang）及黄花猕猴桃（*Actinidia flavofloris* H. Z. Jiang）2个云南猕猴桃野生新种。2003年，唐开学等及胡忠荣等分别报道了云南野生猕猴桃资源分布特点及分布概况，根据上述的研究结果，云南境内共有31个种，23个变种及2个变型。

2021年，姜存良等在滇东北乌蒙山脉一带的镇雄、威信及大关，滇西的泸水、云龙、兰坪，滇南的屏边、河口，滇东南的马关、文山及麻栗坡等地共收集到了104份野生猕猴桃资源，隶属于24个种。通过采用变异系数、香浓-威纳指数及系统聚类的方法分析了这些野生猕猴桃的生物学性状、海拔分布等特征，结果表明各种间的性状存在较大差异。

2022年，王连润等在滇东北的威信、镇雄、彝良、绥江、永善，滇南的屏边，滇东南的麻栗坡、西畴，滇西北的云龙，滇东的师宗及罗平等地进行了实地调查、收集野生猕猴桃资源，并进行了DNA水平上的遗传多样性分析。在收集到的211份材料中，编号为CJ-2、CJ-3及CJ-11等材料口感极甜，编号为TC-1、TC-8及TC-10等材料果皮及果肉呈紫红色，均具有较大的开发利用价值。

在云南境内，昭通的野生猕猴桃分布较为广泛，共有23个种、变种及变型，占云南56种野生猕猴桃的41%。2023年，昭通永善建立了云南首个野生猕猴桃资源圃，该圃主要用于昭通野生猕猴桃资源的收集、保护、评价及开发。

4. 生态优势

云南是我国生态保护重点区域和西南生态安全屏障，森林覆盖率达53%。河流、森林和湿地生态系统所形成的"水塔""碳库""绿色银行"等功能十分明显，2010年其生态系统服务功能价值达1.5万亿元，居全国前列。"十二五"以来，云南坚持"绿水青山就是金山银山"的绿色发展理念，深入实施"生态立省"战略，走"生态建设产业化、产业发展生态化"发展的路子，绿色、环保、安全已经成为云南农产品的形象标签，"云系""滇牌"等农产品日益受到国内外市场的广泛认可，云南现在已经是中国无公害、有机、优质、生态特色农产品的重要生产基地。

5. 区位优势

云南地处边疆，与越南、老挝、缅甸3国接壤，边境线长4 000多km，拥有国家口岸24个、2个国家级开发开放试验区、4个边境经济合作区和诸多沿边产业园区，在中国经济圈、东南亚经济圈和南亚经济圈的接合部，是中国连接南亚东南亚的国际大通道和面向印度洋周边经济圈的关键枢纽，拥有面向三亚（南亚、东南亚、西亚）、紧靠两湾（东南方向的北部湾、西南方向的孟加拉湾）、肩挑两洋（太平洋、印度洋）通江达海沿边的独特区位。随着中国-东盟自由贸易区建设、国家"一带一路"、建设长江经济带、孟中印缅经济走廊、中国-中南半岛经济走廊等深入实施，公路、铁路、水运、航空等云南面向南亚东南亚的综合立体交通运输体系的初步形成，云南正成为开放前沿和面向南亚东南亚辐射中心，这为云南高原特色农业发展提供了丰富的资源和广阔的市场。

6. 政策优势

习近平总书记把"着力推进现代农业建设"作为对云南提出的"五个着力"之一，要求云南立足多样性资源这个独特优势，打好高原特色农业这张牌，积极发展多样性农业。云南省委、省政府从2012年就开始实施发展高原特色农业战略，对高原特色农业发展做出了全面部署，配套了系列政策措施，出台了《关于加快高原特色农业发展的决定》等文件。打造"丰富多样、生态环保、安全优质、四季飘香"四张名片，重点建设"高原粮仓、特色经作、山地牧业、淡水渔业、高效林业、开放农业"六大内容，重点打造"云果"在内的12个高原特色农业产业"云"品牌。2018年1月25日，云南省十三届人大一次会议上，阮成发省长在云南省政府工作报告中提出了全力打造世界一流的"绿色能源""绿色食品""健康生活目的地"这三张牌，聚焦重点，扬长避短、彰显特色，形成几个新的千亿元产业。云南省人民政府办公厅发布的《云南省高原特色现代农业"十三五"水果产业发展规划》中，明确将猕猴桃列为"新兴的、具有较大市场潜力"的果种，其规划布局区域为曲靖师宗、麒麟，红河石屏等地。另外，云南省各级人民政府也出台了相应的政策及方案以推进高原特色农业的发展，如文山州人民政府出台了《文山州加快转变农业发展方式推进高原特色农业现代化实施方案》，将"专业化、标准化、规模化、集约化生产基地"定为文山高原特色农业今后发展的重要目标。

（三）云南猕猴桃产业与云南高原特色农业

云南的生态优势有利于发展绿色及有机猕猴桃果品，满足市场对安全、优质猕猴桃的需求。另外，云南具有区位优势，云南产猕猴桃可以辐射到越南、缅甸等东南亚国家的高端市场。

云南发展猕猴桃产业可以充分利用和发挥气候优势、地理优势、猕猴桃资源优势、生态优势及区位优势。云南大力发展猕猴桃产业，生产高端猕猴桃果品正是在落实和推进水果产业供给侧结构性改革这一新的发展理念和践行省委、省政府打造世界一流品牌的战略部署。而且由于猕猴桃属于云南重点建设的高原特色经济作物，适合打造成"云牌"中的云果，符合高原特色农业生态、安全、实效、环保、低碳、丰富的内涵。猕猴桃的高附加值也决定了发展猕猴桃产业可实现产业扶贫、农民增收、推动乡村振兴的目的。

四、云南猕猴桃投入水平

云南各地区地势差异较大，山地及丘陵占比较大，各猕猴桃产区因地制宜，采取合适的种植模式发展猕猴桃，其投入水平各不相同。如昭通威信的庙沟镇宗家村猕猴桃种植户将大坡度难利用山地改造为台地，采用T形架模式种植猕猴桃，建园成本较高，但取得了较好的经济效益及生态效益。文山西畴石漠化较为严重的三光片区，将当地生态脆弱及难利用土地改造为台地，引进公司入驻发展猕猴桃产业，并结合"西畴精神"发展红色旅游业，也取得了较好的成效。

如不考虑前期台地改造费用，现阶段建园成本大概如下。

类别	每亩成本/元
钢绞丝、14号镀锌丝，施工费用	1 000
水泥杆及运输及栽植费用	1 200
PE主管及喷带，施工费用	1 800

后期每亩的管理成本大概每年为农药600元，肥料2 000元，水电300元，花粉、套袋650元，人工费2 500元，共计6 050元。

五、政策扶持措施

2012年，云南省委、省政府就实施发展高原特色农业作出了全面部署，配套了系列政策措施，出台了《关于加快高原特色农业发展的决定》；2017年3月31日，《云南省高原特色农业现代化建设总体规划（2016—2020年）》发布实施；2018年，云南省委、省政府提出打造世界一流"绿色食品牌"战略，重点发展茶叶、花卉、蔬菜、水果、坚果、咖啡、中药材、肉牛八大产业。在这样的大政策环境下，云南各地政府也出台了引导猕猴桃产业发展的相关措施，如2017年威信县政府出台了《威信县人民政府关于印发威信县做大做强做优猕猴桃产业助推脱贫攻坚行动方案（2017—2020）等4个方案的通知》，2020年屏边县制定了《屏边县猕猴桃产业扶持方案（试行）》《关于屏边县猕猴桃产业扶持方案（试行）的补充通知》。这些政策为云南猕猴桃产业可持续发展创造了良好的政策环境，促进了猕猴桃产业有序发展。

六、新技术利用

（一）避雨栽培技术的运用

避雨栽培是指通过搭建不同类型或不同覆膜材质的大棚，从而减少因降水过多而带来的一系列问题。根据前人研究结果，猕猴桃避雨栽培能够改善田间小气候，具有保温保湿、降低植物蒸腾和光抑制作用，可提高净光和速率；同时，能够增强植株长势，提高坐果率，提高产量及提升果实品质和风味，显著降低猕猴桃溃疡病病情指数。

云南地处云贵高原，为低纬度高海拔地区，有明显的旱季和雨季。雨季一般在5—10月，该段时间与猕猴桃的果实膨大期及成熟期重合。这样高温高湿的环境容易导致猕猴桃病害的发生和发展，特别是猕猴桃溃疡病。另外，成熟期过多的雨水会导致猕猴桃品质变劣。而避雨栽培技术的运用，不但可以大大减轻病害的发生，减少用药次数及用药量而节约成本，规避因溃疡病导致的种植猕猴桃失败，而且可以提升猕猴桃果品的品质，较好地解决雨季给猕猴桃生产带来的不良影响。根据云南省猕猴桃产业联盟2021年及2022年在红河屏边的实验数据（表9-3、表9-4、表9-5），避雨栽培与露天栽培在单株结果数、平均单果重及坐果率上无显著差异，但避雨栽培的果实品质显著优于露地栽培。避雨栽培下，溃疡病在第一年零星发生，发病率及病情指数显著低于露天栽培，而第二年未发现溃疡病症状。同样，避雨栽培措施也显著降低了猕猴桃褐斑病的发生率及危害程度。

表9-3 避雨栽培与露天栽培单株结果数、单果重及坐果率比较

处理	单株结果数/个		单果重/g		坐果率/%	
	2021年	2022年	2021年	2022年	2021年	2022年
避雨	221.5	190.3	86.3	85.6	70.5	71.6
露天	216.7	205.1	85.7	85.2	71.2	73.4

表9-4 避雨栽培与露天栽培果实品质比较

处理	可溶固形物含量/%		可滴定酸含量/%		总糖含量/%		维生素C含量/（mg/100 g）		果肉颜色	
	2021年	2022年	2021年	2022年	2021年	2022年	2021年	2022年	2021年	2022年
避雨栽培	18.5*	17.6*	1.1	1.2	9.1*	8.8	98.2	100.6	黄肉红心	黄肉红心
露天栽培	15.9	14.8	1.3	1.1	8.7	8.2	101.4	99.4	黄肉红心	黄肉红心

注：* 代表避雨与露天栽培处理之间有差异，$P<0.05$，余同。

表9-5 避雨栽培与露天栽培病害发生情况比较

病害类型	处理	发病率/%		病情指数	
		2021年	2022年	2021年	2022年
溃疡病	避雨栽培	2.12*	0.00*	1.22*	0.00*
	露天栽培	6.05	7.35	4.31	5.27
褐斑病	避雨栽培	5.52*	3.67*	10.14*	7.43*
	露天栽培	26.35	27.86	34.67	36.62

具体运用中，可采用单体棚或联栋棚，二者均为钢架结构，棚体与猕猴桃架独立。单体棚顶高3～3.2 m，肩高1.8～2.0 m，跨度6 m。视情况采用联栋棚。肩部以下不设膜。采用抗高温、高强度的PVC薄膜，厚度0.12～0.8 cm。使用压膜线固定。覆膜时间一般为5月上旬。揭膜时间上，红阳猕猴桃一般在8月中旬，东红猕猴桃一般在9月中旬。

（二）猕猴桃促花调控技术的运用

花芽分化是猕猴桃年生长周期内的重要生命活动之一，花芽分化的数量和质量直接影响猕猴桃产量。在生产中，运用物理或化学等措施可以调控作物的花芽分化，从而提高产量，其调控方法在果树生产中应用广泛。猕猴桃花芽分化和开花是复杂的器官形态建成过程，是植物体内部各种因素共同参与、相互协调，并受外界环境因素影响，共同作用的结果。另外，需冷量是影响猕猴桃芽分化的一个因素。需冷量指落叶果树打破自然休眠对低温需求的有效小时数，直接影响猕猴桃的萌芽率、花芽率及花的大小和一致性。休眠芽需要一定时间的低温积累才能打破休眠，若需冷量得不到满足或过早得到满足，会引起萌芽率降低、开花延迟、坐果率降低，或者开花过早而遭受早春冻害等一系列问题。不同类型或品种猕猴桃的需冷量不同，同一树体上不同部位芽体要求的需冷量也不相同。在一般的果树生产上，腋芽需冷量大于花芽，侧芽需冷量大于顶芽。

云南种植的猕猴桃品种以外省选育的品种为主，如红阳猕猴桃及东红猕猴桃。红阳猕猴桃是四川省自然资源科学研究院从红肉猕猴桃实生苗中选育出的一个优良早熟新品种，东红猕猴桃是由中国科学院武汉植物园以红阳为亲本选育出来的红心猕猴桃品种。云南中部、南部地区冬季平均气温为15～24℃，较成都和武汉高50％左右，这会导致红阳及东红出现因需冷量不足而花芽分化不良的问题。猕猴桃促花调控措施的应用，对于云南猕猴桃产业的发展壮大来说，更为迫切。

云南猕猴桃主要发展区域为文山、红河、玉溪、楚雄、昆明、昭通、曲靖。在滇南片区和滇中片区，由于冬春干旱、日照强、白天气温高，种植海拔在1 200～1 800 m，猕猴桃的需冷量不足，需要进行促花调控，尤其红阳、东红等红肉品种以及翠香、徐香等绿肉品种需要进行促花调控，金艳等黄肉品种，虽然可以不进行促花调控，但调控后产量表现更好。在滇东北海拔低于800 m的种植区域，红阳、东红等红肉系列品种需要进行促花调控。

七、发展模式

在猕猴桃产业发展模式上，有单独的公司、种植农户、合作社自产自销传统模式，也有公司＋合作社＋农户、政府＋公司＋农户、科研单位＋公司＋农户的发展模式。在公司＋基地＋合作社＋农户模式中，公司通过自建种植基地，起到示范作用，并可以在新品种引进试验、新技术推广、田间培训等方面起到作用，还可以常年维持有实践经验的技术服务团队。公司与合作社合作，合作社组织农户，通过签订合作协议，公司在品种选择、标准化建园、种植管理技术、收获等环节对农户进行指导和技术支持，并在品牌建设、果品收购及销售等方面发挥重要的作用。另外，随着移动互联网的发展及智能手机的普及，加之快递物流服务网点的增加，淘宝、京东、拼多多、抖音等购物平台也逐渐融入公司＋基地＋合作社＋农户模式中，短视频及直播带货等新形式也运用到了云南猕猴桃产业中。这些措施实现了果园对消费者的点对点服务，大大减少了运营成本，不但给消费者带来了实惠，也增加了农户及公司的收入。

八、云南猕猴桃产业存在的问题

（一）盲目扩张

近年来，云南猕猴桃产业发展势头较为强劲，产生了较好的经济效益，这也刺激了资金向猕猴桃产业的流入，为猕猴桃产业的发展解决了资金的问题。但是，部分公司及农户带有一定投机性质的投入，形成了盲目及低质量的扩张，造成了巨大的损失。如红河屏边的猕猴桃产业在发展过程中，巅峰时期种植面积一度超过0.4万 hm²，而后急剧缩减至0.2万 hm²左右，产生了不必要的损失。

（二）低水平建园

主要表现在以下几个方面。第一，果园选址上普遍存在着坡度过大或过小，理想的缓坡地鲜见。坡度大会增加管理难度，造成投入成本增加，减少经济收入；坡度太小如平地，容易引起排灌不便，加大病虫害发生的风险。第二，品种选择上缺乏科学合理性。云南北部与南部气候差异巨大，同时由于海拔的影响，形成了明显的立体气候。而各地区大面积栽培的猕猴桃品种主要为红阳猕猴桃，品种比较单一，没有根据各地区的特点来选择适宜的品种，无法充分发挥各地区的种植和竞争优势。第三，对自然灾害的评估不足，猕猴桃园区受自然灾害严重，其中主要体现在干旱和风害两方面。云南普遍存在春冬干旱的气候特点，然而云南猕猴桃园区水源缺乏，靠天吃饭，遇严重干旱年份，轻则结果少、畸形果多、裂果多，重则毁园。风害亦是不容忽视，然而云南猕猴桃种植都忽视了大风对猕猴桃生产的影响，尚未有一个猕猴桃园采取了防风措施，猕猴桃风斑累累，严重影响产品的销售。

第四，一味追求面积，基础设施投入少。大多数种植户或企业本身资金不够雄厚，又一味地追求大面积种植，忽视标准建园的重要性。园区普遍存在道路不便、灌溉设施缺乏、水肥一体化设施缺乏、林下生草缺乏、棚架质量差等问题，造成园区管理难度加大，不仅浪费较多人力、物力和财力，甚至还会打击种植的积极性。

（三）缺乏种植管理技术或技术措施执行不到位

经过多年的学习、摸索及总结，除少部分果园未形成系统的栽培管理措施外，大部分果园均形成了自己的栽培管理措施。但在实际操作过程中出现了不遵守栽培管理技术措施、随意改变技术参数等现象，造成了较大比重的低产果园。较为突出的技术问题主要体现在以下几方面。第一，整枝整形质量不高。整枝整形带有科学及艺术的成分，做好猕猴桃的整枝整形工作对大部分果园来说有一定的难度。缺乏该技术的果园会出现园区整枝整形质量不高，徒长枝多，枝条混乱，枝叶茂盛，但结果少的现象。第二，授粉成功率低，造成大量落花落果，影响产量。在制取花粉时，果农普遍将花粉放在太阳光下进行干燥，而紫外线会影响花粉的活性，降低授粉成功率。此外，还会出现授粉技术不过关，授粉设备落后或严重不足，授粉不均匀，授粉过后无法判断授粉是否成功等问题。第三，缺乏科学管理技术，花果管理、水肥管理、土壤管理、病虫害防治、树形管理等普遍存在问题。果农对猕猴桃各时期的需水量、什么时期该施什么肥及用多少量、田间出现的各种缺素症、病虫害发生规律等方面缺乏正确的认识，造成果园问题不断而又无法有效解决，在管理上基本处于"治"过程，严重缺乏"防"的意识。第四，乱用果实膨大剂，造成畸形果增多，果实综合品质下降。第五，种植户对病虫害的危害认识不到位，病虫害防治意识低，缺乏专业的猕猴桃种植经验，在种植时未做好病虫害的防治工作，不能及时发现已经出现的病虫害问题。对溃疡病以外的病害存在着轻视的现象，褐斑病、灰霉病、炭疽病、根腐病等病发生率较高，危害程度较重。在病害防治过程中，未充分结合农业防治、物理防治、生物防治、化学防治，目前基本单纯依靠化学防治，而且还未把握好化学防治法应用时的试剂使用量。第六，缺乏"三品一标"认证，除少数大户、企业进行了地理标志产品、绿色食品、有机食品认证、注册商标外，大多数业主未进行该项工作，产品追溯体系基本没有建立，果品质量标准缺失，质量参差不齐，普遍不进行果品分级。

（四）缺乏完善的产业服务体系

云南猕猴桃产业发展已有20余年，然而产前、产中、产后服务体系并不完善。全省各地区产前科研力量支撑薄弱，缺乏专业技术培训与咨询服务；产中缺乏专家团队的指导以及其他种植相关的配套服务；产后，无加工能力，无从事果脯、果干及果酒加工等的企业。另外，市场营销能力不强，对传统水果销售渠道依赖较重，对京东、淘宝、拼多多、抖音等互联网电销平台尚未充分利用。

第二节 2020—2022年云南猕猴桃产业科技发展情况

一、2020年云南猕猴桃产业科技发展报告

（一）2020年云南猕猴桃产业概况

受疫情影响，2020年云南猕猴桃产业新发展面积较少，基本无新增加面积，全省总种植面积1.33万 hm² 左右，占全国20万 hm² 的6.7%。随着2016—2017年新建园陆续投产及2015年投产园

进入盛果期，产量在 5 000t 左右。

种植区域主要分布在红河、曲靖、昭通、大理、楚雄、昆明、文山等地，其中以红河种植面积最大，其次为曲靖和昭通。云南省军区和云南省农业科学院热区生态农业研究所在怒江支持发展了几百亩基地，表现较好，怒江成为云南猕猴桃的新发展区域。

2020 年云南猕猴桃受灾害影响严重，红河和文山遭受多次冰雹灾害，曲靖遭受倒春寒影响，全省不同程度受到春旱影响。

云南猕猴桃鲜果在市场上颇受欢迎，红心猕猴桃平均批发价格达到每千克 22～28 元，部分企业红阳猕猴桃市场售价达到每千克 60 元；黄肉猕猴桃平均批发价格达到每千克 20～26 元，并在 10 月基本销售完，云南源盘果业有限公司和云南睿树农业科技有限公司为云南猕猴桃销售的龙头企业，每个企业年销售猕猴桃量为 500t 以上。云南猕猴桃电商销售开展较好，并开展了直播带货，云南省农业科学院成果处邀请新华网在石屏县卓易农业科技开发有限公司开展直播宣传，起到了较好效果。2020 年云南的猕猴桃销售价格为全国最高，高于四川 30% 以上，表明近几年云南猕猴桃品牌建设工作初见成效，也说明市场对云南猕猴桃高品质的认可。

云南省猕猴桃产业技术创新战略联盟于 2020 年 12 月 10—11 日成立。联盟由云南省农业科学院热区生态农业研究所牵头，联合猕猴桃生产企业、专业合作社、种植大户以及部分科研院所组成，目的是将云南从事猕猴桃行业的生产企业、科研院所、销售企业联合起来，分工协作，互学互鉴，进行科技攻关和技术创新，推广新品种新技术，强化质量品质，打造绿色高端水果产品，树立"云猕"品牌，把云南的气候资源优势变为产业优势，促进云南猕猴桃产业健康、持续、稳步发展，助力云南脱贫攻坚成果巩固，助推乡村振兴产业兴旺发展。

（二）2020 年云南猕猴桃产业科技创新

2020 年云南省农业科学院园艺作物研究所和师宗县邓猕高原特色生物科技有限公司共同登记猕猴桃新品种师宗 1 号，并在大理等地进行小面积推广试种。师宗 1 号为美味系绿肉品种，适合高海拔地区种植。

1. 2020 年云南省内科研单位发表的猕猴桃科研论文

李坤明，邓玉强，陈伟，等 . "师宗 1 号美味猕猴桃优良无性系"新品种的选育［J］. 中国果树，2020（5）：103 - 104.

李丽琼，陈大明，王永平，等 . 云南猕猴桃产业发展现状分析［J］. 农业科技通讯，2020（10）：4 - 7.

李丽琼，陈大明，王永平，等 . 云南省猕猴桃产业春季生产调研［J］. 云南农业，2020（10）：36 - 39.

严直慧，郑舒天，田叶子，等 . 云南省西畴县猕猴桃种植气候适宜性区划研究［J］. 安徽农业科学，2020，48（20）：238 - 241.

田叶子，郑舒天，严直慧，等 . 西畴县猕猴桃种植精细化低温冷害风险区划［J］. 农业科技通讯，2020（8）：235 - 236.

2. 2020 年在云南猕猴桃产业中应用的多项新技术及措施

楚雄绿巨人生物科技有限公司大规模采用水杨桃抗性砧木。

猕猴桃果园普遍开展了田间覆盖，即覆盖树叶、杂草、锯木屑等材料，以及种植绿肥，进而减少了土壤裸露、过度蒸发，使用有机质改良土壤。

普遍使用喷滴灌，红河建水还建设和运用了水肥一体化、管道打药设施。

部分果园建设了防风和避雨设施，红河建水一些种植户建设了人工防风防冰雹设施，屏边建设了避雨大棚设施。

普遍采用了机械化授粉技术。

对破萌技术进行了试验，红河建水、屏边一些种植户开展了提早休眠、使用破萌剂等试验，产生了一定效果。

及时调整品种，楚雄绿巨人生物科技有限公司淘汰了"红阳"，专攻高品质"徐香"并全部采用水杨桃砧木；云南晨滇滇果业科技发展有限公司因当地气候不适宜猕猴桃生长而改种火龙果；云南源盘果业有限公司对部分品种进行了改接更换；文山浩弘农业开发有限公司也改接更换了部分表现不佳的品种。

加强了改土工作，楚雄绿巨人生物科技有限公司持续多年进行改土，仅改土投资每亩超过 1 万元，把质地较差的土壤改成了适宜种植的土壤；文山浩弘农业开发有限公司不断投入有机质，并且自制生物菌肥，持续进行改土，在石漠化土地上种出了猕猴桃。

太阳能杀虫灯广泛使用，绿色病虫害防控技术得到进一步推广。

技术力量得到了加强，如云南睿树农业科技有限公司、文山浩弘农业开发有限公司均从四川聘请了专职技术人员。

2020 年云南猕猴桃科技创新对外合作取得了新进展，云南省农业科学院曾彪研究员被聘请为猕猴桃产业国家创新联盟专家委员会委员；云南省农业科学院热区生态农业研究所与贵州大学农学院、广西壮族自治区中国科学院广西植物研究所签订了"滇桂黔猕猴桃产业科技合作协议"，开展滇桂黔三省（区）猕猴桃科技创新合作。

（三）2020 年云南猕猴桃产业科技成果转化及应用

1. 新品种的运用

师宗 1 号新品种除在师宗发展外，还在大理、楚雄等地试种，目前没有大面积推广。

新引进的金丽黄肉新品种在文山浩弘农业开发有限公司试种 $6.67hm^2$，表现出丰产、果大、甜酸适中的特点，正进一步扩大区域，进行试种。

新型抗性砧木对蓇猕猴桃（俗称水杨桃）在云南开始应用，在红河屏边进行试种，在楚雄市大面积种植。

2. 技术服务

云南省农业科学院园艺作物研究所在曲靖师宗开展技术服务，指导当地猕猴桃种植户科学种植；云南省农业科学院成果处曾彪研究员为石屏县卓易农业科技开发有限公司提供技术指导服务；云南省农业科学院热区生态农业研究所为文山浩弘农业开发有限公司猕猴桃基地提供技术指导服务，并且为全省猕猴桃种植户进行技术服务；中国科学院武汉植物园在红河屏边设立专家基层科研工作站，为屏边提供技术指导服务，并在昭通部分地区开展技术服务。

2020 年科技助力扶贫产业活动持续开展，根据农业农村部的要求和通知，中国农业科学院郑州果树研究所、云南省农业科学院成果处、云南省农业科学院热区生态农业研究所多次到屏边开展猕猴桃产业科技咨询、技术培训等活动。

（四）2020 年云南猕猴桃产业发展存在的问题及建议

1. 存在的问题

（1）缺少规划。云南猕猴桃产业没有制订全省的种植规划，用于指导全省猕猴桃产业发展。

（2）品种单一。云南省内猕猴桃产业以红阳猕猴桃为主栽品种，不能够满足云南多种气候类型和环境条件下发展猕猴桃的需要。

（3）苗木繁育技术体系落后。云南省内猕猴桃产业所用猕猴桃种苗仍主要依靠外省调运，省内无较为专业的苗木繁育基地，造成品种不纯正、苗木质量参差不齐、携带病原菌等问题，严重威胁猕猴桃产业的健康发展。

（4）猕猴桃果园投入不足。在水利设施、避雨设施、防雹网、防护林等方面建设进度滞后，后续在生产过程中引发各种问题，造成猕猴桃产业受天气影响较大，对自然灾害的抵御能力较低。

（5）产量不高。设施投入不足、品种选择不合理、技术缺乏等诸多原因，造成云南猕猴桃产量低，虽然价格高，但种植户效益仍然不好。

2. 建议

充分论证云南猕猴桃产业发展的优势和劣势，作出规划，指导云南猕猴桃产业发展。

加强育种研究，充分利用云南猕猴桃野生资源丰富的优势，选育出适合云南本土发展的新品种。

加强绿色高效栽培技术集成研究和示范，推广新品种、新技术，应用机械化、智能化等。

猕猴桃作为"云果"新品种，在云南处于开始发展阶段，科技要先行，云南省科学技术厅要给予持续支持，解决产业发展中的技术创新问题，培养一批猕猴桃科技人才和创新团队。

云南省农业科学院要继续发挥科技人才优势，持续开展科技创新和技术服务，服务云南猕猴桃产业发展。

二、2021 年云南猕猴桃产业科技发展报告

（一）2021 年云南猕猴桃产业概况

猕猴桃为猕猴桃科 Actinidiaceae、猕猴桃属 Actinidia Lindl. 多年生落叶藤本植物，是 20 世纪由野生到人工商业化栽培驯化最为成功的果树种类之一，迄今已有 100 余年的栽培历史。猕猴桃因其独特的风味，富含维生素 C，被誉为"水果之王"。

中国猕猴桃种植基地主要分布在陕西、四川、浙江、云南、贵州等地区。其中，陕西是中国猕猴桃产业第一大省，云南是猕猴桃种质资源第一大省，中国有着相当丰富的猕猴桃种质资源，约占全球种质资源种类的 69.33%，中国拥有 52 种猕猴桃种质资源，仅云南就有 45 种。

据西北农林科技大学发布的《中国猕猴桃产业发展报告（2020）》中的信息显示，近 10 年来，全球猕猴桃栽培面积和产量的增长速率分别为 71.25% 和 55.58%，猕猴桃已经跻身于世界主流消费水果之列，截至 2019 年底，全国猕猴桃栽培面积 29 万 hm²，总产量达 300 万 t，挂果面积和产量仍然稳居世界第一，在国内，陕西猕猴桃产业规模约占全国的 40%，居全国第一。

云南猕猴桃产业为新发展的高原特色水果产业，2010 年以来才开始较快发展，发展最快时间为 2013—2018 年，2020 年后发展较为平缓，基本没有新增种植面积。据云南省农业科学院热区生态农业研究所猕猴桃团队调研初步统计，截至 2021 年 10 月，全省猕猴桃种植面积约 1.6 万 hm²，挂果面积约 0.8 万 hm²，产量大约 5 万 t，产值 7 亿元左右。主要产区分为南部产区、滇中产区、滇东北产区 3 个产区，南部产区包括文山、红河、玉溪，重点产区为西畴、屏边、石屏、建水、江川、峨山、新平，以红心猕猴桃为主，品种为红阳和东红，面积大约 0.67 万 hm²，最大种植县为屏边，面积大约 0.4 万 hm²；滇中产区主要包括昆明和楚雄，面积 667hm² 以上，以绿肉、黄肉为主，品种主要为金艳、翠玉、徐香、东红，重点产区为宜良、东川、寻甸、安宁、楚雄、牟定、姚安、武定、禄丰；滇东产区包括曲靖、昭通，以红心、黄肉、绿肉猕猴桃为主，品种主要为东红、金艳、贵长、红阳，重点产区为绥江、威信、宣威、富源。其他地方，如大理、丽江、保山、德宏、怒江均有小面积发

展。德宏陇川的猕猴桃今年通过云南睿树农业科技有限公司首次销售到全国市场。怒江福贡种植的猕猴桃今年实现了首次挂果。2021年屏边新建设猕猴桃花粉厂1个，西畴和石屏各自建设日处理能力30t以上的猕猴桃自动分选线1条，实现了云南猕猴桃产业新突破。

2021年云南猕猴桃普遍获得丰产，云南猕猴桃鲜果由于早熟、口感好的特点在市场上颇受欢迎，红心猕猴桃单果100g以上的果商收购价格为每千克24元，一般商品果收购价为每千克10～16元，市场批发价格为每千克20元以上，电商价格一般为每盒（2kg）58元以上，一级果最高达到128元。

重点龙头企业发展向好，文山浩弘农业开发有限公司产量500多t，产值700多万元；石屏县卓易农业科技开发有限公司产量700多t，产值1 200多万元；云南源盘果业有限公司销售额达到3 000多万元；云南睿树农业科技有限公司销售额达到1 000多万元。越来越多的种植户开始赚钱，据不完全统计，红河石屏、建水、屏边80％以上的种植户开始赚钱，仅石屏、建水有40多户种植大户获得了较好的收益。

（二）2021年云南猕猴桃产业科技创新

云南猕猴桃产业发展得到了云南省科学技术厅、农业农村厅等省级有关部门的重视，省科学技术厅在重点研发、科技扶贫、乡村振兴、引智示范推广方面对猕猴桃给予立项支持；省农业农村厅将猕猴桃产业列入"十四五"云南水果发展规划。

2021年新增加1个省科学技术厅批准的专家工作站（方金豹工作站）和1个省委组织部及省人力资源和社会保障厅批准的专家基层科研工作站（齐秀娟工作站），均为楚雄绿巨人生物科技有限公司申报。新建1个猕猴桃科技扶贫示范基地（楚雄武定发窝乡，云南省农业科学院热区生态农业研究所技术支持）。

2021年云南发表猕猴桃科技论文3篇，西南林业大学、云南省农业科学院园艺作物研究所和热区生态农业研究所各1篇。云南省农业科学院园艺作物研究所及猕猴桃企业等获得猕猴桃方面的专利7项。云南省农业科学院热区生态农业研究所获得计算机软件著作权2项。

2021年云南省农业科学院热区生态农业研究所举办猕猴桃培训班4期，进行猕猴桃绿色高效栽培技术培训，编写培训教材1部，培训人数300多人次，发放培训资料及教材500余份。

2021年云南省农业科学院热区生态农业研究所引进瑞玉、农大金猕、金福3个新的猕猴桃栽培品种进行试验。

2021年云南省农业科学院热区生态农业研究所猕猴桃团队大力推广破萌技术，取得了明显效果。破萌剂在云南南部全面推广，猕猴桃开花量增加3倍以上，花期从28d缩短到8d，产量增加2倍以上，解决了云南猕猴桃开花期调控、增产的问题。水杨桃砧木应用取得初步效果，楚雄绿巨人生物科技有限公司采用水杨桃嫁接20hm²以上，今年全部上架，长势良好，体现了水杨桃砧木抗湿、生长势强的特点。

2021年猕猴桃设施生产得到进一步推广，设施生产效果逐步显现。红河屏边采用避雨大棚栽培，表现出抗病、丰产、品质好、生长旺的特点，果品采收避免了雨水过多的危害。建水县西庄镇正奇家庭农场采用防风网栽培，避免了高温强光照危害，且防风效果好，果面损伤少，提高了猕猴桃果品商品性。建水县良丰农业科技有限公司采用水肥一体化和管道打药设施，每次打药节约1/3劳动力，且节约1/2打药时间。

在云南省农业科学院热区生态农业研究所猕猴桃团队近年来的大力推动下，云南猕猴桃栽培品种结构进行了较大调整，南部区域以栽培红心猕猴桃为主，主要品种为红阳和东红，东红面积进一步扩大，突出早熟（云南8月上旬，四川9月上旬）、口感好特点，市场上竞争优势明显。滇中区域发展绿肉、黄肉猕猴桃，品种以金艳、徐香、翠玉为主，高品质绿肉猕猴桃的优势得到了初步体现，今年楚雄绿巨人生物科技有限公司绿肉猕猴桃徐香试销上海市场，销售4t，销售价格达到了每千克60元。

玉溪产的黄肉猕猴桃试销广东，受到了市场的欢迎，采购商纷纷下订单收购。滇东北曲靖减少红心猕猴桃面积，积极发展黄肉猕猴桃，降低了溃疡病危害风险。曲靖宣威西泽乡 66.7hm² 的猕猴桃种植园，因发展红心品种，溃疡病危害严重，经过 2 年的调整，已经调整为黄肉猕猴桃，解决了溃疡病危害问题，逐步稳定下来，避免了毁园。昭通绥江、威信积极调整品种结构，改单一红心猕猴桃种植为绿肉、黄肉多品种发展，降低溃疡病危害风险，威信引进贵州绿肉猕猴桃品种贵长种植，获得成功，为威信猕猴桃产业发展闯出了新路。

"三品一标"认证取得新进展，云南首个申报的地理标志产品"西畴猕猴桃"，首次申报被驳回后，正积极补充整改资料，继续申报。主要种植大户基本申报了绿色或有机产品认证。西畴的"浩弘猕"、屏边的"源盘"、石屏的"滇猴王"、建水的"良丰"、玉溪的"睿树"等商标推广初见成效。

（三）2021 年云南猕猴桃产业科技成果转化及应用

云南猕猴桃的科技创新不足，产出的科技成果较少，登记的品种不是市场主销品种，推广力度不大，专利少且质量不高，难以转化，以技术服务为主。

新品种推广上，云南本地品种师宗 1 号小面积发展，新发展近百亩。外地品种方面，文山浩弘农业开发有限公司引进浙江省农业科学院园艺研究所选育的黄肉猕猴桃新品种金丽，发展了 6.7hm² 以上；黄肉猕猴桃皖金在宣威有小面积栽培；玉溪、宣威、楚雄引进新的黄肉品种发展上千亩；在昭通，黄肉品种和绿肉品种贵长有一定种植发展。

技术服务方面，云南省农业科学院热区生态农业研究所对云南猕猴桃各主要产区进行技术培训，开展网上技术咨询服务；与云南省民营企业家协会设立的滇果联盟合作，开展猕猴桃技术服务和果品销售市场推荐服务；联合鼎宏知识产权服务集团有限公司等机构开展推动"三品一标"认证，为推动云南猕猴桃产业健康科学发展作出了积极贡献。云南省农业科学院园艺作物研究所、云南农业大学、云南大学、西南林业大学、红河学院等科研院所根据自己的科研业务情况，开展了不同地区、不同种植基地、不同程度的技术咨询和服务。

引进技术和人才方面，华中农业大学曾云流教授与玉溪市的云南睿树农业科技有限公司达成初步协议，开展即食猕猴桃采后研究及技术服务，并申报玉溪市专家工作站；云南源盘果业有限公司与中国科学院武汉植物园钟彩虹研究员达成建立专家工作站协议，并积极申报云南省科学技术厅院士专家工作站；楚雄绿巨人生物科技有限公司与中国农业科学院郑州果树研究所合作，引进齐秀娟研究员建立了云南省基层专家科研工作站；云南省农业科学院热区生态农业研究所与广西壮族自治区中国科学院广西植物研究所、贵州大学、四川省农业科学院园艺研究所、陕西省农村科技开发中心开展猕猴桃科技创新等技术交流与合作；西北农林科技大学刘占德教授团队与石屏县卓易农业科技开发有限公司开展品种引进试验示范等技术合作。

（四）2021 年云南猕猴桃产业发展存在的问题及建议

1. 存在的问题

（1）科技创新不够。特别是在种质资源创新、新品种选育等方面研究力量薄弱，没有把云南的资源优势利用好。主要原因是没有稳定团队和稳定经费支持。

（2）产业发展区划布局研究不足。猕猴桃立地条件选择、品种选择不合理的情况还较多，产业发展不健康。

（3）"三化"，即有机化、设施化、数据化不足。与标准化优良果园相比，差距较大，猕猴桃本身的经济效益优势没有得到应有体现，相对云南的葡萄产业而言，在设施方面差距巨大。

（4）种植管理水平不高。很多基地重视发展面积，轻管理，一些果园处于半野生状态，没有经济效益。

（5）生产技术工人缺乏。由于云南猕猴桃发展较晚，熟练农民工较少，很多种植基地技术措施落实不到位，影响了产量和品质。

（6）龙头企业不强。云南猕猴桃方面的龙头企业整体实力弱，技术落后，管理差，人才缺乏，经济效益不好，影响不大，带动能力不够。

2. 发展建议

科技创新方面，给予持续支持，特别是在资源开发利用、品种选育、产业关键技术集成利用和示范推广方面进行支持。

培养龙头企业。各主产区要抓好并扶持龙头企业发展。

引进人才团队。加大引进专家力度，建立专家工作站，服务全省猕猴桃产业发展。

规划好"一县一业""一乡一特""一村一品"等。在猕猴桃产业发展重点县（市、区），要因地制宜，注重规划，在立地条件、品种布局、技术配套服务、政策支持等方面做好规划。2011—2021年，全国累计认定了 40 个与猕猴桃相关的"全国一村一品示范村镇"，其中陕西拥有 12 个示范村镇，数量最多，其次是拥有 8 个示范村镇的四川，安徽、广东、广西、贵州、湖北、湖南、江西、山东、浙江、重庆也有示范村镇，但云南连 1 个也没有，可见差距之大。

果园提质改造。针对目前果园实际情况，在品种更新、设施配套、机械化、数据化、有机化等方面进行改造，发挥猕猴桃应有的经济效益。

模式创新。对于面积较大的基地，进行生产经营模式创新，按照"大园区、小业主"模式，建立合理的利益链接机制。尤其像文山浩弘农业开发有限公司和威信县农业开发投资有限公司这类拥有几千亩猕猴桃园区的企业，更要研究管理经营模式，创新机制和体制。

三、2022 年云南猕猴桃产业科技发展报告

（一）2022 年云南猕猴桃产业概况

猕猴桃为猕猴桃科 Actinidiaceae、猕猴桃属 Actinidia Lindl. 多年生落叶藤本植物，因其独特的风味，富含维生素 C，被誉为"水果之王"，深受消费者青睐。

我国猕猴桃种植基地主要分布在陕西、四川、河南、贵州等地区。据西北农林科技大学统计，截至 2019 年底，全国猕猴桃种植面积 29 万 hm^2，总产量 300 万 t，种植面积和总产量均为世界第一。陕西统计数据显示，2021 年陕西猕猴桃果园面积达 6.53 万 hm^2，较 2020 年增加了 0.41 万 hm^2，同比增长 6.70%，其中挂果面积为 5.59 万 hm^2，2021 年陕西猕猴桃产量达 129.43 万 t，较 2020 年增加了 13.60 万 t，同比增长 11.74%，是我国猕猴桃产业第一大省。

云南猕猴桃产业为新发展的高原特色水果产业，据云南省农业农村厅统计数据和云南省农业科学院热区生态农业研究所猕猴桃团队调研估计，截至 2022 年 12 月，云南猕猴桃种植面积约 1 万 hm^2，主要分布在乌蒙山区和滇南地区，种植面积上万亩的县有威信、绥江、永善、屏边，威信县农业开发投资有限公司猕猴桃种植面积 400hm^2，为全省种植面积最大企业。

2022 年昭通、曲靖猕猴桃受到冰雪灾害影响，大幅度减产，南部地区红河、玉溪等地普遍获得丰产。效益最好的为红河建水某猕猴桃种植合作社，亩产量 2t，产值 2.2 万元，利润 1.6 万元。

销售模式以产地批发、电商销售为主，主要销售目的地为广州、长三角地区。绿肉猕猴桃（贵长）产地批发价为每千克 10～16 元；红肉猕猴桃（红阳、东红）产地批发价为每千克 14～25 元，果实大小、外观等商品性状对价格影响较大。

(二) 2022 年云南猕猴桃产业科技创新

云南猕猴桃产业发展得到了省科学技术厅、省农业农村厅、省乡村振兴局、省农业科学院等有关部门的重视。

1. 新品种引进

云南省农业科学院热区生态农业研究所引进建香（黄肉、早熟、风味好、抗溃疡病）、瑞玉（绿肉、产量高、风味甜、抗溃疡病）、璞玉（黄肉、产量高、甜、抗溃疡病）3 个新品种到昭通威信试验示范，丰富了云南乌蒙山区栽培优良品种。

2. 技术培训及推广

2022 年云南省农业科学院热区生态农业研究所结合省科学技术协会"百名专家下基层"活动，举办了以"猕猴桃提质增效技术"为主题的猕猴桃培训班 5 期，在曲靖、昭通、玉溪、红河等市（州）培训 300 多人次，编写培训教材 1 部，发放培训资料及教材 500 余份。

云南省农业科学院热区生态农业研究所组织全省广大猕猴桃种植户参与线上培训，参与省科学技术厅引智成果示范推广项目"乌蒙山区猕猴桃优良品种种植示范推广"举办的新西兰专家培训 4 期；参与中国园艺学会猕猴桃分会组织的线上培训 1 期；参与中国农业科学院郑州果树研究所举办的猕猴桃修剪技术培训 1 期；参与陕西省科技厅农村科技开发中心和四川省农业科学院联合组织的"南方猕猴桃轻简栽培技术"培训 1 期。

3. 病虫草害综合防控

云南省农业科学院热区生态农业研究所开展了以溃疡病防控为主的综合防控技术推广应用，引进贵州大学龙友华教授发明的"四前四后"综合防控技术，在云南产区全面应用，取得了良好效果。

全省大面积开展猕猴桃行间套种光叶紫花苕和大豆，开展绿色种植，控制杂草，取得了良好效果。光叶紫花苕 10 月种植，第二年 4 月逐步枯萎，覆盖层厚度 50cm 以上，每亩产草量 3～5t，不但增加了有机质含量，也覆盖了地面，压制杂草。

开展割草机割草、防草布覆盖、人工种植有益草压制杂草的综合控草技术，推广生态种植，取得积极进展，大面积果园开始应用。

推广太阳能杀虫灯、性诱导剂、白僵菌等生物农药在猕猴桃害虫防控上的应用，在猕猴桃有机栽培和绿色栽培中起到了良好作用。昆明猎虫科技有限公司针对猕猴桃进行了太阳能杀虫灯和性诱导剂方面的研究和试验，在昭通、文山、曲靖建立了示范基地，积极推广猕猴桃虫害绿色综合防控。

4. 果品分选分级

云南猕猴桃行业开始重视果品分级分选，文山浩弘农业开发有限公司、石屏县卓易农业科技有限公司、威信县农业开发投资有限公司建设安装了猕猴桃机械分选线，实现由人工分选分级到机械化分选的转变。

5. 加工产品研发

云南开始利用次果进行加工，威信县农业开发投资有限公司、文山浩弘农业开发有限公司、建水县良丰农业科技有限公司开始研发和生产猕猴桃酒。

6. 花粉工厂化生产

红河屏边投资 800 万元建设猕猴桃雄花花粉生产工厂，建立雄株花粉种植基地 14.67hm²，开始着手解决云南猕猴桃花粉自我供应问题。

7. "三品一标"建设

"西畴猕猴桃"被国家知识产权局批准为地理标志证明商标，是云南唯一获得的猕猴桃地理标志证明商标。

（三）2022 年云南猕猴桃产业科技成果转化及应用

新品种推广上，昭通主推了绿肉品种猕猴桃"贵长"，种植面积超过 267hm²。黄肉品种在曲靖得到大力推广，宣威已经发展了上千亩黄肉猕猴桃。绿肉和黄肉品种在乌蒙山区得到推广，丰富了云南品种，减少了云南发展单一红肉品种带来的产业风险。随着云南省农业科学院热区生态农业研究所依托省科学技术厅引智成果示范推广项目，新引进黄肉、绿肉优良栽培品种试验示范和推广，将进一步解决云南猕猴桃产业品种单一的关键技术问题。

在技术服务和推广上，云南省农业科学院园艺作物研究所、热区生态农业研究所开展了面向企业和种植基地的技术服务。园艺作物研究所重点在昭通威信、红河屏边开展技术指导。热区生态农业研究所在乌蒙山区和滇南地区开展"提质增效技术"服务，签约技术服务企业 2 家。

引进技术和人才方面，华中农业大学曾云流教授、中国科学院武汉植物园钟彩虹研究员、中国农业科学院郑州果树研究所方金豹研究员和齐秀娟研究员到云南开展合作，引进齐秀娟研究员利用专家工作站平台到云南开展工作。云南省农业科学院热区生态农业研究所邀请广西壮族自治区中国科学院广西植物研究所、贵州大学、陕西省农村科技开发中心专家到云南开展了猕猴桃技术交流与合作，并举办技术讲座。

（四）2022 年云南猕猴桃产业发展存在的问题及建议

1. 存在的问题

（1）科技创新不够。特别是在种质资源创新、新品种选育等方面研究力量薄弱，没有把云南的资源优势利用好。

（2）"三化"，即有机化、设施化、数据化不足。与标准化优良果园相比，差距较大，猕猴桃本身的经济效益优势没有得到应有体现，相对云南的葡萄产业而言，在设施方面和投入方面差距巨大。

（3）种植管理水平不高。很多基地重视发展面积，轻管理，一些果园处于半野生状态，没有经济效益。

（4）生产技术工人缺乏。由于云南猕猴桃发展较晚，熟练农民工较少，很多种植基地技术措施落实不到位，影响了产量和品质。

（5）商品性差。云南猕猴桃总体上果实偏小，疤痕多，严重影响商品性，商品性好的与商品性差的相比，果商收购价格相差 2 倍以上。

2. 发展建议

科技创新方面，给予持续支持，特别是在资源开发利用、品种选育、产业关键技术集成利用和示范推广方面进行支持。支持云南省农业科学院争取设立国家现代农业体系猕猴桃综合试验站。

培养龙头企业。各主产区要抓好并扶持龙头企业发展。

引进人才团队。加大引进专家力度，建立专家工作站，服务全省猕猴桃产业发展。

规划好"一县一业""一乡一特""一村一品"等。在猕猴桃产业发展重点县，要因地制宜，注重规划，在立地条件、品种布局、技术配套服务、政策支持等方面做好规划。

果园提质改造。针对目前果园实际情况，在品种更新、设施配套、机械化、数据化、有机化等方面进行改造，发挥猕猴桃应有的经济效益。

模式创新。对于面积较大的基地，进行生产经营模式创新，按照"大园区、小业主"模式，建立合理的利益链接机制。尤其像文山浩弘农业开发有限公司和威信县农业开发投资有限公司这类拥有几千亩猕猴桃园区的企业，更要研究管理经营模式，创新机制和体制。

第三节　云南猕猴桃产业发展的典型案例

一、云南源盘果业有限公司

（一）公司简介

公司所在地屏边位于云南红河东南部，是国家集中连片特殊困难地区滇桂黔石漠化片区县，是国务院扶贫开发领导小组 2019 年确定的 52 个挂牌督战贫困县之一。多年来，屏边积极发展各种特色农业产业，其中猕猴桃产业发展较快，取得了较好的经济、社会和生态效益。屏边独特的自然环境及小气候，不仅适合猕猴桃的生长发育，而且成就了屏边猕猴桃的特殊品质，屏边已成为云南重要的高品质红阳猕猴桃生产区域。

云南源盘果业有限公司是一家集猕猴桃种植、销售、技术服务、示范推广等于一体的云南省重点龙头企业、云南省科技型中小企业、云南省成长型中小企业、红河州扶贫先进集体、屏边县扶贫龙头企业和屏边县就业扶贫车间，建有云南省钟彩虹专家工作站，并通过 ISO9001:2015 质量管理体系认证。"源盘"牌猕猴桃通过有机产品认证，先后荣获第十五届、第十六届、第十八届中国国际农产品交易会金奖，第十三届、第十四届、第十五届中国昆明国际农业博览会金奖，2019 年全国第二届猕猴桃大赛金奖，云南名牌农产品，云南省"绿色食品牌""绿色云品"等荣誉。2022 年 6 月 14 日，经国家知识产权局许可，公司获准使用"屏边猕猴桃"地理标志证明商标。有 5 个专利已获得专利证书，拥有《猕猴桃产品质量》（Q/YPG001—2020）、《猕猴桃贮藏保鲜与运输技术规程》（Q/YPG002—2020）2 个企业标准，与中国科学院武汉植物园签订了猕猴桃科技合作技术协议，技术支持力量较强。公司生产经营管理规范，经营情况良好。建有猕猴桃标准化种植基地 85.67hm²，现有 500t 猕猴桃保鲜储藏库 1 座，3t/h 猕猴桃自动分级挑选设施（备）1 套，产品质量检测仪器 1 套。

2014 年 4 月，在当地党委、政府和农业部门的大力帮助和支持下，公司团队经过多次实地调查和考察后，于 2014 年 7 月，通过土地经营权流转的方式，建立猕猴桃种植基地 85.67hm²，土地使用性质为租赁。公司采用现代农业企业管理模式，实行董事长领导下的总经理负责制，下设办公室、财务部、技术服务部、基地生产部、加工包装部、市场营销部"五部一室"，并制订相关的规章制度，做到各司其职，职责分明，责任到人。

（二）主要做法与成效

1. 经营模式

公司实行"公司＋合作社＋农户"的生产经营模式，2014 年 10 月，与屏边县营盘水果产销专业合作社签订了共同合作种植猕猴桃协议；2014 年 11 月，湾塘乡清平、五家、阿卡、大冲 4 个村委会各入股公司 10 万元，与公司签订了猕猴桃种植合作协议书；合同订单种植基地面积 275.07hm²。并优先为湾塘乡营盘村、玉屏镇新荣村土地经营权流转的农户提供劳务用工。带动猕猴桃订单种植农户 836 户，带动订单种植农户年均增加收入 23 618 元/户；联结猕猴桃种植建档立卡脱贫户 552 户，促进联结建档立卡脱贫户年均增加收入 28 183 元/户；吸纳当地农民劳务用工 1.7 万人次以上，支付劳务用工工资 168 万元，促进当地农民年均增加劳务用工收入 19 535 元/人以上，几年来共促进农户增收 2 106 万元，带动当地农户增收成效显著。

2. 热心参与社会公益事业

公司自成立以来，土地流转费、农民工资、农资购买费、猕猴桃收购费等均能做到按时、足额支付。同时，积极参与社会公益事业活动，2015 年 10 月，在屏边县扶贫开发办公室和玉屏镇政府的牵头下，与玉屏镇半坡村委会实行"农企"结对，从 2015 年开始连续 3 年每年无偿资助半坡村委会 3 万元，用于该村发展集体经济和公益事业。2015 年 10 月 11 日按照全联发〔2015〕11 号文件的部署，公司与湾塘乡营盘村签署了"万企帮万村"精准扶贫行动村企结对帮扶协议书，帮扶期限为 2015 年 10 月 17 日至 2020 年 10 月 17 日，主要帮扶内容为公司根据自身能力和特点，结合营盘村资源禀赋和合作意愿，综合运用发展产业、吸纳就业等多种形式，努力实现公司资本、技术、人才等优势与营盘村土地、劳动力、特色产业资源等优势的有机结合，帮扶营盘村建立经济发展的长效机制，加快该村脱贫致富进程。为进一步巩固和拓展脱贫攻坚成果，全面推进乡村振兴，促进当地农村社会经济发展，构建和谐共富的新农村奠定了良好的基础。

3. 重视科企合作

公司现有员工 86 名，猕猴桃生产管理专业技术人员 15 名，高级农民技师 10 名，聘请技术顾问 2 名。2018 年 12 月，公司与中国科学院武汉植物园签订了猕猴桃科技合作协议，武汉植物园对公司的猕猴桃生产实行常年的全程技术指导和服务，技术支撑力量强大。公司十分重视猕猴桃产品的品质提升，2022 年从销售总收入中提取了 148 万元，专门用于猕猴桃生产方面的科技投入。公司有从事猕猴桃生产技术推广应用人员 8 名，几年来累计培训员工、农户 29 期计 2 786 人次，免费分发各类技术资料 6 100 余份，现场实地为农户技术指导 136 场（次）。既增强和提高了农民关于节约资源、质量安全、品牌建设、环境保护等方面的观念和意识，也能使其掌握种植生产技术和农事操作技能，技术指导、推广和应用成效十分显著。

4. 积极进行产品认证

为确保猕猴桃产品的质量安全，公司制订了《全面质量管理手册》《质量诚信管理制度》《农产品安全生产守则》《标准化种植技术规范》《猕猴桃产品质量标准》《猕猴桃贮藏保鲜与运输技术标准》《基地管理办法》等一系列规章制度，使各部门及员工做到按规操作，按章做事，各司其职，职责分明，责任到人。同时，公司坚持"以市场为导向、以品质求发展"的经营宗旨，实行"统一的生产标准、统一的技术服务、统一的质量标准、统一的品牌和包装、统一的市场销售"的"五统一"生产经营管理模式，使产品质量真正做到了"从土地到市场"的全程质量监管，并在国家、云南省农产品质量安全监测平台上建立了"源盘"牌猕猴桃的产品质量安全追溯体系。确保了公司生产的"源盘"牌猕猴桃产品的质量安全。

公司的"源盘"牌猕猴桃获得了有机产品认证。近年来，产品通过国家法定认可的检测机构检测，均完全符合并超过国家规定的质量安全标准要求，从未有消费者因产品质量问题而投诉。"源盘"牌猕猴桃在上海、嘉兴、南京、昆明、西安、广州等 10 多个大中城市享有极高的知名度和美誉度，深受社会各界和广大消费者的赞赏和好评，市场前景非常广阔。

5. 积极开展企业资格认定

2017 年 11 月，公司通过农业产业化省级重点龙头企业认定；2016 年 6 月，当选为屏边县猕猴桃协会会长单位；2017 年 3 月，当选为红河州工商业联合会（总商会）执委单位；2018 年 8 月、2022 年 1 月，分别被认定为云南省成长型中小企业；2018 年 10 月、2021 年 12 月 6 日分别被认定为云南省科技型中小企业；2020 年 8 月，被认定为屏边县扶贫龙头企业；2020 年 10 月，被评为红河州扶贫先进集体；2020 年 9 月，被认定为屏边县就业扶贫车间；2020 年 5 月，"源盘"牌猕猴桃被认定为"扶贫产品"。2017 年 1 月，总经理陈德富当选为屏边县政协常委；2018 年 3 月，总经理陈德富当选为红河州政协委员；2018 年 10 月，总经理陈德富被评为红河州脱贫攻坚"社会扶贫模范"。

为了适应日渐激烈的竞争，公司将进一步创新和完善与农户的利益联结机制，如通过农户技术入股、资金入股、销售入股等方式和方法，提升农民的组织化、产业化、市场化程度，进一步夯实猕猴桃产业发展的基础，促进猕猴桃产业的健康和可持续发展。同时，加大发展农产品精深加工的力度，特别是对商品价值低下的猕猴桃果品实行精深加工，如生产猕猴桃果脯、蜜饯、果酒、饮料等，进一步提升产品的科技含量、经济附加值和效益。

二、文山浩弘农业开发有限公司

（一）公司简介

文山浩弘农业开发有限公司成立于 2013 年 11 月，是一家以立足边疆贫困县，扎根文山西畴石漠化地区发展高端经济林果有机种植和有机养殖，按照生态循环农业和现代农业的理念，种养结合，长短结合，农业与旅游结合，产业与乡村结合，依靠科学技术，发展高原特色农业，打造一流有机品牌的现代化农业企业。

2016 年，西畴县招商引进公司到三光石漠化综合治理示范区开发建设以猕猴桃产业为主兼顾乡村产业振兴的"石漠梯田生态文化产业项目"，政府项目投资额超 3 亿元，公司累计投资额超过 1.5 亿元，共计投入资金近 5 亿元。按照"四季有水果、月月有鲜花"的理念建成占地 333.33hm² 以猕猴桃为主，同时配套桃、李、梨观花果园，特色水果试验及种苗生产基地，玫瑰和三角梅观赏花带的现代农业产业园区，同时与政府联合建设了观赏栈道、石漠化展览馆、科技中心、猕猴桃科普文化展览厅、猕猴桃文化休闲观赏长廊、停车场、游客接待中心等一批旅游设施。2018 年，经国家林业和草原局批准为"石漠地质公园"，2020 年获得 4A 级景区授牌。

（二）主要做法及成效

公司主要推广发展的高端有机猕猴桃果园和规模化标准养殖场，现已达到 200hm² 以上果园进入产果期和满足 500 头肉牛存栏养殖的规模。种植品种主要有黄肉、绿肉、红心三大系列，采用自制微生物复合有机菌肥培育种植，不施化肥，果品口感极好，获得有机、绿色食品双认证，深受市场广泛认可。成熟期为 8—10 月，通过冷库存储保鲜，可以供应到翌年 3 月。养殖场采用公司自制微生物发酵饲料喂养，圈舍采用微生物发酵床，不用抗生素和国家违禁药品，生产的鸡和鸡蛋销往昆明、北京、上海、广州等地，深受消费者好评。公司正在发展有机蔬菜（毛豆、蚕豆、紫山药等）。养殖发展现已达到零排放标准要求，残留物和排放物得到充分收集和使用，为种植基地有机肥制作奠定了坚实基础。公司 2021 年产猕猴桃 650 t，出栏鸡 0.6 万羽、鸡蛋 22 万枚，肉牛出栏 150 头，年综合收入超过 1 400 万元。

公司十分重视扶贫工作，通过地租、务工、入股分红、带动自主创业等方面带动农民增收和乡村振兴，每年支付的土地租金和劳务费超过 1 300 万元，村集体项目建设、农户入股分红超过 200 万元，自主创业户年综合收入超过 300 万元。共帮扶和带动 24 个村社 2 173 户建档立卡贫困户增收，其中三光村 100 户建档立卡贫困户，户均增收 8 000 元以上。公司被西畴县委、县人民政府授予"扶贫明星企业"荣誉称号，公司董事长陈登树被授予云南省"社会扶贫模范"荣誉称号。

公司十分重视科技工作，与云南省农业科学院热区生态农业研究所和文山州农业科学院建立科企科技合作关系；与四川农业大学龚国淑等多位资深植物病理专家建立交流关系。公司的三光基地被云南省农业科学院列为科技扶贫展示基地，被文山州农业科学院列为产学研合作基地。在专家的指导下，公司建立了自己的技术队伍和培养了生产一线骨干农民工。

公司被云南省林业和草原局评定为"省级林业产业龙头企业"，被省农业农村厅列为"西畴县猕猴桃产业现代农业园区创建核心区"。公司三光基地还被授予"云南省农广校新型职业农民培训实践基地""云南省村社干部学历提升实践教学基地""文山学院教学培训基地""文山州扶贫车间""云南省'绿色食品牌'产业基地"等称号。2018 年 5 月 28 日，全国滇桂黔石漠化片区区域发展与脱贫攻坚现场会在基地举行，产生了较大影响。三光石漠化综合治理示范区，已经成为"全国石漠化综合治理示范点"、"云南省产业扶贫示范基地"和弘扬传承"西畴精神"的教育实践基地。

三、石屏县卓易农业科技开发有限公司

（一）公司基本情况

石屏县卓易农业科技开发有限公司，成立于 2012 年 8 月 13 日。公司于 2011 年与云南省农业科学院签订合作协议，于 2015 年 1 月与西北农林科技大学签订校企合作协议，并成立云南高原猕猴桃专家工作站。公司的高原猕猴桃基地属于云南省农业科学院重点扶持的项目之一，以共同开发云南高原特色生态有机红心猕猴桃种植及猕猴桃种植推广为目标。主要任务是研究繁育适宜云南本土生长的猕猴桃品种，并着力将基地打造成为云南最大的优质猕猴桃生产基地。通过公司员工的不懈努力，公司现已成为集猕猴桃的种植、储藏、加工、科研、销售、冷链配送为一体的云南省农业产业化重点龙头企业。

公司先后建立了 66.7hm² 以上示范基地，20hm² 以上红心猕猴桃苗木繁育基地。于 2013 年成立了猕猴桃专业合作社，现已入社社员超 100 户，种植面积已经超过 200hm²。截至 2023 年 12 月，公司已实现猕猴桃年产量突破 1 000t，产值约 2 500 万元，直接或间接带动 1 000 余户近 4 000 人增收，并且连续 3 年实现当年盈利，目前公司已进入良性发展阶段。公司力争到 2025 年，在石屏全县建成优质高原有机猕猴桃种植基地 0.2 万～0.3 万 hm²，为红河石屏打造地方猕猴桃高原特色产业助力。

（二）主要做法及成效

公司自成立以来便一直注重技术研发与创新，经过近 10 年的不断摸索与总结，目前已形成一定的积累，取得了一定的成效。

1. 建立完备的生产经营管理体系

公司针对猕猴桃产品特性，结合石屏当地气候及生态特点，制订了一系列生产经营操作规范及管理要求，真正做到了猕猴桃产业生产经营中的集约化、专业化、组织化、产业链化。

集约化是相对于粗放化而言的，主要包括细化到具体单位面积土地上生产要素投入质量和投入结构的改善。公司自成立之初就明白猕猴桃产业要真正做大做强，就必须走"质量兴业"之路、走"绿

色发展"之路。这就要求猕猴桃产业的发展方式必须由拼资源消耗、拼农资投入、拼生态环境的粗放经营，转向资源节约、绿色可持续发展上来。为此，公司持续加强土壤改良，不断提高土壤质量，增强土壤肥力；积极推广有机肥使用和水肥综合一体化体系，采用滴灌或喷灌等科学灌溉方式，防止土壤盐碱化等问题发生，有效减少农药与化肥使用，推进了产业绿色生产，保证了猕猴桃产品的绿色健康，提高了产品质量。

专业化是相对于兼业化和"小而全""小而杂"的传统经营方式而言的，公司结合猕猴桃产业及自身特点，通过深化分工协作，加强人员专业化培训，聘请具有相关经验的行家及技术人才进行现场指导，逐步提高了既有资源利用率和要素生产率。目前，公司在植保护园、品控打包、仓储冷链等方面均储备了大量专业人才，真正做到术有专攻、专业的人做专业的事。

组织化是相对于"小而散"的农户经营而言的，包括新型农业生产经营或服务主体的发育及与此相关的农业组织创新。目前，公司已牵头成立了猕猴桃专业合作社，将采用"公司＋基地＋农户"的运作模式，选择有条件的农户签订入社协议，采取提供种苗补助、配套农用物资、规范种植、技术服务保障和收购产品的经营方式，建设有机猕猴桃生产基地 666.67hm²，最终形成年产 2 万 t 猕猴桃的目标。届时，将可直接或间接带动农户 1 000 余户近 5 000 人增加收入，有效助推乡村振兴。后续，公司将继续拓宽专业合作社平台，加强对合作社农户的产前投入、产中服务、产后收储、加工和流通等环节服务，真正形成服务有配套、技术有保证、产品销路有保障的产业利器，进一步调动农户发展猕猴桃种植的积极性，加快公司猕猴桃种植基地建设步伐，促进猕猴桃产业持续、健康发展，最终推动全县猕猴桃快速、健康发展，实现猕猴桃等水果富民强县的目标。

产业链化是指建立在专业化、市场化基础之上的猕猴桃产业生产经营和服务体系的社会化。在猕猴桃产业发展过程中，公司始终强调猕猴桃产业发展过程中生产、加工、仓储运输、销售等社会环节的广泛参与度，主动部分让渡自身猕猴桃产业的价值，真正促成猕猴桃产业发展的链式合作与产业成果的产业链共享。

2. 建立质量标准化体系

现阶段，我国猕猴桃产品盈利能力未能从根本上提高，除了产品自身种植成本上升的因素，主要原因还是传统猕猴桃产业生产有着较强的同质性，体现不出特色化和差异性，产品缺乏价格上涨的原动力和筹码。提高猕猴桃产品的盈利能力，让猕猴桃产业成为有奔头、有希望的产业，必须从改善品质、提质增效上入手。

一是以制度管人，以标准化做事。公司通过不断摸索和总结，现已建立起一套相对完善的质量标准化体系，细化和明确了在猕猴桃生产、加工、仓储运输、后续冷藏等环节的技术标准，并将之形成易于推广宣传、简明易懂、操作易行的技术规范和操作规程。在具体实施过程中，要求相关人员严格按照生产标准进行，不得私自"加工、少料"，不得"自由、随性发挥"，有效保证了产品质量的一致性和延续性。

二是安全优先，立足做高品质健康产品。猕猴桃是可直接食用的农产品，一方面，其营养含量及微量元素的多少会在较大程度上影响其口感及市场价格；另一方面，是否为有机食品、绿色食品也越来越被众多消费者所关注。公司自始至终均立足于做绿色、健康、优质、口感佳的猕猴桃，并积极主动按照国际、国内相关质量标准进行生产。在供肥过程中，大量使用自制有机肥，严格控制农药及化学肥料的施用。2022 年，公司种植的猕猴桃经相关权威机构检测，所有农药残留量均不超过国家标准规定的最大残留限量，已先后取得了绿色食品认证、有机食品认证、欧盟认证、规范企业 GAP 认证，并于 2019、2020、2021 年连续 3 年均入围"熊猫指南备选目录"清单；同时顺利通过了出口基地的备案，为下阶段猕猴桃的出口打下了坚实的基础。

3. 立足市场，做好产业链源头规划

猕猴桃产业要想走质量兴业之路，既要注重猕猴桃产品自身的品质保障和质量安全，更要注重产业供给体系质量，要以市场需求为导向，"调优品质、调精品种、调顺产业"，使猕猴桃产业结构布局与市场需求相适应。公司始终坚持无论是增产导向还是提质导向，都应当着眼市场需求，让市场引领生产，减少无效作业，扩大有效供给的产业发展理念。

一是立足客户，调优品质。公司历来注重客户体验度，在前期收集了大量不同年龄结构、不同地区的市场客户反馈信息，并结合自身实际，不断调整有机肥料配比，逐步改善猕猴桃酸甜比，进一步优化仓储及运输要求，深得广大消费者认可。在此基础上，公司乘势而上，先后注册了"滇猴王李刚""滑葫芦""森悦""滇南金果"四大商标。

二是立足市场，调精品种。农作物的品种在很大程度上决定了后续产品能够达到的市场高度，品种一旦固定，即便后续通过品质优化，其提升空间也较为有限。正是由于认识到这一点，公司在猕猴桃品种改良上花了较大精力。一方面积极从国外引进优良品种，对原有品种进行嫁接；另一方面结合自身地理环境，从国内猕猴桃种植较为成功的地区购买种苗进行试种，同时大胆尝试不同品种猕猴桃的混种、拼种。通过近3年的不断改良，公司所产猕猴桃在口感、采摘时间、果皮外观、核枣软硬度等方面较原品种有了质的改观，产品也得到了市场及消费者的广泛认可。目前公司正在着手申请特有产品权的相关手续。

三是立足结构，调顺产业。猕猴桃产业要想取得大的发展，要想实现产业盈利能力的提振，就得先完善与之配套的产前、产中、产后等各环节产业链的发展。经过10余年的发展，公司在水肥物资供给、日常植保养护、熟练工的储备、物流运输合作、市场销售流通等环节都形成了较为成熟和稳定的积累，具备了产业跨越式发展的基础。同时，公司还在积极探索猕猴桃产品后续初加工和深加工的路子，条件成熟时，将适时推出猕猴桃初、深加工的相关产品，逐步完善产业结构。公司在远景规划中积极谋划将基地现有资源与生态旅游农业结合的新路子，策划将猕猴桃产品与石屏当地民俗特色、民族文化有效衔接的新思路。

（三）后续探索

下阶段，公司将立足现状，推进猕猴桃产业高质量发展，积极发挥农业科技创新的作用，从猕猴桃产品加工的产业链、价值链、创新链探寻新的发展契机。

一是应用科技创新管好猕猴桃产品基地生产，稳步提高猕猴桃产品的品质、质量，为后续产业链的加工提供高标准、高质量的原产品。

二是条件成熟时，将视情况开发猕猴桃产品的精、深加工，逐步开发出形式多样、营养丰富的好产品，进一步提升猕猴桃产品的经济附加值。

三是围绕生产、加工、储运、品牌、宣传、营销建立合作化组织，打造一条龙的经营模式，真正实现猕猴桃产业合作的风险共担、利益共享。

四是在后续猕猴桃产业发展中，充分挖掘并传承农耕文化。具体来说就是把猕猴桃产品与石屏当地民族传统文化融合，展示人与自然相融共处的和谐之美；将石屏乡俗文化属性赋能在猕猴桃产品上，让广大消费者在享用产品的同时，还能感受到石屏当地蕴厚的文化魅力，不断推动从产品对接、产业对接向情感对接、文化对接的拓展延伸。

五是进一步研发猕猴桃产品外包装的文化内涵和艺术创意，突出蓝天白云、青山绿水、乡俗风情、湖光山色的地域形象，借助包装形象、图片展示，促进农业品牌与旅游品牌、地域品牌的有机融合、相互借力，进一步提高猕猴桃产品附加值。

第四节　云南猕猴桃产业发展建议

目前，猕猴桃产业发展势头强劲，经济效益突出，特色明显，具有广阔的市场前景，但同时也要提前预判风险，做好品种选择，在苗木溃疡病、根腐病等易暴发病害方面做好防控工作。为发挥猕猴桃在云南的独特优势，使其健康、可持续发展，编者提出以下几点建议。

第一，加大引种示范和新品种培育力度，以确保云南猕猴桃产业持续健康发展。依托省、州、市级相关农业科研单位，在各区域建立猕猴桃良种引种培育示范基地，开展新品种的引种试验示范，筛选适合当地发展的优良品种。同时，充分利用当地丰富的野生猕猴桃资源和地方品种，开展猕猴桃新品种选育及综合开发利用工作，为生产提供适应广泛的优良品种和具有特异适应性的地方品种。同时，各地要建立起优质育苗基地，解决外调苗木带来的种植风险。

第二，强化人才队伍建设，加大科技服务力度，加强技术培训，推进标准化生产。利用精准扶贫、乡村振兴等契机，聘请经验丰富的猕猴桃技术专家，针对历年来猕猴桃产业发展中存在的一些技术问题，开展不同规模、不同层次的技术培训和田间跟踪指导；并着力加强对猕猴桃种植相关的农技人员、种植大户和专业合作社负责人的技术培训，使其成为各区域猕猴桃发展的技术力量。此外，组建一支高素质的猕猴桃种植专业队伍，在各区域建设猕猴桃标准示范园，通过以点带面，全面提高猕猴桃种植管理水平。

第三，优化品种布局。云南海拔跨度大（从最低76.2 m到最高6 740 m的跨度），且包含寒、温、热（包括亚热带）三带气候，地理和气候特征复杂多样，早、中、晚熟及红、黄、绿肉猕猴桃品种均可种植。然而，每个猕猴桃品种都有其最适生长环境，因此需根据各地区的优势及特色，选择最适品种，充分发挥各地区优势，打造出各地区的品牌、云南的品牌，使云南猕猴桃走向全国，乃至全世界，并在竞争激烈的国内、国际市场中站稳脚跟。在昭通、曲靖、楚雄、昆明等高海拔地区优先考虑发展绿肉（美味）、黄肉系列猕猴桃，以中晚熟品种为主，包括金艳（黄肉）、璞玉（黄肉）、瑞玉（绿肉）、翠香（绿肉）、邓猕（绿肉，曲靖地方品种）、农大金猕（黄肉）、软枣猕猴桃、毛花猕猴桃等；在金沙江下游海拔600～800 m地区、金沙江中游海拔1 400～1 600 m地区（注意温度控制在年均温15～18℃，最冷月低温0～5℃）、南部红河、文山、玉溪海拔1 200～1 400 m亚热带地区发展红阳、东红、伊顿、金红等红心早熟品种，提早进入市场。

第四，加大政府扶持力度，完善猕猴桃产业体系。政府相关部门在现有政策体系下，把猕猴桃列入支持范围，如现代农业产业技术体系、"绿色食品牌"重点产业科技项目、国家现代种业提升工程、现代农业园区和科技园区建设、"一县一业"、"一县一特"、"一村一品"等。省级有关部门和科研机构应指导地方进行产业长期发展规划，制订详细的政策措施，引进创新机制，营造发展环境。以市场为导向，加大基础和应用研究扶持，切实做好科技支撑作用。通过落实各项政策扶持，引导和鼓励专业大户、专业合作社、龙头企业等新型生产经营主体从事猕猴桃种植和生产经营，以"企业（公司）＋基地＋农户"或者"企业（公司）＋合作社＋农户"的发展模式，充分发挥新型生产经营主体的示范和带动作用，形成产前、产中、产后一条龙的生产经营体制，推动猕猴桃产业由粗放型经营向集约化品牌化经营的重大转变。通过协议或合约等方式，将企业利益、合作社利益、农民利益紧密联系起来，实行风险共担、利益共享，最终实现投资企业收益、果农增收的双赢格局。鼓励和支持"科研＋企业（猕猴桃种植相关的企业）＋合作社"产业技术创新联盟的建立，助力云南猕猴桃产业发展。

第五，走特色农产品发展道路，提高种植效益。云南猕猴桃发展与国内外猕猴桃主产区相比发展差距大，种植技术水平低下，产量上不具优势，然而云南具有得天独厚的地理、气候环境优势，极易发展无公害农产品、绿色食品、有机食品及地理标志农产品等特色农产品。种植户、合作社及企业要强化特色农产品意识，通过打造特色农产品逐步打开国内和国际市场，不断拓宽云南猕猴桃的销售市场，提高种植效益。

第六，培育龙头企业。云南从事猕猴桃种植的企业众多，为猕猴桃产业的发展做出了巨大贡献。应加大对这些企业的培育扶持，形成技术强、规模大、带动面广、市场开拓力强的一批龙头企业。

第七，挖掘产业文化，提高附加值。云南是我国猕猴桃种质资源分布最多的区域，同时也是历史渊源深厚、文化底蕴丰富的省份。因此，发展猕猴桃产业的同时要深挖猕猴桃种植地文化基因，讲好产业发展故事，探索文旅结合发展模式，打造特色猕猴桃生态旅游，提高产业附加值，增加农民收入的同时降低种植风险。

第八，建立有效的科研及推广支撑体系。联合省内从事猕猴桃研究、推广的单位及猕猴桃种植企业，打造云南猕猴桃产学研联盟，完善云南猕猴桃产业技术创新联盟，促进猕猴桃技术创新及技术推广链的形成，实现猕猴桃研究、技术集成和推广，猕猴桃生产和销售的有机衔接，促成产学研联盟内成员合作共赢，形成长期稳定的利益共同体。

第五节　云南猕猴桃产业展望

第一，因地制宜，做优做特猕猴桃产业，打造早中熟红肉猕猴桃优势产区。云南立体气候明显，各地都能够找到适合猕猴桃发展的小区域环境，但猕猴桃作为新兴产业，应该结合脱贫攻坚和乡村振兴的产业发展进行统筹考虑。发展区域可划分为：①优先在缺乏主导产业的县（市、区）发展；②在重点和深度贫困县发展，包括石漠化地区、乌蒙山连片贫困区等；③重点发展昭通（绥江、永善、威信、镇雄、彝良）、曲靖（会泽、麒麟、宣威）、昆明（寻甸）、楚雄（楚雄、武定、南华、姚安）、玉溪（峨山、易门）、红河（屏边、石屏、绿春）、文山（西畴、马关），每个县 666.67～1 333.33hm²，全省重点发展 20 个县，实现 1.33 万～2 万 hm²。

充分考虑气候优势，在文山、红河及曲靖发展早中熟红肉猕猴桃品种，力推红阳及东红，较陕西及四川等产区早上市，避免竞争。借助"一带一路""高原特色农业"等政策，利用好云南作为东南亚"桥头堡"的区位优势，加快云南猕猴桃"走出去"的步伐，扩大云南猕猴桃的国际占有率和影响力，同时逐步扩大种植面积，打造中国红肉猕猴桃优势产区。

第二，提高栽培管理技术，推广新技术，打造优质"云果"典型。随着省内科研单位及企业的共同努力，猕猴桃栽培相关标准、栽培管理技术方案、管理历陆续发布，猕猴桃种植水平也有了大幅提高，水肥一体化、避雨栽培、促花调控技术、农业小型机械运用等得到了推广运用，猕猴桃的品质提升较大。从业者精品意识逐渐提高，一致认可"靠品质取胜"的理念，逐步完善基础设施建设，积极进行"三品一标"、GAP 认证等工作，将猕猴桃打造成优质"云果"的典型。

第三，科技支撑，走可持续发展路子。利用云南猕猴桃种质资源丰富的优势，加大猕猴桃基础研究，并在猕猴桃新品种选育、提质增效技术、猕猴桃采后生理、红肉猕猴桃特色保健食品等方面持续发力，在优化产业布局和品种构成、优质标准化基地建设、培育新型农业经营主体、采后储藏和加工、品牌建设与营销等方面做好科技支撑，培育产业特色突出、规模适中、竞争力强的高原特色猕猴桃产业，实现产前、产中及产后协调发展、相互支撑，达到可持续发展的良好局面。

主要参考文献

郭书艳．红阳猕猴桃避雨栽培效应研究［D］．咸阳：西北农林科技大学，2019.

胡忠荣，袁媛，易芍文，等．云南野生猕猴桃资源及分布概况 [J]．西南农业学报，2003，16（4）：47-52.

蒋华曾．云南猕猴桃二新种 [J]．西南农业大学学报（自然科学版），1995，17（2）：93-97.

李佛莲，陈大明，孔维喜，等．云南猕猴桃产业发展现状、存在问题及建议 [J]．中国果业信息，2017，34（9）：21-24，63.

李根，王强，何斌，等．避雨设施栽培下不同肥水管理对猕猴桃生长的影响 [J]．四川农业科技，2023（4）：39-42，47.

李俊梅．云南会泽猕猴桃品种会泽8号简介 [J]．果树实用技术与信息，2010（10）：17.

李坤明，胡忠荣，陈伟．昭通地区野生猕猴桃资源及其利用评价 [J]．中国野生植物资源，2006，25（2）：39-41.

李林，李庆红，苏俊，等．"红阳"猕猴桃在云南的引种表现及栽培技术 [J]．中国南方果树，2017，46（1）：123-126，129.

李林，苏俊，陈霞，等．新西兰黄肉猕猴桃"Kiwikiss"在云南的引种表现及栽培技术 [J]．中国南方果树，2014，43（6）：129-131.

刘飘，林立金，宋海岩，等．避雨栽培对猕猴桃园小气候环境及主要病害的影响 [J]．西南农业学报，2021，34（12）：2613-2620.

鲁绍凤，李学艳，全勇，等．云南昭通市野生猕猴桃资源分布概况及存在问题 [J]．农业工程技术，2019，39（32）：104-105.

杨国华，袁朝辉，张颢．云南适栽的四个猕猴桃优良品种（株系）[J]．云南农业科技，1991（1）：25-27.

杨永超，农全东，李玉祥，等．4个猕猴桃品种在云南省石漠化地区的引种表现 [J]．中国南方果树，2022，51（1）：130-134.

张龄元，邓浪，刘惠民，等．6个猕猴桃品种在云南的引种表现 [J]．现代园艺，2018，41（9）：32-35.

图书在版编目（CIP）数据

云南猕猴桃 / 陈霞等主编. -- 北京：中国农业出版社，2024. 6. -- ISBN 978-7-109-32318-6

Ⅰ. S663.4

中国国家版本馆 CIP 数据核字第 20247Y2Z45 号

云南猕猴桃

YUNNAN MIHOUTAO

中国农业出版社出版

地址：北京市朝阳区麦子店街 18 号楼

邮编：100125

策划编辑：王丽萍　　责任编辑：王陈路

版式设计：王　怡　　责任校对：张雯婷

印刷：北京通州皇家印刷厂

版次：2024 年 6 月第 1 版

印次：2024 年 6 月北京第 1 次印刷

发行：新华书店北京发行所

开本：889mm×1194mm　1/16

印张：12.25　　插页：6

字数：375 千字

定价：86.00 元

师宗强民种养殖专业合作社种植基地的野生猕猴桃（2019年，农全东摄）

曲靖会泽早年定植的海沃德猕猴桃（2019年，农全东摄）

文山西畴三光片区发展猕猴桃产业+旅游业

A

B

会泽8号（A为2年龄会泽8号植株，B为会泽8号果实）

A

B

昭通威信的庙沟镇宗家村利用坡地种植贵长猕猴桃
（A为大坡度坡地改造台地后种植猕猴桃，B为台地种植猕猴桃）

粉果猕猴桃

京梨猕猴桃

红茎猕猴桃

毛花猕猴桃

昭通猕猴桃

师宗1号美味猕猴桃优良无性系

昭通市农业科学院收集的猕猴桃地方资源

恩宏1号

恩宏5号

恩宏2号

恩宏3号

恩宏4号

东　红

金　艳

红　阳

庐山香

翠　香

金　新

楚 红

翠 玉

金红50

中猕2号

贵 长

米 良

徐 香

猕猴桃避雨栽培

猕猴桃防风、防雹网

山地猕猴桃果园轨道运输

新建猕猴桃果园

猕猴桃果园生草

水杨桃砧木

猕猴桃果园高接换种

砧木繁殖

猕猴桃牵引栽培

猕猴桃山地果园

石漠化山区猕猴桃果园

猕猴桃果园美景

文山西畴三光石漠化地区猕猴桃基地

文山西畴三光片区猕猴桃果园挂果情况

文山西畴三光石漠化猕猴桃园区

三光猕猴桃科技馆

猕猴桃采果

猕猴桃果实分选

猕猴桃产地机械分级

猕猴桃产地销售

猕猴桃销售包装

西畴精神展览馆